安徽省“十四五”职业教育规划教材

建筑工程计量与计价

JIANZHU GONGCHENG JILIANG YU JIJIA

主　编/张雪武　鲁玉芬

副主编/殷晓玮　辛　飞　周友兵

彭　佩　李子莹　杨　滢

合肥工業大學出版社

图书在版编目(CIP)数据

建筑工程计量与计价/张雪武,鲁玉芬主编．--合肥:合肥工业大学出版社,2025.1(2026.1 重印). --ISBN 978-7-5650-5602-4

Ⅰ. TU723.3

中国国家版本馆 CIP 数据核字第 2025KL5701 号

建筑工程计量与计价

JIANZHU GONGCHENG JILIANG YU JIJIA

张雪武　鲁玉芬　主编　　　　责任编辑　张择瑞

出　版	合肥工业大学出版社	版　次	2025 年 1 月第 1 版
地　址	合肥市屯溪路 193 号	印　次	2026 年 1 月第 2 次印刷
邮　编	230009	开　本	787 毫米×1092 毫米　1/16
电　话	理工图书出版中心:0551-62903204	印　张	19.75
	营销与储运管理中心:0551-62903198	字　数	445 千字
网　址	press.hfut.edu.cn	印　刷	安徽联众印刷有限公司
E-mail	hfutpress@163.com	发　行	全国新华书店

ISBN 978-7-5650-5602-4　　　　定价:48.00 元

如果有影响阅读的印装质量问题,请与出版社营销与储运管理中心联系调换。

前　言

本教材是安徽省"十四五"职业教育规划教材，本次修订将教材名称变更为《建筑工程计量与计价》(原教材名称为《工程量清单计价》)。

为适应教材数字化改革的需要，适应课程教学改革及省级规划教材的建设需要，本次修订在保持原有编写特色的基础上，在各章节中增加了大量的数字化资源，包括教学视频、课堂实录、课后练习等。数字化资源以二维码的形式嵌入教材中，能实现可读、可视、可听，满足不同学生的学习需求和兴趣，使学习变得生动有趣，有助于提高学习效果。

本教材在内容的编排上主要对工程量清单计价方法进行了系统全面的讲述，同时对定额计价也做了概要的介绍。本教材的主要内容包括：绪论、建筑工程计价概述、建设工程工程量清单计量计价规范及摘要、工程量清单编制、工程量清单计价编制、工程量清单计价实例及工程量清单模式下的工程价款结算等。本教材所采用的标准和规范主要有：《建筑工程建筑面积计算规范》(GB/T 50353—2013)，《建设工程工程量清单计价规范》(GB 50500—2013)，《房屋建筑与装饰工程工程量计算规范》(GB 50854—2013)，中华人民共和国住房和城乡建设部、财政部联合颁布的《建筑安装工程费用项目组成》(建标〔2013〕44 号)文件等。

本书由芜湖职业技术学院张雪武、鲁玉芬担任主编，殷晓玮、辛飞、周友兵、彭佩、李子莹、杨滢担任副主编，参加编写的人员还有：江玮骏、王莹、谢颖、吴聪等老师。参编的学校包括芜湖职业技术学院、六安职业技术学院、安徽工商职业技术学院、安徽职业技术学院、安徽水利水电职业技术学院、芜湖平泰建筑工程造价师事务所有限公司等。

本教材可作为高职高专院校土建类专业及成人高校相应专业的教材，也可作为岗位培训教材和相关工程技术人员的参考用书。

限于时间和水平，书中难免有不妥甚至错误之处，诚请广大读者提出宝贵意见。

编　者

2025 年 1 月

目　　录

绪　论

一、工程量清单计价的定义

建筑工程计量与计价一宣讲片

所谓工程量清单计价，是在建设工程招投标中，招标人或委托具有资质的中介机构编制工程量清单，并作为招标文件的一部分提供给投标人，由投标人依据工程量清单自主报价的计价方式。工程量清单计价是我国建筑工程计价活动中大力推行的一种新的计价模式。

二、本课程的重点、难点

本课程内容繁多，涉及面较广，具有综合性、政策性、实用性和实践性都较强的特点。为加强学生基本技能的训练，培养学生独立工作的能力，应做好课程重点、难点的教学工作。

本课程的重点是工程量清单的编制、工程量清单计价的编制，而以工程量清单计算规范为基本依据，正确计算分部分项工程量则是本课程学习的难点。

三、学习本课程的方法

本课程具有很强的综合性和实践性，内容多，知识面广。因此，在学习方法上应注意以下几点：

(1)学好相关专业课程，包括土木工程概论、房屋建筑构造、建筑制图与识图、工程力学、建筑材料、建筑结构等专业基础课。

(2)上课认真听讲，课下多做练习。要把书上的大小题目都弄清楚、搞明白。

(3)不但要注重理论知识的学习，更要注重实际操作，学练结合、学以致用，并注意在掌握工程量清单编制的过程中把握其内在发展的规律性。

(4)学生除独立完成平时作业外，还必须亲自动手加强基本技能的训练和实际工作能力的培养，即在老师的指导下，独立完成单位工程工程量清单及招投标标底的编制。

(5)目前工程量清单计价引入了计算机技术，要学会运用计算机技术解决清单计价的问题。

本章思考与实训

1. 什么是工程量清单计价？
2. 本课程的学习重点和难点是什么？
3. 本课程的学习方法有哪些？

第一章 建筑工程计价概述

【内容要点】

1. 基本建设概述。
2. 基本建设项目划分。
3. 基本建设计价文件分类。
4. 建筑工程计价特点。
5. 建筑工程计价模式。

【知识链接】

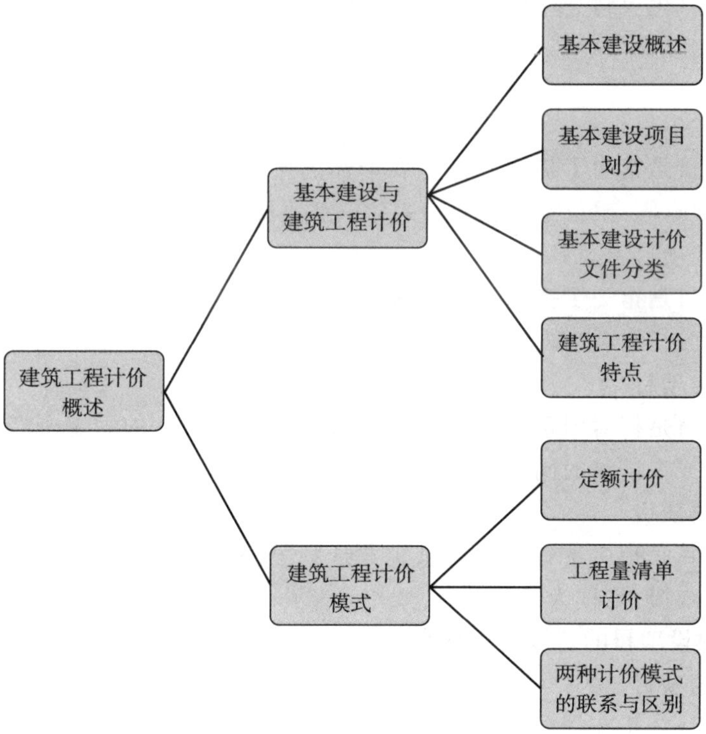

第一节　基本建设与建筑工程计价

一、基本建设概述

(一)基本建设的概念

基本建设是国民经济各部门固定资产的再生产，即是人们使用各种施工机具对各种建筑材料、机械设备等进行建造和安装，使之成为固定资产的过程，其中包括生产性和非生产性固定资产的更新、改建、扩建和新建。与此相关的工作，如征用土地、勘察、设计、筹建机构、培训生产职工等也属于基本建设的组成部分。

(二)基本建设的分类

1. 按建设项目的性质分类

(1)新建项目

新建项目是指新开始建造的项目，或者对原有建设项目重新进行总体设计，经扩大建设规模后，其新增固定资产价值超过原有固定资产价值三倍以上的建设项目。

(2)扩建项目

扩建项目是指为了扩大原有主要产品的生产能力或效益，或增加新产品生产能力，在原有固定资产的基础上，兴建一些主要车间或其他固定资产。

(3)改建项目

改建项目是指为了提高生产效率，改进产品质量或改进产品方向，对原有设备、工艺流程进行技术改造的项目。

(4)恢复项目

恢复项目是指对因重大自然灾害或战争而遭受破坏的固定资产，按原来规模重新建设或在恢复的同时进行扩建的工程项目。

(5)迁建项目

迁建项目是指由于各种原因某企业迁到另外的地方建设的项目，不论其是否维持原有规模，均称为迁建项目。

2. 按建设项目的建设过程分类

(1)筹建项目

筹建项目是指在计划年度内只做准备还不能开工的项目。

(2)施工项目

施工项目是指正在施工的项目。

(3)投产项目

投产项目是指全部竣工并已投产或交付使用的项目。

(4)收尾项目

收尾项目是指已经验收投产或交付使用、设计能力全部达到，但还遗留少量收尾工程的项目。

3. 按建设项目的用途分类

(1)生产性建设项目

生产性建设项目是指直接用于物质生产或满足物质生产需要的建设项目。

(2)非生产性建设项目

非生产性建设项目一般是指用于满足人民物质文化生活需要的建设项目。

4. 按建设项目的规模分类

可分为大、中、小型项目。其划分的标准各行各业并不相同，一般情况下，生产单一产品的企业，按产品的设计能力来划分；生产多种产品的，按主要产品的设计能力来划分；难以按生产能力划分的，按其全部投资额划分。

5. 按建设项目的资金来源分类

(1)国家投资的建设项目

国家投资的建设项目是指国家预算直接安排投资的建设项目。

(2)银行信用筹资的建设项目

银行信用筹资的建设项目是指通过银行信用方式供应基本建设投资进行贷款建设的项目。其资金来源于银行自有资金、流通货币、各项存款和金融债券。

(3)自筹资金的建设项目

自筹资金的建设项目是指各地区、各单位按照财政制度提留、管理和自行分配用于固定资产再生产的资金进行建设的项目。它包括地方自筹、部门自筹和企业与事业单位自筹。

(4)引进外资的建设项目

引进外资的建设项目是指利用外资进行建设的项目。外资的来源有借用国外资金和吸引外国资本直接投资两种。

(5)长期资金市场筹资的建设项目

长期资金市场筹资的建设项目是指利用国家债券筹资和社会集资投资的建设项目。

(三)基本建设的程序

基本建设程序是指建设项目在建设全过程中各项工作必须遵循的先后顺序。它是建设项目建设全过程中各环节、各步骤之间客观存在的不可破坏的先后顺序，是由建设项目本身的特点和客观规律决定的。进行建设项目建设，坚持按科学的建设项目建设程序办事，就是要求建设项目建设工作必须按照符合客观规律要求的一定顺序进行，正确处理建设项目建设工作中从制定建设规划、确定建设项目、勘察、定点、设计、建筑、安装、试车，直到竣工验收交付使用等各个阶段、各个环节之间的关系，达到提高投资效益的目的。这是关系建设项目建设工作全局的一个重要问题，也是按照自然规律和经济规律管理建设项目建设的一个根本原则。

一个项目的建设程序可分为以下几个阶段：

1. 项目建议书阶段

项目建议书阶段，也叫立项阶段。项目建议书是根据区域发展和行业发展规划的要求，结合各项自然资源、生产力状况和市场预测等，经过调查分析，为说明拟建项目建设的必要性、条件的可行性、获利的可能性，面向国家和省、市、地区主管部门提出的立项建议书。

项目建议书的主要内容有：项目提出的依据和必要性；拟建规模和建设地点的初步设想；资源情况、建设条件、协作关系、引进技术和设备等方面的初步分析；投资估算和资金筹措的设想；项目的进度安排；经济效果和投资效益的分析和初步估算等。

2. 可行性研究报告阶段

可行性研究报告阶段，也叫评估阶段。可行性研究是对立项阶段获得批准的项目建议书，运用多种科学研究方法（政治上、经济上、技术上等）对建设项目在投资决策前进行的技术经济论证，并得出可行与否的结论。

对于重大的投资项目，可行性研究还具体分为初步可行性研究和详细可行性研究，以使评估工作更为深入、细致、可信、有效。可行性研究的主要内容有：项目背景分析、市场需求预测、厂址选择、技术方案、环境保护、组织定员、投资估算和效益评价等。

3. 设计阶段

对于大型、复杂项目，可根据不同行业的特点和要求进行初步设计、技术设计和施工图设计等三阶段设计；一般工程项目可采用初步设计和施工图设计等两阶段设计。在设计阶段要具体提出项目的技术要求、技术指标、技术参数、施工进度计划，总体设计方案和分项设计方案，以及落实资金筹措具体事宜。设计文件是国家安排建设项目投资和组织施工的主要依据，所批准的投资为概算深度。

4. 工程招投标、签订施工合同阶段

建设单位根据已批准的设计文件和概预算书，对拟建项目实行公开招标或邀请招标，选定具有一定技术、经济实力和管理经验，能胜任承包任务、效率高、价格合理而且信誉好的施工单位承揽招标工程任务。施工单位中标后，建设单位应与之签订施工合同，确定承发包关系。

5. 建设准备阶段

开工前，应做好施工前的各项准备工作，主要包括：征用建设用地，拆迁，搞好“三通一平”（即通路、通电、通水、平整场地），修建临时生产和生活设施，组织规划设计、招标、大型或专用设备预安排和特殊材料预定货，申请开工报告等。

6. 施工阶段

按照投资计划和设计施工方案，做到资金、人员、材料、设备、管理整体到位，开展施工现场技术监督和费用核算，确保施工进度和施工质量。

7. 竣工阶段

根据国家有关规定，建设项目按批准的内容完成后，符合验收标准，须及时组织验收，办理交付使用资产移交手续。投资达到一定规模的大型建设项目的竣工验收备案工作由国家发展改革委或行业主管部门组织进行，限额以下的项目由行业主管部门或行业主管部门委托进行。

8. 后评价阶段

(1)建设项目竣工投产后，一般经过1～2年生产运营后，要进行一次系统的项目后评价，主要内容包括：①影响评价：项目投产后对各方面的影响进行评价；②经济效益评价：对项目投资、国民经济效益、财务效益、技术进步和规模效益、可行性研究深度等进行评价；③过程评价：对项目的立项、设计施工、建设管理、竣工投产、生产运营等全过程进行评价。

(2)项目后评价一般按三个层次组织实施，即项目法人的自我评价、项目行业的评价、计划部门(或主要投资方)的评价。

(3)建设项目后评价工作必须遵循客观、公正、科学的原则，做到分析合理、评价公正。通过建设项目的后评价以达到肯定成绩、总结经验、研究问题、吸取教训、提出建议、改进工作，不断提高项目决策水平和投资效果的目的。

二、基本建设项目划分

工程造价
基础知识(一)

基本建设项目是一个系统工程，为适应工程管理和经济核算的要求，可以将基本建设项目依据其组成进行科学的分解，依次划分为基本建设项目、单项工程、单位工程、分部工程和分项工程，如图1-1所示。

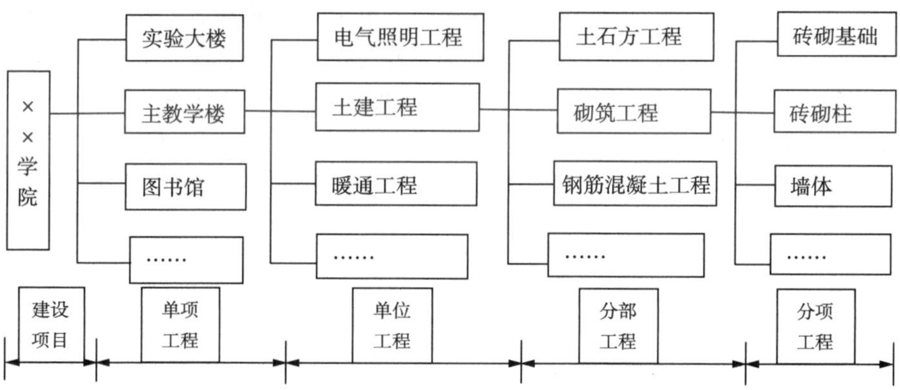

图1-1　建设项目划分示意图

1. 基本建设项目(简称建设项目)

建设项目是指具有设计任务书，按照一个总体设计施工的各个工程项目的总体，建设项目可由一个工程项目或几个工程项目构成。建设项目在经济上实行独立核算，在行政上具有独立组织形式。在我国，建设项目的实施单位一般为建设单位，实行建设项目法人负责制。例如，在工业建设中，一个工厂即为一个建设项目；在民用建设中，一所学校、一所医院即为一个建设项目。

2. 单项工程

单项工程又叫工程项目，是建设项目的组成部分。单项工程是指在一个建设项目中具有独立的设计文件、建成后能独立发挥生产效能的工程，它由若干个单位工程组成。如一所学校的办公楼、教学楼、食堂或宿舍等。

3. 单位工程

单位工程是单项工程的组成部分。单位工程是指具有独立设计文件，可以独立组织施工的工程，但建成后一般不能独立发挥生产（或使用）效能。如办公楼是一个单项工程，该办公楼的土建工程、室内给排水工程、室内电气照明工程等，均各属一个单位工程。

4. 分部工程

分部工程是单位工程的组成部分。分部工程是指按工程部位、设备型号、使用材料及施工方法不同对一个单位工程进一步划分的部分工程。例如一般土建工程可划分为基础工程、主体工程、屋面工程等分部工程，也可以按照工种工程划分为土石方工程、钢筋混凝土工程、砖石工程、装饰工程等分部工程。

5. 分项工程

分项工程是分部工程的组成部分。分项工程是指通过简单的施工过程就能生产出来，并能用适量的计量单位（如 m^3、kg 等）计算的建筑安装产品，它是将分部工程按不同的施工方法、不同的材料、不同的质量要求和不同的设计尺寸进一步划分的易于计算工程量和工料消耗量的若干子项目。如一般墙基工程可划分为开挖基槽、垫层、基础、防潮层等分项工程。

综上所述，一个建设项目是由一个或几个单项工程组成，一个单项工程是由一个或几个单位工程组成，一个单位工程是由几个分部工程组成，一个分部工程可以划分为若干个分项工程，而建设计价文件的编制就是从分项工程开始的。正确划分分项工程，是正确编制建设计价文件的一项十分重要的工作。建设项目的这种划分，不仅有利于编制计价文件，同时有利于项目的组织管理。

三、基本建设计价文件分类

（一）基本建设计价文件分类

基本建设计价文件是指按项目所处的建设阶段划分的确定工程造价的文件，主要是投资估算、设计概算、施工图预算等。

工程造价
基础知识（二）

1. 投资估算

投资估算是指在项目建议书和可行性研究阶段，由建设单位或其委托的咨询机构根据项目建议和类似工程的有关资料，对拟建工程所需投资进行预先测算和确定的过程。投资估算是项目决策前期编制项目建议书和可行性研究报告的重要组成部分，是项目决策的重要经济指标之一。

2. 设计概算

设计概算是在初步设计或扩大初步设计阶段编制的计价文件，由设计单位以投资估算为目标，根据初步设计图纸、概算定额或概算指标、费用定额和有关技术经济资料，预先计算和确定建设项目从筹建至竣工交付使用所需全部建设费用的经济文件。

按照国家规定，采用两阶段设计的建设项目，初步设计阶段必须编制设计概算；采用三阶段设计的建设项目，技术设计阶段必须编制修正概算。经批准的设计总概算是建设项目造价控制的最高限额。

3. 修正概算

当采用三阶段设计时，在技术设计阶段，随着对初步设计内容的深化，对建设规模、结构性质、设备类型等方面可能进行必要的修改和变动，由设计单位对初步设计总概算作出相应的调整和变动，即形成修正设计概算。

4. 施工图预算

施工图预算是指在施工图设计完成后，单位工程开工前，由建设单位（或施工承包单位）根据已审定的施工图纸和施工组织设计、基础定额、材料市场价格及各项取费标准等资料，预先计算和确定的建筑工程建设费用的经济文件。施工图预算是签订建筑安装工程承包合同、拨付工程款、进行竣工结算的依据。对于实行招标的工程，施工图预算是确定标底的基础。

5. 合同价

合同价是指在工程招投标阶段，通过签订总承包合同、建筑安装工程承包合同、设备材料采购合同以及技术和咨询服务合同确定的价格。合同价是由发承包双方根据市场行情议定和认可的价格，它属于市场价格范畴，但并不等同于实际工程造价。

6. 工程结算

工程结算是指在施工单位工程实施过程中，依据建设工程发承包合同中有关付款约定条件，按照规定的程序向建设单位收取工程预付款、进度款、竣工结算价款的一项经济活动；是根据影响工程造价的设计变更、设备和材料差价等，在承包合同约定的调整范围内，对合同价进行必要修正后形成的造价，是工程的实际造价。

工程结算一般分为中间结算和竣工结算。工程结算是施工企业核算工程成本、进行计划统计和经济核算的依据，是施工企业结算工程价款，确定工程收入的依据，也是建设单位编制竣工决算的主要依据。

7. 竣工决算

竣工决算是指在建设项目竣工后，建设单位按照国家的有关规定对新建、改建及扩建的工程建设项目编制从筹建到竣工投产的全部实际支出费用的竣工决算报告。它是正确核定新增固定资产价值、考核分析投资效果、建立健全经济责任制的依据，是综合、全面反映竣工项目建设成果及财务情况的总结性文件。

（二）基本建设程序与建筑工程计价之间的关系

工程造价的确定与工程建设阶段性工作深度相适应，建设程序与相应各阶段建筑工程计价之间的关系如图 1－2 所示。

从图 1－2 中可以看出：

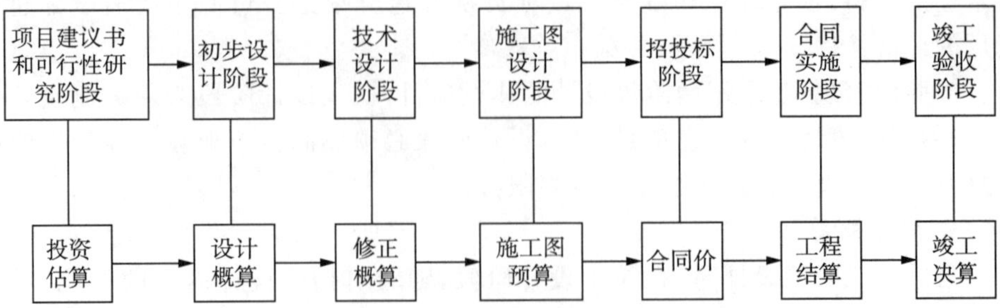

图 1－2　建设程序和各阶段计价文件关系

(1)在项目建议书和可行性研究阶段编制投资估算。

(2)在初步设计和技术设计阶段,分别编制设计概算和修正概算。

(3)在施工图设计完成后,在施工前编制施工图预算。

(4)在项目招投标阶段确定标底和报价,从而确定承包合同价。

(5)在项目实施阶段,分阶段进行工程结算。

(6)在项目竣工验收、交付使用后编制竣工决算。

综上所述,建筑工程计价文件是基本建设文件的重要组成部分,是基本建设过程中重要的经济文件。

四、建筑工程计价特点

建筑工程计价是指工程造价人员在项目建设的各个阶段,根据各阶段的不同计算依据和要求,遵循计价原则和程序,采用科学的计价方法,对工程项目最可能实现的合理价格做出科学计算和确定的过程。其表现形式和成果是编制的建筑工程计价文件。计算工程造价是工程管理工作的一个独特的、相对独立的组成部分。工程造价除具有一切商品价值的共有特点外,还具有其自身的特点,即单件性计价、多次性计价和组合性计价。

1. 单件性计价

每一项建设工程都有指定的专门用途。所以也就有不同的结构、造型和装饰,不同的体积和面积。即便是用途相同的建设工程,技术水平、建筑等级和建筑标准也有差别。建设工程要采用不同的工艺设备和建筑材料,施工方法、施工机械和技术组织措施等方案的选择也必须结合工程所在地的自然条件和技术经济条件。这就使建设工程的实物形态千差万别,再加上不同地区构成投资费用的各种价值要素的差异,最终导致建设工程造价差别很大。因此,对于建设工程就不能像对普通工业产品那样按品种、规格、质量成批地定价,只能通过特殊的程序(编制估算、概算、预算、合同价、结算价及最后确定竣工决算价等),就各个项目(建设项目或工程项目)计算工程造价,即单价计价。

2. 多次性计价

建设工程的生产过程是一个周期长、投资大的生产消费过程。包括可行性研究在内的设计过程一般时间较长,而且要分阶段进行,逐步加深。为了适应工程建设过程中各方经济关系的建立，适应项目管理、工程造价控制和管理的要求，需要按照设计和建设阶段多次进行计价。如投资估算、设计概算、施工图预算、工程结算、竣工决算等。

3. 组合性计价

工程建设项目有大、中、小型之分，由建设项目、单项工程、单位工程、分部工程、分项工程组成。其中分项工程是能用较为简单的施工过程生产出来、可以用一定的计量单位计量并便于测算其消耗的工程基本构造要素，也是工程结算中假定的建筑产品。与前述工程构成相适应，建筑工程具有分部组合计价的特点。计价时，首先要对建设项目进行分解，按构成进行分部计算，并逐层汇总，即以一定方法编制单位工程的计价文件，然后汇总各单位工程计价文件，成为单项工程计价文件；再汇总各单项工程的计价文件，形成一个建设项目建筑安装工程的总计价文件。

第二节　建筑工程计价模式

目前我国建筑工程计价模式实行“双轨制”，即定额计价模式和工程量清单计价模式，两种计价模式既相互联系又具有显著的区别。

建筑工程计价模式

一、定额计价模式

定额计价是我国传统的计价模式，在招投标时，不论是作为招标标底，还是投标报价，其招标人和投标人都需要按国家规定的统一工程量计算规则计算工程量，然后按建设行政主管部门颁布的预算定额计算人工、材料、机械的费用，再按有关费用标准计取其他费用，汇总后得到工程造价。

不难看出，其整个计价过程中的计价依据是固定的，即由建设行政主管部门颁布的权威性“定额”，这种定额是计划经济时代的产物，在特定的历史条件下，起到了确定和衡量工程造价标准的作用，规范了建筑市场，使专业人士在确定工程造价时有所依据。但定额指令性过强，不利于竞争机制的发挥。

二、工程量清单计价模式

工程量清单计价是国际上通用的计价方法，也是我国目前广泛推行的计价模式，是在建设工程招投标中，按照国家统一的工程量清单规范，招标人或委托具有资质的中介机构编制工程量清单，并作为招标文件的一部分提供给投标人，由投标人依据工程量清单，根据各种渠道所获得的工程造价信息和经验数据，结合企业定额自主报价的计价方式。

三、工程量清单计价与定额计价的区别与联系

1. 在招投标过程中采用工程量清单计价的特点

与在招投标过程中采用定额计价相比，采用工程量清单计价具有如下特点：

(1)提供了一个平等的竞争条件。采用定额计价进行投标报价，由于设计图纸缺陷、不同企业投标报价人员专业素养差别等原因，计算出的工程量往往差别很大，报价相去甚远，容易产生纠纷。而工程量清单计价为投标者提供一个平等竞争的条件，相同的工程量，由企业根据自身实力填报不同的单价，符合商品交换的一般性原则。

(2)满足竞争的需要。工程量清单计价让企业自主报价，将属于企业性质的施工方法、施工措施和人工、材料、机械的消耗量水平、取费等留给企业来确定。投标人根据招标人给出的工程量清单，结合自身的生产效率、消耗水平、管理能力与已储备的本企业报价资料，确定综合单价进行投标报价。对于投标人来说，报高了中不了标，报低了又没有利润，这时候就体现出了企业技术、管理水平的需要，形成了企业整体实力的竞争。

(3)有利于工程款的拨付和工程造价的最终确定。中标后，业主要与中标企业签订施工合同，在工程量清单报价基础上的中标价就成了合同价的基础，投标报价清单上的单价成为拨付工程款的依据。业主根据施工企业完成的工程量，可以很容易地确定进度款的拨付额。工程竣工后，再根据设计变更、工程量的增减乘以相应单价，业主也可以很容易地确定工程的最终造价。

(4)有利于实现风险的合理分担。采用工程量计价模式后，投标单位只对自己所报的成本、单价等负责，而对工程量的变更或计算错误等不负责任。相应的，对于这一部分风险由业主承担，这种格局符合风险合理分担与责任、权利关系对等的一般原则。

(5)有利于业主对投资的控制。采用定额计价，业主对因设计变更、工程量的增减所引起的工程造价变化不敏感，往往等竣工结算时才知道这些对项目投资的影响有多大。而采用工程量清单计价的方式，在要进行设计变更时，能马上知道它对工程造价的影响，这样业主就能根据投资情况来决定是否变更或进行方案比较，以决定最恰当的处理方法。

(6)有利于工程计价与国际惯例接轨。工程量清单计价是国际通行的计价方法，在我国实行工程量清单计价，不仅为建设市场主体创造一个与国际惯例接轨的市场竞争环境，而且有利于提高国内建设各方主体参与国际化竞争的能力，有利于提高工程建设的管理水平，规范国内建筑市场，形成市场有序竞争的新机制。

2. 工程量清单计价与定额计价的区别

(1)计价依据不同。定额计价模式下，其计价依据的是各地区建设主管部门颁布的预算定额及费用定额。工程量清单计价模式下，投标单位投标报价时，其计价依据的是各投标单位所编制的企业定额和市场价格信息。

(2)“量”“价”确定的方式方法不同。影响工程造价的两大因素是工程数量和相应的单价。

定额计价模式下，招投标工作中，工程数量由各投标单位分别计算，相应的单价统一按建设主管部门颁布的预算定额等计取。

工程量清单计价模式下，招投标工作中，工程数量由招标人按照国家统一的工程量清单规范规定的工程量计算规则计算，并提供给各投标人。各投标单位在“量”一致的前提下，根据各企业的技术、管理水平的高低，材料、设备的进货渠道和市场价格信息，同时考虑竞争的需要，自主确定“单价”。

可见，工程量清单计价模式把定价权交给企业，因为竞争的需要，促使投标企业通过科技、创新、加强施工项目管理等来降低工程成本，同时，不断采用新技术、新工艺施工，以达到获得期望利润的目的。

(3)反映的成本价不同。工程量清单计价反映的是个别成本。各投标人根据市场的人工、材料、机械价格行情、自身技术实力和管理水平投标报价，其价格有高有低，具有多样性。招标人在考虑投标单位综合素质的同时选择合理的工程造价。

定额计价反映的是社会成本。各投标人根据相同的预算定额及估价表报价，所报价格基本相同，由于预算定额的编制是按社会平均消耗量考虑，所以其价格反映的是社会平均价，不能反映中标单位的真实实力。

(4)风险承担人不同。定额计价模式下，工程量和单价的计算和确定均由投标人完成，投标单位一般需承担“量”“价”的双重风险。工程量清单计价模式下，工程量清单由招标人或招标人委托有资质的中介机构完成，投标单位只对自己所报的成本、单价等负责，即招标人承担计量的风险，投标人对所报价格承担风险，从而实现了招投标双方对风险的共同承担和合理分摊。

(5)项目名称划分不同。定额计价模式中，项目名称按“分项工程”划分，工程量清单模式中，项目名称按项目实体划分，有些项目名称综合了定额计价模式下的好几个分项工程。如基础挖土方项目综合了挖土、支挡土板、地基钎探、运土等。清单编制人及投标人应充分熟悉规范，确保清单编制及价格确定的准确。

再者，定额计价模式中项目内含施工方法因素，而工程量清单计价模式中不含。如定额计价模式下的基础挖土方项目，分为人工挖、机械挖以及何种机械挖；而工程量清单计价模式下，只有基础挖土方项目。

综上所述，两种不同计价模式的本质区别在于：“工程量”和“工程价格”的来源不同，定额计价模式下“量”由投标人计算(在招投标过程中)，“价”由投标人按统一规定计取；而工程量清单计价模式，“量”由招标人统一提供(在招投标过程中)，“价”由投标人根据自身实力、市场各种因素，考虑竞争需要自主报价。工程量清单计价模式能真正实现“客观、公平、公正”的原则。

3. 工程量清单计价与定额计价的联系

(1)“清单规范”中清单项目的设置参考了全国统一定额的项目划分，注意使清单计价项目设置与定额计价项目设置的衔接，有利于工程量清单计价模式的应用和推广。

(2)“清单规范”附录中的“工程内容”基本上取自原定额项目设置的工作内容，它是综合单价的组价内容。

(3)工程量清单计价，企业需要根据自己的企业实际消耗成本报价，在目前多数企业没有企业定额的情况下，现行全国统一定额或各地区建设主管部门颁布的预算定额(或消耗量定额)可作为重要参考。所以工程量清单的编制与计价与定额计价有着密不可分的联系。

本章思考与实训

1. 简述基本建设的程序。
2. 用图表形式表示基本建设程序与计价文件之间的关系。
3. 简述建筑工程计价的特点。
4. 简述工程量清单计价与定额计价的区别和联系。

课后练习题(1)

第二章 建设工程工程量清单计量计价规范及摘要

【内容要点】

1. 建设工程工程量清单计量计价规范简介。
2.《建设工程工程量清单计价规范》(GB 50500—2013)摘要。

【知识链接】

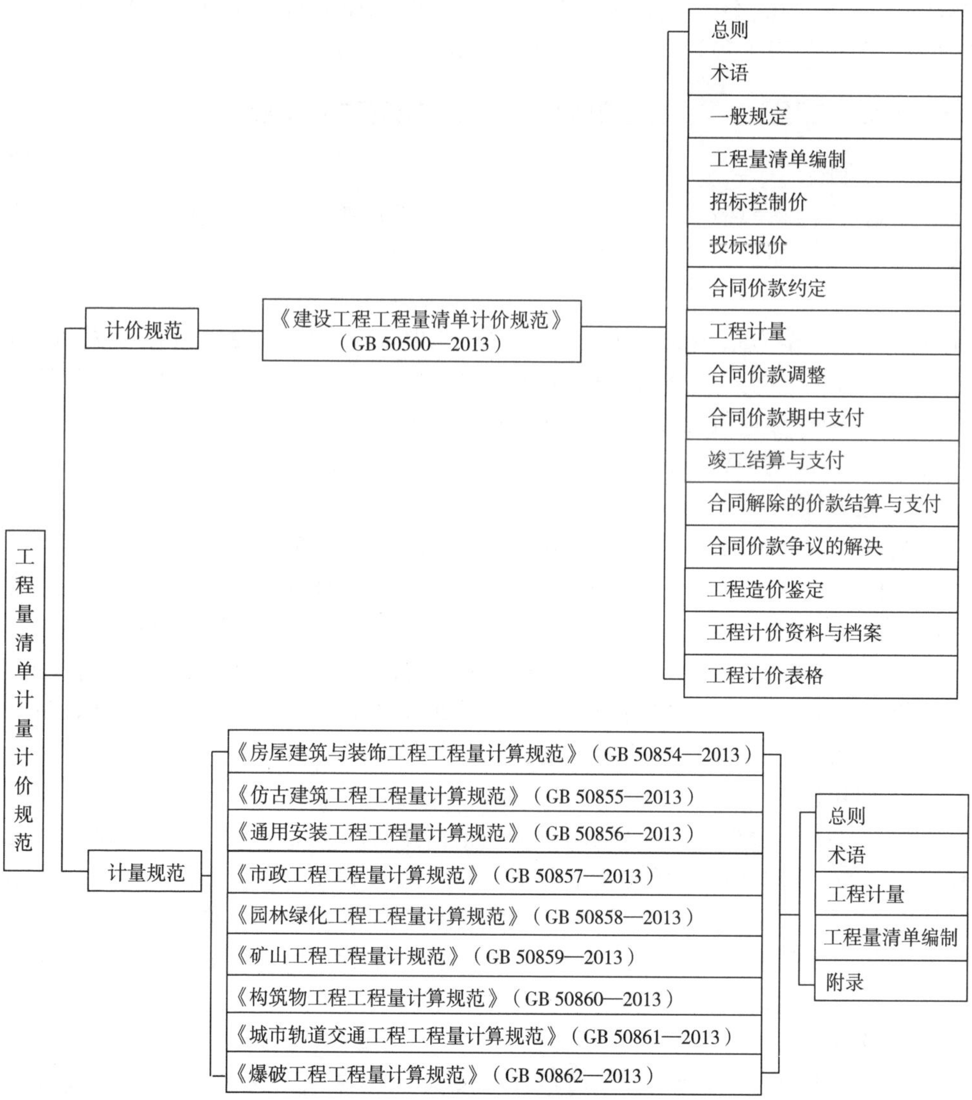

第一节　建设工程工程量清单计量计价规范简介

为规范建设工程造价计量计价行为，统一建设工程计价文件的编制原则和计价方法，统一建设工程工程量计算规则和工程量清单的编制方法，“建设工程工程量清单计量计价规范”国家标准于2013年7月颁布实施，该规范共计10本，包括1本工程量清单计价规范和9本不同专业的工程量计算规范，分别为：《建设工程工程量清单计价规范》(GB 50500—2013)、《房屋建筑与装饰工程工程量计算规范》(GB 50854—2013)、《仿古建筑工程工程量计算规范》(GB 50855—2013)、《通用安装工程工程量计算规范》(GB 50856—2013)、《市政工程工程量计算规范》(GB 50857—2013)、《园林绿化工程工程量计算规范》(GB 50858—2013)、《矿山工程工程量计算规范》(GB 50859—2013)、《构筑物工程工程量计算规范》(GB 50860—2013)、《城市轨道交通工程工程量计算规范》(GB 50861—2013)、《爆破工程工程量计算规范》(GB 50854—2013)。

一、建设工程工程量清单计量计价规范的特点

1. 强制性

强制性主要表现在：一是由建设行政主管部门按照国家强制性标准的要求批准发布，规定使用国有资金投资的建设工程发承包，必须采用工程量清单计价，且国有资金投资的建设工程招标，招标人必须编制招标控制价。二是明确工程量清单必须作为招标文件的组成部分，其准确性和完整性应由招标人负责。规定招标人在编制分部分项工程量清单时应包括五个要件，并明确安全文明施工费、规费和税金应按国家或省级行业建设主管部门的规定计价，不得作为竞争性费用，为规范我国建设市场和计价行为提供了依据。

2. 竞争性

竞争性主要表现在：一是规范中规定，招标人提供工程量清单，投标人依据招标人提供的工程量清单自主报价。二是规范中没有规定人工、材料和施工机械消耗量，投标企业可以依据企业定额和市场价格信息，也可以参照建设行政主管部门发布的社会平均消耗量定额，按照规范规定的原则和方法进行投标报价。将报价权交给了企业，必然促使企业提高管理水平，引导企业编制自己的消耗量定额，适应市场竞争投标报价的需要。

3. 通用性

通用性主要表现在：一是规范对工程量清单计价表格规定了统一的格式，这样不同省市、不同地区和行业在工程施工招投标过程中，互相竞争就有了统一标准，利于公平、公正竞争。二是规范编制考虑了与国际惯例接轨，工程量清单计价是国际上通行的计价方法。规范的规定，符合工程量计算方法标准化、工程量计算规则统一化、工程造价确定市场化的要求。

4. 实用性

实用性主要表现在“工程量清单计算规范”中工程量清单项目是工程实体项

目，项目名称明确清晰，工程量计算规则简洁明了，并且还列有项目特征和工程内容，编制工程量清单时易于确定具体项目名称，也便于投标人投标报价。

二、建设工程工程量清单计量计价规范的组成

工程量清单规范（2013 版）包括 1 本工程量清单计价规范和 9 本不同专业的工程量计算规范。

（一）工程量清单计价规范的组成

工程量清单计价规范，即《建设工程工程量清单计价规范》（GB 50500—2013），包括总则、术语、一般规定、工程量清单编制、招标控制价、投标报价、合同价款约定、工程计量、合同价款调整、合同价款期中支付、竣工结算与支付、合同解除的价款结算与支付、合同价款争议的解决、工程造价鉴定、工程计价资料与档案、工程计价表格共 16 个部分组成。

《建设工程工程量清单计价规范》（GB 50500—2013）适用于建设工程发承包及实施阶段的计价活动。其中建设工程包括房屋建筑与装饰工程、通用安装工程、市政工程、园林绿化工程、矿山工程、仿古建筑工程、城市轨道交通工程、构筑物工程、爆破工程共九个专业工程。计价活动包括招标工程量清单、招标控制价、投标报价的编制、工程合同价款的约定、竣工结算的办理以及施工过程中的工程计量、合同价款支付、施工索赔与现场签证、合同价款调整和合同价款争议的解决等。

（二）房屋建筑与装饰工程工程量清单计算规范的组成

房屋建筑与装饰工程工程量清单计算规范由正文和附录两部分组成，其中正文包括总则、术语、工程计量和工程量清单编制。

1. 总则

该部分说明制定本规范的目的、本规范的使用范围。强制规定“房屋建筑与装饰工程计价，必须按本规范规定的工程量计算规则进行工程计量”。

2. 术语

该部分对“工程量计算、房屋建筑、工业建筑、民用建筑”做了明确定义。

3. 工程计量

该部分对工程量计算过程规范的应用进行说明。

4. 工程量清单编制

该部对分部分项工程项目、措施项目清单的编制做了较具体的规定。

5. 附录

按工种及装饰部位等共划分了 17 个附录，包括土石方工程、地基处理及边坡支护工程、桩基工程、砌筑工程、混凝土及钢筋混凝土工程等。附录以表格形式对工程量清单的项目编码、项目名称、项目特征、计量单位、工程量计算规则及工程内容进行说明，附录为计量规范的核心内容，是对分部分项工程量清单和措施项目清单编制的规范性指引。

第二节 《建设工程工程量清单计价规范》(GB 50500—2013)摘要

1 总 则

1.0.1 为规范建设工程造价计价行为,统一建设工程计价文件的编制原则和计价方法,根据《中华人民共和国建筑法》《中华人民共和国招标投标法》等法律法规,制定本规范。

1.0.2 本规范适用于建设工程发承包及实施阶段的计价活动。

1.0.3 建设工程发承包及实施阶段的工程造价应由分部分项工程费、措施项目费、其他项目费、规费和税金组成。

1.0.4 招标工程量清单、招标控制价、投标报价、工程计量、合同价款调整、合同价款结算与支付以及工程造价鉴定等工程造价文件的编制与核对,应由具有专业资格的工程造价人员承担。

1.0.5 承担工程造价文件的编制与核对的工程造价人员及其所在单位,应对工程造价文件的质量负责。

1.0.6 建设工程发承包及实施阶段的计价活动应遵循客观、公正、公平的原则。

1.0.7 建设工程发承包及实施阶段的计价活动,除应符合本规范外,尚应符合国家现行有关标准的规定。

2 术 语

2.0.1 工程量清单

载明建设工程分部分项工程项目、措施项目、其他项目的名称和相应数量以及规费、税金项目等内容的明细清单。

2.0.2 招标工程量清单

招标人依据国家标准、招标文件、设计文件以及施工现场实际情况编制的,随招标文件发布供投标报价的工程量清单,包括其说明和表格。

2.0.3 已标价工程量清单

构成合同文件组成部分的投标文件中已标明价格,经算术性错误修正(如有)且承包人已确认的工程量清单,包括其说明和表格。

2.0.4 分部分项工程

分部工程是单项或单位工程的组成部分,是按结构部位、路段长度及施工特点或施工任务将单项或单位工程划分为若干分部的工程;分项工程是分部工程的组成部分,是按不同施工方法、材料、工序及路段长度等将分部工程划分为若干个分项或项目的工程。

2.0.5 措施项目

为完成工程项目施工,发生于该工程施工准备和施工过程中的技术、生活、安全、环境保护等方面的项目。

2.0.6 项目编码

分部分项工程和措施项目清单名称的阿拉伯数字标识。

2.0.7 项目特征

构成分部分项工程项目、措施项目自身价值的本质特征。

2.0.8 综合单价

完成一个规定清单项目所需的人工费、材料和工程设备费、施工机具使用费和企业管理费、利润以及一定范围内的风险费用。

2.0.9 风险费用

隐含于已标价工程量清单综合单价中，用于化解发承包双方在工程合同中约定内容和范围内的市场价格波动风险的费用。

[想一想]

你对综合单价中规定的一定范围内的风险是如何理解的？

2.0.10 工程成本

承包人为实施合同工程并达到质量标准，在确保安全施工的前提下，必须消耗或使用的人工、材料、工程设备、施工机械台班及其管理等方面发生的费用和按规定缴纳的规费和税金。

2.0.11 单价合同

发承包双方约定以工程量清单及其综合单价进行合同价款计算、调整和确认的建设工程施工合同。

2.0.12 总价合同

发承包双方约定以施工图及其预算和有关条件进行合同价款计算、调整和确认的建设工程施工合同。

2.0.13 成本加酬金合同

承包双方约定以施工工程成本再加合同约定酬金进行合同价款计算、调计算、调整和确认的建设工程施工合同。

2.0.14 工程造价信息

工程造价管理机构根据调查和测算发布的建设工程人工、材料、工程设备、施工机械台班的价格信息，以及各类工程的造价指数、指标。

2.0.15 工程造价

指数反映一定时期的工程造价相对于某一固定时期的工程造价变化程度的比值或比率。包括按单位或单项工程划分的造价指数，按工程造价构成要素划分的人工、材料、机械等价格指数。

2.0.16 工程变更

合同工程实施过程中由发包人提出或由承包人提出经发包人批准的合同工程任何一项工作的增、减、取消或施工工艺、顺序、时间的改变；设计图纸的修改；施工条件的改变；招标工程量清单的错、漏从而引起合同条件的改变或工程量的增减变化。

2.0.17 工程量偏差

承包人按照合同工程的图纸（含经发包人批准由承包人提供的图纸）实施，

按照现行国家计量规范规定的工程量计算规则计算得到的完成合同工程项目应予计量的工程量与相应的招标工程量清单项目列出的工程量之间出现的量差。

2.0.18 暂列金额

招标人在工程量清单中暂定并包括在合同价款中的一笔款项。用于工程合同签订时尚未确定或者不可预见的所需材料、工程设备、服务的采购，施工中可能发生的工程变更、合同约定调整因素出现时的合同价款调整以及发生的索赔、现场签证确认等的费用。

2.0.19 暂估价

招标人在工程量清单中提供的用于支付必然发生但暂时不能确定价格的材料、工程设备的单价以及专业工程的金额。

［想一想］

暂列金额和暂估价有什么区别？

2.0.20 计日工

在施工过程中，承包人完成发包人提出的工程合同范围以外的零星项目或工作，按合同中约定的单价计价的一种方式。

2.0.21 总承包服务费

总承包人为配合协调发包人进行的专业工程发包，对发包人自行采购的材料、工程设备等进行保管以及施工现场管理、竣工资料汇总整理等服务所需的费用。

2.0.22 安全文明施工费

在合同履行过程中，承包人按照国家法律、法规、标准等规定，为保证安全施工、文明施工，保护现场内外环境和搭拆临时设施等所采用的措施而发生的费用。

2.0.23 索赔

在工程合同履行过程中，合同当事人一方因非己方的原因而遭受损失，按合同约定或法律法规规定承担责任，从而向对方提出补偿的要求。

2.0.24 现场签证

发包人现场代表（或其授权的监理人、工程造价咨询人）与承包人现场代表就施工过程中涉及的责任事件所作的签认证明。

2.0.25 提前竣工（赶工）费

承包人应发包人的要求而采取加快工程进度措施，使合同工程工期缩短，由此产生的应由发包人支付的费用。

2.0.26 误期赔偿费

承包人未按照合同工程的计划进度复施工，导致实际工期超过合同工期（包括经发包人批准的延长工期），承包人应向发包人赔偿损失的费用。

2.0.27 不可抗力

发承包双方在工程合同签订时不能预见的，对其发生的后果不能避免，并且不能克服的自然灾害和社会性突发事件。

2.0.28 工程设备

指构成或计划构成永久工程一部分的机电设备、金属结构设备、仪器装置及其他类似的设备和装置。

2.0.29 缺陷责任期

指承包人对已交付使用的合同工程承担合同约定的缺陷修复责任的期限。

2.0.30 质量保证金

发承包双方在工程合同中约定，从应付合同价款中预留，用以保证承包人在缺陷责任期内履行缺陷修复义务的金额。

2.0.31 费用

承包人为履行合同所发生或将要发生的所有合理开支，包括管理费和应分摊的其他费用，但不包括利润。

2.0.32 利润

承包人完成合同工程获得的盈利。

2.0.33 企业定额

施工企业根据本企业的施工技术、机械装备和管理水平而编制的人工、材料和施工机械台班等消耗标准。

2.0.34 规费

根据国家法律、法规规定，由省级政府或省级有关权力部门规定施工企业必须缴纳的，应计入建筑安装工程造价的费用。

2.0.35 税金

国家税法规定的应计入建筑安装工程造价内的营业税、城市维护建设税、教育费附加和地方教育附加。

2.0.36 发包人

具有工程发包主体资格和支付工程价款能力的当事人以及取得该当事人资格的合法继承人，本规范有时又称招标人。

2.0.37 承包人

被发包人接受的具有工程施工承包主体资格的当事人以及取得该当事人资格的合法继承人，本规范有时又称投标人。

2.0.38 工程造价咨询人

取得工程造价咨询资质等级证书，接受委托从事建设工程造价咨询活动的当事人以及取得该当事人资格的合法继承人。

2.0.39 造价工程师

取得造价工程师注册证书，在一个单位注册、从事建设工程造价活动的专业人员。

2.0.40 造价员

取得全国建设工程造价员资格证书，在一个单位注册、从事建设工程造价活动的专业人员。

2.0.41 单价项目

工程量清单中以单价计价的项目，即根据合同工程图纸（含设计变更）和相关工程现行国家计量规范规定的工程量计算规则进行计量，与已标价工程量清单相应综合单价进行价款计算的项目。

2.0.42　总价项目

工程量清单中以总价计价的项目，即此类项目在相关工程现行国家计量规范中无工程量计算规则，以总价(或计算基础乘费率)×计算的项目。

2.0.43　工程计量

发承包双方根据合同约定，对承包人完成合同工程的数量进行的计算和确认。

2.0.44　工程结算

发承包双方根据合同约定，对合同工程在实施中、终止时、已完工后进行的合同价款计算、调整和确认。包括期中结算、终止结算、竣工结算。

2.0.45　招标控制价

招标人根据国家或省级、行业建设主管部门颁发的有关计价依据和办法，以及拟定的招标文件和招标工程量清单，结合工程具体情况编制的招标工程的最高投标限价。

2.0.46　投标价

投标人投标时响应招标文件要求所报出的对已标价工程量清单汇总后标明的总价。

2.0.47　签约合同价(合同价款)

发承包双方在工程合同中约定的工程造价，即包括了分部分项工程费、措施项目费、其他项目费、规费和税金的合同总金额。

2.0.48　预付款

在开工前，发包人按照合同约定，预先支付给承包人用于购买合同工程施工所需的材料、工程设备，以及组织施工机械和人员进场等的款项。

2.0.49　进度款

在合同工程施工过程中，发包人按照合同约定对付款周期内承包人完成的合同价款给予支付的款项，也是合同价款期中结算支付。

2.0.50　合同价款调整

在合同价款调整因素出现后，发承包双方根据合同约定，对合同价款进行变动的提出、计算和确认。

2.0.51　竣工结算价

发承包双方依据国家有关法律、法规和标准规定，按照合同约定确定的，包括在履行合同过程中按合同约定进行的合同价款调整，是承包\按合同约定完成了全部承包工作后，发包人应付给承包人的合同总金额。

2.0.52　工程造价鉴定

工程造价咨询人接受人民法院、仲裁机关委托，对施工合同纠纷案件中的工程造价争议，运用专门知识进行鉴别、判断和评定，并提供鉴定意见的活动。也称为工程造价司法鉴定。

[想一想]

招标控制价、投标价、合同价及竣工结算价之间有什么区别和联系?

3　一般规定

3.1　计价方式

3.1.1　使用国有资金投资的建设工程发承包，必须采用工程量清单计价。

3.1.2 非国有资金投资的建设工程，宜采用工程量清单计价。

3.1.3 不采用工程量清单计价的建设工程，应执行本规范除工程量清单等专门性规定外的其他规定。

3.1.4 工程量清单应采用综合单价计价。

3.1.5 措施项目中的安全文明施工费必须按国家或省级、行业建设主管部门的规定计算，不得作为竞争性费用。

3.1.6 规费和税金必须按国家或省级、行业建设主管部门的规定计算，不得作为竞争性费用。

3.2 发包人提供材料和工程设备

3.2.1 发包人提供的材料和工程设备(以下简称甲供材料)应在招标文件中按照本规范附录 L.1 的规定填写《发包人提供材料和工程设备一览表》，写明甲供材料的名称、规格、数量、单价、交货方式、交货地点等。

承包人投标时，甲供材料单价应计入相应项目的综合单价中，签约后，发包人应按合同约定扣除甲供材料款，不予支付。

3.2.2 承包人应根据合同工程进度计划的安排，向发包人提交甲供材料交货的日期计划。发包人应按计划提供。

3.2.3 发包人提供的甲供材料如规格、数量或质量不符合合同要求，或由于发包人原因发生交货日期延误、交货地点及交货方式变更等情况的，发包人应承担由此增加的费用和(或)工期延误，并应向承包人支付合理利润。

3.2.4 发承包双方对甲供材料的数量发生争议不能达成一致的，应按照相关工程的计价定额同类项目规定的材料消耗量计算。

3.2.5 若发包人要求承包人采购已在招标文件中确定为甲供材料的，材料价格应由发承包双方根据市场调查确定，并应另行签订补充协议。

3.3 承包人提供材料和工程设备

3.3.1 除合同约定的发包人提供的甲供材料外，合同工程所需的材料和工程设备应由承包人提供，承包人提供的材料和工程设备均应由承包人负责采购、运输和保管。

3.3.2 承包人应按合同约定将采购材料和工程设备的供货人及品种、规格、数量和供货时间等提交发包人确认，并负责提供材料和工程设备的质量证明文件，满足合同约定的质量标准。

3.3.3 对承包人提供的材料和工程设备经检测不符合合同约定的质量标准，发包人应立即要求承包人更换，由此增加的费用和(或)工期延误应由承包人承担。对发包人要求检测承包人已具有合格证明的材料、工程设备，但经检测证明此该项材料、工程设备符合合同约定的质量标准，发包人应承担由此增加的费用和(或)工期延误，并向承包人支付合理利润。

3.4 计价风险

3.4.1 建设工程发承包，必须在招标文件、合同中明确计价中的风险内容及其范围，不得采用无限风险、所有风险或类似语句规定计价中的风险内容及

[想一想]

采用工程量清单计价，建设工程造价是如何组成的？哪些费用可以作为竞争性费用？

范围。

3.4.2　由于下列因素出现，影响合同价款调整的，应由发包人承担：

(1)国家法律、法规、规章和政策发生变化；

(2)省级或行业建设主管部门发布的人工费调整，但承包人对人工费或人工单价的报价高于发布的除外；

(3)由政府定价或政府指导价管理的原材料等价格进行了调整。因承包人原因导致工期延误的，应按本规范第9.2.2条、第9.8.3条的规定执行。

3.4.3　由于市场物价波动影响合同价款的，应由发承包双方合理分摊，按本规范附录L.2或L.3填写《承包人提供主要材料和工程设备一览表》作为合同附件；当合同中没有约定，发承包双方发生争议时，应按本规范第9.8.1～9.8.3条的规定调整合同价款。

3.4.4　由于承包人使用机械设备、施工技术以及组织管理水平等自身原因造成施工费用增加的，应由承包人全部承担。

3.4.5　当不可抗力发生，影响合同价款时，应按本规范第9.10节的规定执行。

4　工程量清单编制

4.1　一般规定

4.1.1　招标工程量清单应由具有编制能力的招标人或受其委托、具有相应资质的工程造价咨询人编制。

4.1.2　招标工程量清单必须作为招标文件的组成部分，其准确性和完整性应由招标人负责。

4.1.3　招标工程量清单是工程量清单计价的基础，应作为编制招标控制价、投标报价、计算或调整工量、索赔等的依据之一。

4.1.4　招标工程量清单应以单位(项)工程为单位编制，应由分部分项工程项目清单、措施项目清单、其他项目清单、规费和税金项目清单组成。

[想一想]

工程量清单是如何组成的?

4.1.5　编制招标工程量清单应依据：

(1)本规范和相关工程的国家计量规范；

(2)国家或省级、行业建设主管部门颁发的计价定额和办法；

(3)建设工程设计文件及相关资料；

(4)与建设工程有关的标准、规范、技术资料；

(5)拟定的招标文件；

(6)施工现场情况、地勘水文资料、工程特点及常规施工方案；

(7)其他相关资料。

4.2　分部分项工程项目

4.2.1　分部分项工程项目清单必须载明项目编码、项目名称、项目特征、计量单位和工程量。

4.2.2　分部分项工程项目清单必须根据相关工程现行国家计量规范规定

的项目编码、项目名称、项目特征、计量单位和工程量计算规则进行编制。

4.3 措施项目

［想一想］

分部分项工程量清单的五个要素是什么？

4.3.1 措施项目清单必须根据相关工程现行国家计量规范的规定编制。

4.3.2 措施项目清单应根据拟建工程的实际情况列项。

4.4 其他项目

4.4.1 其他项目清单应按照下列内容列项：

(1)暂列金额；

(2)暂估价，包括材料暂估单价、工程设备暂估单价、专业工程暂估价；

(3)计日工；

(4)总承包服务费。

4.4.2 暂列金额应根据工程特点按有关计价规定估算。

4.4.3 暂估价中的材料、工程设备暂估单价应根据工程造价信息或参照市场价格估算，列出明细表；专业工程暂估价应分不同专业，按有关计价规定估算，列出明细表。

4.4.4 计日工应列出项目名称、计量单位和暂估数量。

4.4.5 总承包服务费应列出服务项目及其内容等。

4.4.6 出现本规范第4.4.1条未列的项目，应根据工程实际情况补充。

4.5 规费

4.5.1 规费项目清单应按照下列内容列项：

(1)社会保险费：包括养老保险费、失业保险费、医疗保险费、工伤保险费、生育保险费；

(2)住房公积金；

(3)工程排污费。

4.5.2 出现本规范第4.5.1条未列的项目，应根据省级政府或省级有关部门的规定列项。

4.6 税金

4.6.1 税金项目清单应包括下列内容：

(1)增值税；

(2)城市维护建设税；

(3)教育费附加；

(4)地方教育附加。

4.6.2 出现本规范第4.6.1条未列的项目，应根据税务部门的规定列项。

5 招标控制价

5.1 一般规定

5.1.1 国有资金投资的建设工程招标，招标人必须编制招标控制价。

5.1.2 招标控制价应由具有编制能力的招标人或受其委托具有相应资质的工程造价咨询人编制和复核。

5.1.3　工程造价咨询人接受招标人委托编制招标控制价，不得再就同一工程接受投标人委托编制投标报价。

5.1.4　招标控制价应按照本规范第5.2.1条的规定编制，不应上调或下浮。

5.1.5　当招标控制价超过批准的概算时，招标人应将其报原概算审批部门审核。

5.1.6　招标人应在发布招标文件时公布招标控制价，同时应将招标控制价及有关资料报送工程所在地或有该工程管辖权的行业管理部门工程造价管理机构备查。

5.2　编制与复核

5.2.1　招标控制价应根据下列依据编制与复核：

(1)本规范；

(2)国家或省级、行业建设主管部门颁发的计价定额和计价办法；

(3)建设工程设计文件及相关资料；

(4)拟定的招标文件及招标工程量清单；

(5)与建设项目相关的标准、规范、技术资料；

(6)施工现场情况、工程特点及常规施工方案；

(7)工程造价管理机构发布的工程造价信息，当工程造价信息没有发布时，参照市场价；

(8)其他的相关资料。

5.2.2　综合单价中应包括招标文件中划分的应由投标人承担的风险范围及其费用。招标文件中没有明确的，如是工程造价咨询人编制，应提请招标人明确；如是招标人编制，应予明确。

5.2.3　分部分项工程和措施项目中的单价项目，应根据拟定的招标文件和招标工程量清单项目中的特征描述及有关要求确定综合单价计算。

5.2.4　措施项目中的总价项目应根据拟定的招标文件和常规施工方案按本规范第3.1.4条和3.1.5条的规定计价。

5.2.5　其他项目应按下列规定计价：

(1)暂列金额应按招标工程量清单中列出的金额填写；

(2)暂估价中的材料、工程设备单价应按招标工程量清单中列出的单价计入综合单价；

(3)暂估价中的专业工程金额应按招标工程量清单中列出的金额填写；

(4)计日工应按招标工程量清单中列出的项目根据工程特点和有关计价依据确定综合单价计算；

(5)总承包服务费应根据招标工程量清单列出的内容和要求估算。

5.2.6　规费和税金应按本规范第3.1.6条的规定计算。

5.3　投诉与处理

5.3.1　投标人经复核认为招标人公布的招标控制价未按照本规范的规定

进行编制的，应在招标控制价公布后5天内向招投标监督机构和工程造价管理机构投诉。

5.3.2 投诉人投诉时，应当提交由单位盖章和法定代表人或其委托人签名或盖章的书面投诉书。投诉书应包括下列内容：

(1)投诉人与被投诉人的名称、地址及有效联系方式；

(2)投诉的招标工程名称、具体事项及理由；

(3)投诉依据及有关证明材料；

(4)相关的请求及主张。

5.3.3 投诉人不得进行虚假、恶意投诉，阻碍招投标活动的正常进行。

5.3.4 工程造价管理机构在接到投诉书后应在2个工作日内进行审查，对有下列情况之一的，不予受理：

(1)投诉人不是所投诉招标下程招标文件的收受人；

(2)投诉书提交的时间不符合本规范第5.3.1条规定的；

(3)投诉书不符合本规范第5.3.2条规定的；

(4)投诉事项已进入行政复议或行政诉讼程序的。

5.3.5 工程造价管理机构应在不迟于结束审查的次日将是否受理投诉的决定书面通知投诉人、被投诉人以及负责该工程招投标监督的招投标管理机构。

5.3.6 工程造价管理机构受理投诉后，应立即对招标控制价进行复查，组织投诉人、被投诉人或其委托的招标控制价编制人等单位人员对投诉问题逐一核对。有关当事人应当予以配合，并应保证所提供资料的真实性。

5.3.7 工程造价管理机构应当在受理投诉的10天内完成复查，特殊情况下可适当延长，并作出书面结论通知投诉人、被投诉人及负责该工程招投标监督的招投标管理机构。

5.3.8 当招标控制价复查结论与原公布的招标控制价误差大于±3%时，应当责成招标人改正。

5.3.9 招标人根据招标控制价复查结论需要重新公布招标控制价的，其最终公布的时间至招标文件要求提交投标文件截止时间不足15天的，应相应延长投标文件的截止时间。

6 投标报价

6.1 一般规定

6.1.1 投标价应由投标人或受其委托具有相应资质的工程造价咨询人编制。

6.1.2 投标人应依据本规范第6.2.1条的规定自主确定投标报价。

6.1.3 投标报价不得低于工程成本。

6.1.4 投标人必须按招标工程量清单填报价格。项目编码、项目名称、项目特征、计量单位、工程量必须与招标工程量清单一致。

6.1.5 投标人的投标报价高于招标控制价的应予废标。

[想一想]

为什么投标人应按招标人提供的工程量清单填报价格？为什么填写的项目编码、项目名称、项目特征、计量单位、工程量必须与招标人提供的一致？

6.2　编制与复核

6.2.1　投标报价应根据下列依据编制和复核：

(1)本规范；

(2)国家或省级、行业建设主管部门颁发的计价办法；

(3)企业定额，国家或省级、行业建设主管部门颁发的计价定额和计价办法；

(4)招标文件、招标工程量清单及其补充通知、答疑纪要；

(5)建设工程设计文件及相关资料；

(6)施工现场情况、工程特点及投标时拟定的施工组织设计或施工方案；

(7)与建设项目相关的标准、规范等技术资料；

(8)市场价格信息或工程造价管理机构发布的工程造价信息；

(9)其他的相关资料。

6.2.2　综合单价中应包括招标文件中划分的应由投标人承担的风险范围及其费用，招标文件中没有明确的，应提请招标人明确。

6.2.3　分部分项工程和措施项目中的单价项目，应根据招标文件和招标工程量清单项目中的特征描述确定综合单价计算。

6.2.4　措施项目中的总价项目金额应根据招标文件及投标时拟定的施工组织设计或施工方案，按本规范第3.1.4条的规定自主确定。其中安全文明施工费应按照本规范第3.1.5条的规定确定。

6.2.5　其他项目应按下列规定报价：

(1)暂列金额应按招标工程量清单中列出的金额填写；

(2)材料、工程设备暂估价应按招标工程量清单中列出的单价计入综合单价；

(3)专业工程暂估价应按招标工程量清单中列出的金额填写；

(4)计日工应按招标工程量清单中列出的项目和数量，自主确定综合单价并计算计日工金额；

(5)总承包服务费应根据招标工程量清单中列出的内容和提出的要求自主确定。

6.2.6　规费和税金应按本规范第3.1.6条的规定确定。

6.2.7　招标工程量清单与计价表中列明的所有需要填写单价和合价的项目，投标人均应填写且只允许有一个报价。未填写单价和合价的项目，可视为此项费用已包含在已标价工程量清单中其他项目的单价和合价之中。当竣工结算时，此项目不得重新组价予以调整。

6.2.8　投标总价应当与分部分项工程费、措施项目费、其他项目费和规费、税金的合计金额一致。

7　合同价款约守

7.1　一般规定

7.1.1　实行招标的工程合同价款应在中标通知书发出之日起30天内，由发承包双方依据招标文件和中标人的投标文件在书面合同中约定。

合同约定不得违背招标、投标文件中关于工期、造价、质量等方面的实质性内容。招标文件与中标人投标文件不一致的地方，应以投标文件为准。

7.1.2 不实行招标的工程合同价款，应在发承包双方认可的工程价款基础上，由发承包双方在合同中约定。

7.1.3 实行工程量清单计价的工程，应采用单价合同；建设规模较小，技术难度较低，工期较短，且施工图设计已审查批准的建设工程可采用总价合同；紧急抢险、救灾以及施工技术特别复杂的建设工程可采用成本加酬金合同。

7.2 约定内容

7.2.1 发承包双方应在合同条款中对下列事项进行约定：

(1)预付工程款的数额、支付时间及抵扣方式；

(2)安全文明施工措施的支付计划、使用要求等；

(3)工程计量与支付工程进度款的方式、数额及时间；

(4)工程价款的调整因素、方法、程序、支付及时间；

(5)施工索赔与现场签证的程序、金额确认与支付时间；

(6)承担计价风险的内容、范围以及超出约定内容、范围的调整办法；

(7)工程竣工价款结算编制与核对、支付及时间；

(8)工程质量保证金的数额、预留方式及时间；

(9)违约责任以及发生合同价款争议的解决方法及时间；

(10)与履行合同、支付价款有关的其他事项等。

7.2.2 合同中没有按照本规范第7.2.1条的要求约定或约定不明的，若发承包双方在合同履行中发生争议由双方协商确定；当协商不能达成一致时，应按本规范的规定执行。

8 工程计量

8.1 一般规定

8.1.1 工程量必须按照相关工程现行国家计量规范规定的工程量计算规则计算。

8.1.2 工程计量可选择按月或按工程形象进度分段计量，具体计量周期应在合同中约定。

8.1.3 因承包人原因造成的超出合同工程范围施工或返工的工程量，发包人不予计量。

8.1.4 成本加酬金合同应按本规范第8.2节的规定计量。

8.2 单价合同的计量

8.2.1 工程量必须以承包人完成合同工程应予计量的工程量确定。

8.2.2 施工中进行工程计量，当发现招标工程量清单中出现缺项、工程量偏差，或因工程变更引起工程量增减时，应按承包人在履行合同义务中完成的工程量计算。

8.2.3　承包人应当按照合同约定的计量周期和时间向发包人提交当期已完工程量报告。发包人应在收到报告后7天内核实，并将核实计量结果通知承包人。发包人未在约定时间内进行核实的，承包人提交的计量报告中所列的工程量应视为承包人实际完成的工程量。

8.2.4　发包人认为需要进行现场计量核实时，应在计量前24小时通知承包人，承包人应为计量提供便利条件并派人参加。当双方均同意核实结果时，双方应在上述记录上签字确认。承包人收到通知后不派人参加计量，视为认可发包人的计量核实结果。发包人不按照约定时间通知承包人，致使承包人未能派人参加计量，计量核实结果无效。

8.2.5　当承包人认为发包人核实后的计量结果有误时，应在收到计量结果通知后的7天内向发包人提出书面意见，并应附上其认为正确的计量结果和详细的计算资料。发包人收到书面意见后，应在7天内对承包人的计量结果进行复核后通知承包人。承包人对复核计量结果仍有异议的，按照合同约定的争议解决办法处理。

8.2.6　承包人完成已标价工程量清单中每个项目的工程量并经发包人核实无误后，发承包双方应对每个项目的历次计量报表进行汇总，以核实最终结算工程量，并应在汇总表上签字确认。

8.3　总价合同的计量

8.3.1　采用工程量清单方式招标形成的总价合同，其工程量应按照本规范第8.2节的规定计算。

8.3.2　采用经审定批准的施工图纸及其预算方式发包形成的总价合同，除按照工程变更规定的工程量增减外，总价合同各项目的工程量应为承包人用于结算的最终工程量。

8.3.3　总价合同约定的项目计量应以合同工程经审定批准的施工图纸为依据，发承包双方应在合同中约定工程计量的形象目标或时间节点进行计量。

8.3.4　承包人应在合同约定的每个计量周期内对已完成的工程进行计量，并向发包人提交达到工程形象目标完成的工程量和有关计量资料的报告。

8.3.5　发包人应在收到报告后7天内对承包人提交的上述资料进行复核，以确定实际完成的工程量和工程形象目标。对其有异议的，应通知承包人进行共同复核。

9　合同价款调整

9.1　一般规定

9.1.1　下列事项(但不限于)发生，发承包双方应当按照合同约定调整合同价款：

(1)法律法规变化；

(2)工程变更；

(3)项目特征不符；

(4)工程量清单缺项；

(5)工程量偏差；

(6)计日工；

(7)物价变化；

(8)暂估价；

(9)不可抗力；

(10)提前竣工(赶工补偿)；

(11)误期赔偿；

(12)索赔；

(13)现场签证；

(14)暂列金额；

(15)发承包双方约定的其他调整事项。

9.1.2 出现合同价款调增事项(不含工程量偏差、计日工、现场签证、索赔)后的 14 天内,承包人应向发包人提交合同价款调增报告并附上相关资料;承包人在 14 天内未提交合同价款调增报告的,应视为承包人对该事项不存在调整价款请求。

9.1.3 出现合同价款调减事项(不含工程量偏差、索赔)后的 14 天内,发包人应向承包人提交合同价款调减报告并附相关资料;发包人在 14 天内未提交合同价款调减报告的,应视为发包人对该事项不存在调整价款请求。

9.1.4 发(承)包人应在收到承(发)包人合同价款调增(减)报告及相关资料之日起 14 天内对其核实,予以确认的应书面通知承(发)包人。当有疑问时,应向承(发)包人提出协商意见。发(承)包人在收到合同价款调增(减)报告之日起 14 天内未确认也未提出协商意见的,应视为承(发)包人提交的合同价款调增(减)报告已被发(承)包人认可。发(承)包人提出协商意见的,承(发)包人应在收到协商意见后的 14 天内对其核实,予以确认的应书面通知发(承)包人。承(发)包人在收到发(承)包人的协商意见后 14 天内既不确认也未提出不同意见的,应视为发(承)包人提出的意见已被承(发)包人认可。

9.1.5 发包人与承包人对合同价款调整的不同意见不能达成一致的,只要对发承包双方履约不产生实质影响,双方应继续履行合同义务,直到其按照合同约定的争议解决方式得到处理。

9.1.6 经发承包双方确认调整的合同价款,作为追加(减)合同价款,应与工程进度款或结算款同期支付。

9.2 法律法规变化

9.2.1 招标工程以投标截止日前 28 天、非招标工程以合同签订前 28 天为基准日,其后因国家的法律、法规、规章和政策发生变化引起工程造价增减变化的,发承包双方应按照省级或行业建设主管部门或其授权的工程造价管理机构据此发布的规定调整合同价款。

9.2.2 因承包人原因导致工期延误的,按本规范第 9.2.1 条规定的调整时间，在合同工程原定竣工时间之后，合同价款调增的不予调整，合同价款调减的予以调整。

9.3　工程变更

9.3.1　因工程变更引起已标价工程量清单项目或其工程数量发生变化时，应按照下列规定调整：

(1)已标价工程量清单中有适用于变更工程项目的，应采用该项目的单价；但当工程变更导致该清单项目的工程数量生牛变化，且工程量偏差超过15%时，该项目单价应按照本规范第9.6.2条的规定调整。

(2)已标价工程量清单中没有适用但有类似于变更工程项目的，可在合理范围内参照类似项目的单价。

(3)已标价工程量清单中没有适用也没有类似于变更工程项目的，应由承包人根据变更工程资料、计量规则和计价办法、工程造价管理机构发布的信息价格和承包人报价浮动率提出变更工程项目的价，并应报发包人确认后调整。承包人报价浮动率可按下列公式计算：

$$\text{招标工程：承包人报价浮动率 } L=(1-\text{中标价}/\text{招标控制价})\times 100\% \tag{9.3.1-1}$$

$$\text{非招标工程：承包人报价浮动率 } L=(1-\text{报价}/\text{施工图预算})\times 100\% \tag{9.3.2-2}$$

(4)已标价工程量清单中没有适用也没有类似于变更工程项目，且工程造价管理机构发布的信息价格缺价的，应由承包人根据变更工程资料、计量规则、计价办法和通过市场调查等取得有合法依据的市场价格提出变更工程项目的单价，并应报发包人确认后调整。

9.3.2　工程变更引起施工方案改变并使措施项目发生变化时，承包人提出调整措施项目费的，应先将拟实施的方案提交发包人确认，并应详细说明与原方案措施项目相比的变化情况。拟实施的方案经发承包双方确认后执行，并应按照下列规定调整措施项目费：

(1)安全文明施工费应按照实际发生变化的措施项目依据本规范第3.1.5条的规定计算。

(2)采用单价计算的措施项目费，应按照实际发生变化的措施项目，按本规范第9.3.1条的规定确定单价。

(3)按总价(或系数)计算的措施项目费，按照实际发生变化的措施项目调整，但应考虑承包人报价浮动因素，即调整金额按照实际调整金额乘以本规范第9.3.1条规定的承包人报价浮动率计算。

如果承包人未事先将拟实施的方案提交给发包人确认，则应视为工程变更不引起措施项目费的调整或承包人放弃调整措施项目费的权利。

9.3.3　当发包人提出的工程变更因非承包人原因删减了合同中的某项原定工作或工程，致使承包人发生的费用或(和)得到的收益不能被包括在其他已支付或应支付的项目中，也未被包含在任何替代的工作或工程中时，承包人有权提出并应得到合理的费用及利润补偿。

9.4　项目特征不符

9.4.1　发包人在招标工程量清单中对项目特征的描述，应被认为是准确的和全面的，并且与实际施工要求相符合。承包人应按照发包人提供的招标工程量清单，根据项目特征描述的内容及有关要求实施合同工程，直到项目被改变为止。

9.4.2　承包人应按照发包人提供的设计图纸实施合同工程，若在合同履行期间出现设计图纸（含设计变更）与招标工程量清单任一项目的特征描述不符，且该变化引起该项目工程造价增减变化的，应按实际施工的项目特征，按本规范第 9.3 节相关条款的规定重新确定相应工程量清单项目的综合单价，并调整合同价款。

9.5　工程量清单缺项

9.5.1　合同履行期间，由于招标工程量清单中缺项，新增分部分项工程清单项目的，应按照本规范第 9.3.1 条的规定确定单价，并调整合同价款。

9.5.2　新增分部分项工程清单项目后，引起措施项目发生变化的，应按照本规范第 9.3.2 条的规定，在承包人提交的实施方案被发包人批准后调整合同价款。

9.5.3　由于招标工程量清单中措施项目缺项，承包人应将新增措施项目实施方案提交发包人批准后，按照本规范第 9.3.1 条、第 9.3.2 条的规定调整合同价款。

9.6　工程量偏差

9.6.1　合同履行期间，当应予计算的实际工程量与招标工程量清单出现偏差，且符合本规范第 9.6.2 条、第 9.6.3 条规定时，发承包双方应调整合同价款。

9.6.2　对于任一招标工程量清单项目，当因本节规定的工程量偏差和第 9.3 节规定的工程变更等原因导致工程量偏差超过 15％时，可进行调整。当工程量增加 15％以上时，增加部分的工程量的综合单价应予调低；当工程量减少 15％以上时，减少后剩余部分的工程量的综合单价应予调高。

9.6.3　当工程量出现本规范第 9.6.2 条的变化，且该变化引起相关措施项目相应发生变化时，按系数或单一总价方式计价的，工程量增加的措施项目费调增，工程量减少的措施项目费调减。

9.7　计日工

9.7.1　发包人通知承包人以计日工方式实施的零星工作，承包人应予执行。

9.7.2　采用计日工计价的任何一项变更工作，在该项变更的实施过程中，承包人应按合同约定提交下列报表和有关凭证送发包人复核：

（1）工作名称、内容和数量；

（2）投入该工作所有人员的姓名、工种、级别和耗用工时；

(3)投入该工作的材料名称、类别和数量；

(4)投入该工作的施工设备型号、台数和耗用台时；

(5)发包人要求提交的其他资料和凭证。

9.7.3　任一计日工项目持续进行时，承包人应在该项工作实施结束后的24小时内向发包人提交有计日工记录汇总的现场签证报告一式三份。发包人在收到承包人提交现场签证报告后的2天内予以确认并将其中一份返还给承包人，作为计日工计价和支付的依据。发包人逾期未确认也未提出修改意见的，应视为承包人提交的现场签证报告已被发包人认可。

9.7.4　任一计日工项目实施结束后，承包人应按照确认的计日工现场签证报告核实该类项目的工程数量，并应根据核实的工程数量和承包人已标价工程量清单中的计日工单价计算，提出应付价款；已标价工程量清单中没有该类计日工单价的，由发承包双方按本规范第9.3节的规定商定计日工单价计算。

9.7.5　每个支付期末，承包人应按照本规范第10.3节的规定向发包人提交本期间所有计日工记录的签证汇总表，并应说明本期间自己认为有权得到的计日工金额，调整合同价款，列入进度款支付。

9.8　物价变化

9.8.1　合同履行期间，因人工、材料、工程设备、机械台班价格波动影响合同价款时，应根据合同约定，按本规范附录A的方法之一调整合同价款。

9.8.2　承包人采购材料和工程设备的，应在合同中约定主要材料、工程设备价格变化的范围或幅度；当没有约定，且材料、工程设备单价变化超过5%时，超过部分的价格应按照本规范附录A的方法计算调整材料、工程设备费。

9.8.3　发生合同工程工期延误的，应按照下列规定确定合同履行期的价格调整：

(1)因非承包人原因导致工期延误的，计划进度日期后续工程的价格，应采用计划进度日期与实际进度日期两者的较高者。

(2)因承包人原因导致工期延误的，计划进度日期后续工程的价格，应采用计划进度日期与实际进度日期两者的较低者。

9.8.4　发包人供应材料和工程设备的，不适用本规范第9.8.1条、第9.8.2条规定，应由发包人按照实际变化调整，列入合同工程的工程造价内。

9.9　暂估价

9.9.1　发包人在招标工程量清单中给定暂估价的材料、工程设备属于依法必须招标的，应由发承包双方以招标的方式选择供应商，确定价格，并应以此为依据取代暂估价，调整合同价款。

9.9.2　发包人在招标工程量清单中给定暂估价的材料、工程设备不属于依法必须招标的，应由承包人按照合同约定采购，经发包人确认单价后取代暂估价，调整合同价款。

9.9.3　发包人在工程量清单中给定暂估价的专业工程不属于依法必须招标的，应按照本规范第9.3节相应条款的规定确定专业工程价款，并应以此为依据取代专业工程暂估价，调整合同价款。

9.9.4　发包人在招标工程量清单中给定暂估价的专业工程，依法必须招标的，应当由发承包双方依法组织招标选择专业分包人，并接受有管辖权的建设工程招标投标管理机构的监督，还应符合下列要求：

（1）除合同另有约定外，承包人不参加投标的专业工程发包招标，应由承包人作为招标人，但拟定的招标文件、评标工作、评标结果应报送发包人批准。与组织招标工作有关的费用应当被认为已经包括在承包人的签约合同价（投标总报价）中。

（2）承包人参加投标的专业工程发包招标，应由发包人作为招标人，与组织招标工作有关的费用由发包人承担。同等条件下，应优先选择承包人中标。

（3）应以专业工程发包中标价为依据取代专业工程暂估价，调整合同价款。

9.10　不可抗力

9.10.1　因不可抗力事件导致的人员伤亡、财产损失及其费用增加，发承包双方应按下列原则分别承担并调整合同价款和工期：

（1）合同工程本身的损害、因工程损害导致第三方人员伤亡和财产损失以及运至施工场地用于施工的材料和待安装的设备的损害，应由发包人承担；

（2）发包人、承包人人员伤亡应由其所在单位负责，并应承担相应费用；

（3）承包人的施工机械设备损坏及停工损失，应由承包人承担；

（4）停工期间，承包人应发包人要求留在施工场地的必要的管理人员及保卫人员的费用应由发包人承担；

（5）工程所需清理、修复费用，应由发包人承担。

9.10.2　不可抗力解除后复工的，若不能按期竣工，应合理延长工期。发包人要求赶工的，赶工费用应由发包人承担。

9.10.3　因不可抗力解除合同的，应按本规范第12.0.2条的规定办理。

9.11　提前竣工（赶工补偿）

9.11.1　招标人应依据相关工程的工期定额合理计算工期，压缩的工期天数不得超过定额工期的20%，超过者，应在招标文件中明示增加赶工费用。

9.11.2　发包人要求合同工程提前竣工的，应征得承包人同意后与承包人商定采取加快工程进度的措施，并应修订合同工程进度计划。发包人应承担承包人由此增加的提前竣工（赶工补偿）费用。

9.11.3　发承包双方应在合同中约定提前竣工每日历天应补偿额度，此项费用应作为增加合同价款列入竣工结算文件中，应与结算款一并支付。

9.12　误期赔偿

9.12.1　承包人未按照合同约定施工，导致实际进度迟于计划进度的，承包人应加快进度，实现合同工期。合同工程发生误期，承包人应赔偿发包人由此造成的损失，并应按照合同约定向发包人支付误期赔偿费。即使承包人支付误期赔偿费，也不能免除承包人按照合同约定应承担的任何责任和应履行的任何义务。

9.12.2　发承包双方应在合同中约定误期赔偿费，并应明确每日历天应赔额度。误期赔偿费应列入竣工结算文件中，并应在结算款中扣除。

9.12.3 在工程竣工之前，合同工程内的某单项(位)工程已通过了竣工验收，且该单项(位)工程接收证书中表明的竣工日期并未延误，而是合同工程的其他部分产生了工期延误时，误期赔偿费应按照已颁发工程接收证书的单项(位)工程造价占合同价款的比例幅度予以扣减。

9.13 索赔

9.13.1 当合同一方向另一方提出索赔时，应有正当的索赔理由和有效证据，并应符合合同的相关约定。

9.13.2 根据合同约定，承包人认为非承包人原因发生的事件造成了承包人的损失，应按下列程序向发包人提出索赔：

(1)承包人应在知道或应当知道索赔事件发生后 28 天内，向发包人提交索赔意向通知书，说明发生索赔事件的事由。承包人逾期未发出索赔意向通知书的，丧失索赔的权利。

(2)承包人应在发出索赔意向通知书后 28 天内，向发包人正式提交索赔通知书。索赔通知书应详细说明索赔理由和要求，并应附必要的记录和证明材料。

(3)索赔事件具有连续影响的，承包人应继续提交延续索赔通知，说明连续影响的实际情况和记录。

(4)在索赔事件影响结束后的 28 天内，承包人应向发包人提交最终索赔通知书，说明最终索赔要求，并应附必要的记录和证明材料。

9.13.3 承包人索赔应按下列程序处理：

(1)发包人收到承包人的索赔通知书后，应及时查验承包人的记录和证明材料。

(2)发包人应在收到索赔通知书或有关索赔的进一步证明材料后的 28 天内，将索赔处理结果答复承包人，如果发包人逾期未作出答复，视为承包人索赔要求已被发包人认可。

(3)承包人接受索赔处理结果的，索赔款项应作为增加合同价款，在当期进度款中进行支付；承包人不接受索赔处理结果的，应按合同约定的争议解决方式办理。

9.13.4 承包人要求赔偿时，可以选择下列一项或几项方式获得赔偿：

(1)延长工期；

(2)要求发包人支付实际发生的额外费用；

(3)要求发包人支付合理的预期利润；

(4)要求发包人按合同的约定支付违约金。

9.13.5 当承包人的费用索赔与工期索赔要求相关联时，发包人在作出费用索赔的批准决定时，应结合工程延期，综合作出费用赔偿和工程延期的决定。

9.13.6 发承包双方在按合同约定办理了竣工结算后，应被认为承包人已无权再提出竣工结算前所发生的任何索赔。承包人在提交的最终结清申请中，只限于提出竣工结算后的索赔，提出索赔的期限应自发承包双方最终结清时终止。

9.13.7 根据合同约定，发包人认为由于承包人的原因造成发包人的损失，宜按承包人索赔的程序进行索赔。

9.13.8 发包人要求赔偿时，可以选择下列一项或几项方式获得赔偿：

(1)延长质量缺陷修复期限；

(2)要求承包人支付实际发生的额外费用；

(3)要求承包人按合同的约定支付违约金。

9.13.9 承包人应付给发包人的索赔金额可从拟支付给承包人的合同价款中扣除，或由承包人以其他方式支付给发包人。

9.14 现场签证

9.14.1 承包人应发包人要求完成合同以外的零星项目、非承包人责任事件等工作的，发包人应及时以书面形式向承包人发出指令，并应提供所需的相关资料；承包人在收到指令后，应及时向发包人提出现场签证要求。

9.14.2 承包人应在收到发包人指令后的7天内向发包人提交现场签证报告，发包人应在收到现场签证报告后的48小时内对报告内容进行核实，予以确认或提出修改意见。发包人在收到承包人现场签报告后的48小时内未确认也未提出修改意见的，应视为承包人提交的现场签证报告已被发包人认可。

9.14.3 现场签证的工作如已有相应的计日工单价，现场签证中应列明完成该类项目所需的人工、材料、工程设备和施工机械台班的数量。如现场签证的工作没有相应的计日工单价，应在现场签证报告中列明完成该签证工作所需的人工、材料设备和施工机械台班的数量及单价。

9.14.4 合同工程发生现场签证事项，未经发包人签证确认，承包人便擅自施工的，除非征得发包人书面同意，否则发生的费用应由承包人承担。

9.14.5 现场签证工作完成后的7天内，承包人应按照现场签证内容计算价款，报送发包人确认后，作为增加合同价款，与进度款同期支付。

9.14.6 在施工过程中，当发现合同工程内容因场地条件、地质水文、发包人要求等不一致时，承包人应提供所需的相关资料，并提交发包人签证认可，作为合同价款调整的依据。

9.15 暂列金额

9.15.1 已签约合同价中的暂列金额应由发包人掌握使用。

9.15.2 发包人按照本规范第9.1节至第9.14节的规定支付后，暂列金额余额应归发包人所有。

10 合同价款期中支付

10.1 预付款

10.1.1 承包人应将预付款专用于合同工程。

10.1.2 包工包料工程的预付款的支付比例不得低于签约合同价(扣除暂列金额)的10%，不宜高于签约合同价(扣除暂列金额)的30%。

10.1.3　承包人应在签订合同或向发包人提供与预付款等额的预付款保函后向发包人提交预付款支付申请。

10.1.4　发包人应在收到支付申请的7天内进行核实，向承包人发出预付款支付证书，并在签发支付证书后的7天内向承包人支付预付款。

10.1.5　发包人没有按合同约定按时支付预付款的，承包人可催告发包人支付；发包人在预付款期满后的7天内仍未支付的，承包人可在付款期满后的第8天起暂停施工。发包人应承担由此增加的费用和延误的工期，并应向承包人支付合理利润。

10.1.6　预付款应从每一个支付期应支付给承包人的工程进度款中扣回，直到扣回的金额达到合同约定的预付款金额为止。

10.1.7　承包人的预付款保函的担保金额根据预付款扣回的数额相应递减，但在预付款全部扣回之前一直保持有效。发包人应在预付款扣完后的14天内将预付款保函退还给承包人。

10.2　安全文明施工费

10.2.1　安全文明施工费包括的内容和使用范围，应符合国家有关文件和计量规范的规定。

10.2.2　发包人应在工程开工后的28天内预付不低于当年施工进度计划的安全文明施工费总额的60％，其余部分应按照提前安排的原则进行分解，并应与进度款同期支付。

10.2.3　发包人没有按时支付安全文明施工费的，承包人可催告发包人支付；发包人在付款期满后的7天内仍未支付的，若发生安全事故，发包人应承担相应责任。

10.2.4　承包人对安全文明施工费应专款专用，在财务账目中应单独列项备查，不得挪作他用，否则发包人有权要求其限期改正；逾期未改正的，造成的损失和延误的工期应由承包人承担。

10.3　进度款

10.3.1　发承包双方应按照合同约定的时间、程序和方法，根据工程计量结果，办理期中价款结算，支付进度款。

10.3.2　进度款支付周期应与合同约定的工程计量周期一致。

10.3.3　已标价工程量清单中的单价项目，承包人应按工程计量确认的工程量与综合单价计算；综合单价发生调整的，以发承包双方确认调整的综合单价计算进度款。

10.3.4　已标价工程量清单中的总价项目和按照本规范第8.3.2条规定形成的总价合同，承包人应按合同中约定的进度款支付分解，分别列入进度款支付申请中的安全文明施工费和本周期应支付的总价项目的金额中。

10.3.5　发料金额，应按照发包人签约提供的单价和数量从进度款支付中扣除，列入本周期应扣减的金额中。

10.3.6　承包人现场签证和得到发包人确认的索赔金额应列入本周期应增

加的金额中。

10.3.7 进度款的支付比例按照合同约定，按期中结算价款总额计，不低于60%，不高于90%。

10.3.8 承包人应在每个计量周期到期后的7天内向发包人提交已完工程进度款支付申请一式四份，详细说明此周期认为有权得到的款额，包括分包人已完工程的价款。支付申请应包括下列内容：

(1)累计已完成的合同价款；

(2)累计已实际支付的合同价款；

(3)本周期合计完成的合同价款：

1)本周期已完成单价项目的金额；

2)本周期应支付的总价项目的金额；

3)本周期已完成的计日工价款；

4)本周期应支付的安全文明施工费；

5)本周期应增加的金额；

(4)本周期合计应扣减的金额：

1)本周期应扣回的预付款；

2)本周期应扣减的金额；

(5)本周期实际应支付的合同价款。

10.3.9 发包人应在收到承包人进度款支付申请后的14天内，根据计量结果和合同约定对申请内容予以核实，确认后向承包人出具进度款支付证书。若发承包双方对部分清单项目的计量结果出现争议，发包人应对无争议部分的工程计量结果向承包人出具进度款支付证书。

10.3.10 发包人应在签发进度款支付证书后的14天内，按照支付证书列明的金额向承包人支付进度款。

10.3.11 若发包人逾期未签发进度款支付证书，则视为承包人提交的进度款支付申请已被发包人认可，承包人可向发包人发出催告付款的通知。发包人应在收到通知后的14天内，按照承包人支付申请的金额向承包人支付进度款。

10.3.12 发包人未按照本规范第10.3.9～10.3.11条的规定支付进度款的，承包人可催告发包人支付，并有权获得延迟支付的利息；发包人在付款期满后的7天内仍未支付的，承包人可在付款期满后的第8天起暂停施工。发包人应承担由此增加的费用和延误的工期，向承包人支付合理利润，并应承担违约责任。

10.3.13 发现已签发的任何支付证书有错、漏或重复的数额，发包人有权予以修正，承包人也有权提出修正申请。经发承包双方复核同意修正的，应在本次到期的进度款中支付或扣除。

11 竣工结算与支付

11.1 一般规定

11.1.1 工程完工后，发承包双方必须在合同约定时间内办理工程竣工结算。

11.1.2　工程竣工结算应由承包人或受其委托具有相应资质的工程造价咨询人编制，并应由发包人或受其委托具有相应资质的工程造价咨询人核对。

11.1.3　当发承包双方或一方对工程造价咨询人出具的竣工结算文件有异议时，可向工程造价管理机构投诉，申请对其进行执业质量鉴定。

11.1.4　工程造价管理机构对投诉的竣工结算文件进行质量鉴定，宜按本规范第 14 章的相关规定进行。

11.1.5　竣工结算办理完毕，发包人应将竣工结算文件报送工程所在地或有该工程管辖权的行业管理部门的工程造价管理机构备案，竣工结算文件应作为工程竣工验收备案、交付使用的必备文件。

11.2　编制与复核

11.2.1　工程竣工结算应根据下列依据编制和复核：

(1)本规范；

(2)工程合同；

(3)发承包双方实施过程中已确认的工程量及其结算的合同价款；

(4)发承包双方实施过程中已确认调整后追加(减)的合同价款；

(5)建设工程设计文件及相关资料；

(6)投标文件；

(7)其他依据。

11.2.2　分部分项工程和措施项目中的单价项目应依据发承包双方确认的工程量与已标价工程量清单的综合单价计算；发生调整的，应以发承包双方确认调整的综合单价计算。

11.2.3　措施项目中的总价项目应依据已标价工程量清单的项目和金额计算；发生调整的，应以发承包双方确认调整的金额计算，其中安全文明施工费应按本规范第 3.1.5 条的规定计算。

11.2.4　其他项目应按下列规定计价：

(1)计日工应按发包人实际签证确认的事项计算；

(2)暂估价应按本规范第 9.9 节的规定计算；

(3)总承包服务费应依据已标价工程量清单金额计算；发生调整的，应以发承包双方确认调整的金额计算；

(4)索赔费用应依据发承包双方确认的索赔事项和金额计算；

(5)现场签证费用应依据发承包双方签证资料确认的金额计算；

(6)暂列金额应减去合同价款调整(包括索赔、现场签证)金额计算，如有余额归发包人。

11.2.5　规费和税金应按本规范第 3.1.6 条的规定计算。规费中的工程排污费应按工程所在地环境保护部门规定的标准缴纳后按实列入。

11.2.6　发承包双方在合同工程实施过程中已经确认的工程计量结果和合同价款，在竣工结算办理中应直接进入结算。

11.3 竣工结算

11.3.1 合同工程完工后，承包人应在经发承包双方确认的合同工程期中价款结算的基础上汇总编制完成竣工结算文件，应在提交竣工验收申请的同时向发包人提交竣工结算文件。承包人未在合同约定的时间内提交竣工结算文件，经发包人催告后 14 天内仍未提交或没有明确答复的，发包人有权根据已有资料编制竣工结算文件，作为办理竣工结算和支付结算款的依据，承包人应予以认可。

11.3.2 发包人应在收到承包人提交的竣工结算文件后的 28 天内核对。发包人经核实，认为承包人应进一步补充资料和修改结算文件，应在上述时限内向承包人提出核实意见，承包人在收到核实意见后 28 天内应按照发包人提出的合理要求补充资料，修改竣工结算文件，并应再次提交给发包人复核后批准。

11.3.3 发包人应在收到承包人再次提交的竣工结算文件后的 28 天内予以复核，将复核结果通知承人，并应遵守下列规定：

(1)发包人、承包人对复核结果无异议的，应在 7 天内在竣工结算文件上签字确认，竣工结算办理完毕；

(2)发包人或承包人对复核结果认为有误的，无异议部分按照本条第 1 款规定办理不完全竣工结算；有异议部分由发承包双方协商解决；协商不成的，应按照合同约定的争议解决方式处理。

11.3.4 发包人在收到承包人竣工结算文件后的 28 天内，不核对竣工结算或未提出核对意见的，应视为承包人提交的竣工结算文件已被发包人认可，竣工结算办理完毕。

11.3.5 承包人在收到发包人提出的核实意见后的 28 天内，不确认也未提出异议的，应视为发包人提出的核实意见已被承包人认可，竣工结算办理完毕。

11.3.6 发包人委托工程造价咨询人核对竣工结算的，工程造价咨询人应在 28 天内核对完毕，核对结论与承包人竣工结算文件不一致的，应提交给承包人复核；承包人应在 14 天内将同意核对结论或不同意见的说明提交工程造价咨询人。工程造价咨询人收到承包人提出的异议后，应再次复核，复核无异议的，应按本规范第 11.3.3 条第 1 款的规定办理，复核后仍有异议的，按本规范第 11.3.3 条第 2 款的规定办理。

承包人逾期未提出书面异议的，应视为工程造价咨询人核对的竣工结算文件已经承包人认可。

11.3.7 对发包人或发包人委托的工程造价咨询人指派的专业人员与承包人指派的专业人员经核对后无异议并签名确认的竣工结算文件，除非发承包人能提出具体、详细的不同意见，发承包人都应在竣工结算文件上签名确认，如其中一方拒不签认的，按下列规定办理：

(1)若发包人拒不签认的，承包人可不提供竣工验收备案资料，并有权拒绝与发包人或其上级部门委托的工程造价咨询人重新核对竣工结算文件。

(2)若承包人拒不签认的，发包人要求办理竣工验收备案的，承包人不得拒绝提供竣工验收资料，否则，由此造成的损失，承包人承担相应责任。

11.3.8 合同工程竣工结算核对完成，发承包双方签字确认后，发包人不得要求承包人与另一个或多个工程造价咨询人重复核对竣工结算。

11.3.9 发包人对工程质量有异议，拒绝办理工程竣工结算的，已竣工验收或已竣工未验收但实际投入使用的工程，其质量争议应按该工程保修合同执行，竣工结算应按合同约定办理；已竣工未验收且未实际投入使用的工程以及停工、停建工程的质量争议，双方应就有争议的部分委托有资质的检测鉴定机构进行检测，并应根据检测结果确定解决方案，或按工程质量监督机构的处理决定执行后办理竣工结算，无争议部分的竣工结算应按合同约定办理。

11.4 结算款支付

11.4.1 承包人应根据办理的竣工结算文件向发包人提交竣工结算款支付申请。申请应包括下列内容：

(1)竣工结算合同价款总额；

(2)累计已实际支付的合同价款；

(3)应预留的质量保证金；

(4)实际应支付的竣工结算款金额。

11.4.2 发包人应在收到承包人提交竣工结算款支付申请后 7 天内予以核实，向承包人签发竣工结算支付证书。

11.4.3 发包人签发竣工结算支付证书后的 14 天内，应按照竣工结算支付证书列明的金额向承包人支付结算款。

11.4.4 发包人在收到承包人提交的竣工结算款支付申请后 7 天内不予核实，不向承包人签发竣工结算支付证书的，视为承包人的竣工结算款支付申请已被发包人认可；发包人应在收到承包人提交的竣工结算款支付申请? 天后的 14 天内，按照承包人提交的竣工结算款支付申请列明的金额向承包人支付结算款。

11.4.5 发包人未按照本规范第 11.4.3 条、第 11.4.4 条规定支付竣工结算款的，承包人可催告发包人支付，并有权获得延迟支付的利息。发包人在竣工结算支付证书签发后或者在收到承包人提交的竣工结算款支付申请 7 天后的 56 天内仍未支付的，除法律另有规定外，承包人可与发包人协商将该工程折价，也可直接向人民法院申请将该工程依法拍卖。承包人应就该工程折价或拍卖的价款优先受偿。

11.5 质量保证金

11.5.1 发包人应按照合同约定的质量保证金比例从结算款中预留质量保证金。

11.5.2 承包人未按照合同约定履行属于自身责任的工程缺陷修复义务的，发包人有权从质量保证金中扣除用于缺陷修复的各项支出。经查验，工程缺陷属于发包人原因造成的，应由发包人承担查验和缺陷修复的费用。

11.5.3 在合同约定的缺陷责任期终止后，发包人应按照本规范第 11.6 节的规定，将剩余的质量保证金返还给承包人。

11.6　最终结清

11.6.1　缺陷责任期终止后，承包人应按照合同约定向发包人提交最终结清支付申请。发包人对最终结清支付申请有异议的，有权要求承包人进行修正和提供补充资料。承包人修正后，应再次向发包人提交修正后的最终结清支付申请。

11.6.2　发包人应在收到最终结清支付申请后的14天内予以核实，并应向承包人签发最终结清支付证书。

11.6.3　发包人应在签发最终结清支付证书后的14天内，按照最终结清支付证书列明的金额向承包人支付最终结清款。

11.6.4　发包人未在约定的时间内核实，又未提出具体意见的，应视为承包人提交的最终结清支付申请已被发包人认可。

11.6.5　发包人未按期最终结清支付的，承包人可催告发包人支付，并有权获得延迟支付的利息。

11.6.6　最终结清时，承包人被预留的质量保证金不足以抵减发包人工程缺陷修复费用的，承包人应承担不足部分的补偿责任。

11.6.7　承包人对发包人支付的最终结清款有异议的，应按照合同约定的争议解决方式处理。

12　合同解除的价款结算与支付

12.0.1　发承包双方协商一致解除合同的，应按照达成的协议办理结算和支付合同价款。

12.0.2　由于不可抗力致使合同无法履行解除合同的，发包人应向承包人支付合同解除之日前已完工程但尚未支付的合同价款，此外，还应支付下列金额：

(1)本规范第9.11.1条规定的由发包人承担的费用；

(2)已实施或部分实施的措施项目应付价款；

(3)承包人为合同工程合理订购且已交付的材料和工程设备货款；

(4)承包人撤离现场所需的合理费用，包括员工遣送费和临时工程拆除、施工设备运离现场的费用；

(5)承包人为完成合同工程而预期开支的任何合理费用，且该项费用未包括在本款其他各项支付之内。发承包双方办理结算合同价款时，应扣除合同解除之日前发包人应向承包人收回的价款。当发包人应扣除的金额超过了应支付的金额，承包人应在合同解除后的56天内将其差额退还给发包人。

12.0.3　因承包人违约解除合同的，发包人应暂停向承包人支付任何价款。发包人应在合同解除后28天内核实合同解除时承包人已完成的全部合同价款以及按施工进度计划已运至现场的材料和工程设备叠货款，按合同约定核算承包人应支付的违约金以及造成损失的索赔金额，并将结果通知承包人。发承包双方应在28天内予以确认或提出意见，并应办理结算合同价款。如果发包人应扣除的金额超过了应支付的金额，承包人应在合同解除后的56天内将其差额退还给发包人。发承包双方不能就解除合同后的结算达成一致的，按照合同约定的争议解决方式处理。

12.0.4　因发包人违约解除合同的，发包人除应按照本规范第12.0.2条的规定向承包人支付各项价款外，应按合同约定核算发包人应支付的违约金以及给承包人造成损失或损害的索赔金额费用。该笔费用应由承包人提出，发包人核实后应与承包人协商确定后的7天内向承包人签发支付证书。协商不能达成一致的，应按照合同约定的争议解决方式处理。

13　合同价款争议的解决

13.1　监理或造价工程师暂定

13.1.1　若发包人和承包人之间就工程质量、进度、价款支付与扣除、工期延期、索赔、价款调整等发生任何法律上、经济上或技术上的争议，首先应根据已签约合同的规定，提交合同约定职责范围的总监理工程师或造价工程师解决，并应抄送另一方。总监理工程师或造价工程师在收到此提交件后14天内应将暂定结果通知发包人和承包人。发承包双方对暂定结果认可的，应以书面形式予以确认，暂定结果成为最终决定。

13.1.2　发承包双方在收到总监理工程师或造价工程师的暂定结果通知之后的14天内未对暂定结果予以确认也未提出不同意见的，应视为发承包双方已认可该暂定结果。

13.1.3　发承包双方或一方不同意暂定结果的，应以书面形式向总监理工程师或造价工程师提出，说明自己认为正确的结果，同时抄送另一方，此时该暂定结果成为争议。在暂定结果对发承包双方当事人履约不产生实质影响的前提下，发承包双方应实施该结果，直到按照发承包双方认可的争议解决办法被改变为止。

13.2　管理机构的解释或认定

13.2.1　合同价款争议发生后，发承包双方可就工程计价依据的争议以书面形式提请工程造价管理机构对争议以书面文件进行解释或认定。

13.2.2　工程造价管理机构应在收到申请的10个工作日内就发承包双方提请的争议问题进行解释或认定。

13.2.3　发承包双方或一方在收到工程造价管理机构书面解释或认定后仍可按照合同约定的争议解决方式提请仲裁或诉讼。除工程造价管理机构的上级管理部门作出了不同的解释或认定，或在仲裁或法院判决中不予采信的外，工程造价管理机构作出的书面解释或认定应为最终结果，并应对发承包双方均有约束力。

13.3　协商和解

13.3.1　合同价款争议发生后，发承包双方任何时候都可以进行协商。协商达成一致的，双方应签订书面和解协议，和解协议对发承包双方均有约束力。

13.3.2　如果协商不能达成一致协议，发包人或承包人都可以按合同约定的其他方式解决争议。

13.4　调解

13.4.1　发承包双方应在合同中约定或在合同签订后共同约定争议调解人，负责双方在合同履行过程中发生争议的调解。

13.4.2　合同履行期间，发承包双方可协议调换或终止任何调解人，但发包人或承包人都不能单独采取行动。除非双方另有协议，在最终结清支付证书生效后，调解人的任期应即终止。

13.4.3　如果发承包双方发生了争议，任何一方可将该争议以书面形式提交调解人，并将副本抄送另一方，委托调解人调解。

13.4.4　发承包双方应按照调解人提出的要求，给调解人提供所需要的资料、现场进入权及相应设施。调解人应被视为不是在进行仲裁人的工作。

13.4.5　调解人应在收到调解委托后28天内或由调解人建议并经发承包双方认可的其他期限内提出调解书，发承包双方接受调解书的，经双方签字后作为合同的补充文件，对发承包双方均具有约束力，双方都应立即遵照执行。

13.4.6　当发承包双方中任一方对调解人的调解书有异议时，应在收到调解书后28天内向另一方发出异议通知，并应说明争议的事项和理由。但除非并直到调解书在协商和解或仲裁裁决、诉讼判决中作出修改，或合同已经解除，承包人应继续按照合同实施工程。

13.4.7　当调解人已就争议事项向发承包双方提交了调解书，而任一方在收到调解书后28天内均未发出表示异议的通知时，调解书对发承包双方应均具有约束力。

13.5　仲裁、诉讼

13.5.1　发承包双方的协商和解或调解均未达成一致意见，其中的一方已就此争议事项根据合同约定的仲裁协议申请仲裁，应同时通知另一方。

13.5.2　仲裁可在竣工之前或之后进行，但发包人、承包人、调解人各自的义务不得因在工程实施期间进行仲裁而有所改变。当仲裁是在仲裁机构要求停止施工的情况下进行时，承包人应对合同工程采取保护措施，由此增加的费用应由败诉方承担。

13.5.3　在本规范第13.1节至第13.4节规定的期限之内，暂定或和解协议或调解书已经有约束力的情况下，当发承包中一方未能遵守暂定或和解协议或调解书时，另一方可在不损害他可能具有的任何其他权利的情况下，将未能遵守暂定或不执行和解协议或调解书达成的事项提交仲裁。

13.5.4　发包人、承包人在履行合同时发生争议，双方不愿和解、调解或者和解、调解不成，又没有达成仲裁协议的，可依法向人民法院提起诉讼。

14　工程造价鉴定

14.1　一般规定

14.1.1　在工程合同价款纠纷案件处理中，需作工程造价司法鉴定的，应委托具有相应资质的工程造价咨询人进行。

14.1.2 工程造价咨询人接受委托时提供工程造价司法鉴定服务，应按仲裁、诉讼程序和要求进行，并应符合国家关于司法鉴定的规定。

14.1.3 工程造价咨询人进行工程造价司法鉴定时，应指派专业对口、经验丰富的注册造价工程师承担鉴定工作。

14.1.4 工程造价咨询人应在收到工程造价司法鉴定资料后10天内，根据自身专业能力和证据资料判断能否胜任该项委托，如不能，应辞去该项委托。工程造价咨询人不得在鉴定期满后以上述理由不作出鉴定结论，影响案件处理。

14.1.5 接受工程造价司法鉴定委托的工程造价咨询人或造价工程师如是鉴定项目一方当事人的近亲属或代理人、咨询人以及其他关系可能影响鉴定公正的，应当自行回避；未自行回避，鉴定项目委托人以该理由要求其回避的，必须回避。

14.1.6 工程造价咨询人应当依法出庭接受鉴定项目当事人对工程造价司法鉴定意见书的质询。如确因特殊原因无法出庭的，经审理该鉴定项目的仲裁机关或人民法院准许，可以书面形式答复当事人的质询。

14.2 取证

14.2.1 工程造价咨询人进行工程造价鉴定工作时，应自行收集以下(但不限于)鉴定资料：

(1)适用于鉴定项目的法律、法规、规章、规范性文件以及规范、标准、定额；

(2)鉴定项目同时期同类型工程的技术经济指标及其各类要素价格等。

14.2.2 工程造价咨询人收集鉴定项目的鉴定依据时，应向鉴定项目委托人提出具体书面要求，其内容包括：

(1)与鉴定项目相关的合同、协议及其附件；

(2)相应的施工图纸等技术经济文件；

(3)施工过程中的施工组织、质量、工期和造价等工程资料；

(4)存在争议的事实及各方当事人的理由；

(5)其他有关资料。

14.2.3 工程造价咨询人在鉴定过程中要求鉴定项目当事人对缺陷资料进行补充的，应征得鉴定项目委托人同意，或者协调鉴定项目各方当事人共同签认。

14.2.4 根据鉴定工作需要现场勘验的，工程造价咨询人应提请鉴定项目委托人组织各方当事人对被鉴定项目所涉及的实物标的进行现场勘验。

14.2.5 勘验现场应制作勘验记录、笔录或勘验图表，记录勘验的时间、地点，勘验人，在场人，勘验经过、结果，由勘验人、在场人签名或者盖章确认。绘制的现场图应注明绘制的时间，测绘人姓名、身份等内容。必要时应采取拍照或摄像取证，留下影像资料。

14.2.6 鉴定项目当事人未对现场勘验图表或勘验笔录等签字确认的，工程造价咨询人应提请鉴定项目委托人决定处理意见，并在鉴定意见书中作出表述。

14.3 鉴定

14.3.1 工程造价咨询人在鉴定项目合同有效的情况下应根据合同约定进行鉴定，不得任意改变双方合法的合意。

14.3.2 工程造价咨询人在鉴定项目合同无效或合同条款约定不明确的情况下应根据法律法规、相关国家标准和本规范的规定，选择相应专业工程的计价依据和方法进行鉴定。

14.3.3 工程造价咨询人出具正式鉴定意见书之前，可报请鉴定项目委托人向鉴定项目各方当事人:出鉴定意见书征求意见稿，并指明应书面答复的期限及其不答复的相应法律责任。

14.3.4 工程造价咨询人收到鉴定项目各方当事人对鉴定意见书征求意见稿的书面复函后，应对不同意见认真复核，修改完善后再出具正式鉴定意见书。

14.3.5 工程造价咨询人出具的工程造价鉴定书应包括下列内容：

(1)鉴定项目委托人名称、委托鉴定的内容；

(2)委托鉴定的证据材料；

(3)鉴定的依据及使用的专业技术手段；

(4)对鉴定过程的说明；

(5)明确的鉴定结论；

(6)其他需说明的事宜；

(7)工程造价咨询人盖章及注册造价工程师签名盖执业专用章。

14.3.6 工程造价咨询人应在委托鉴定项目的鉴定期限内完成鉴定工作，如确因特殊原因不能在原定期限内完成鉴定工作时，应按照相应法规提前向鉴定项目委托人申请延长鉴定期限，并应在此期限内完成鉴定工作。经鉴定项目委托人同意等待鉴定项目当事人提交、补充证据的，质证所用的时间不应计入鉴定期限。

14.3.7 对于已经出具的正式鉴定意见书中有部分缺陷的鉴定结论，工程造价咨询人应通过补充鉴定作出补充结论。

15 工程计价资料与档案

15.1 计价资料

15.1.1 发承包双方应当在合同中约定各自在合同工程中现场管理人员的职责范围，双方现场管理人员在职责范围内签字确认的书面文件是工程计价的有效凭证，但如有其他有效证据或经实证证明其是虚假的除外。

15.1.2 发承包双方不论在何种场合对与工程计价有关的事项所给予的批准、证明、同意、指令、商定、确定、确认、通知和请求，或表示同意、否定、提出要求和意见等，均应采用书面形式，口头指令不得作为计价凭证。

15.1.3 任何书面文件送达时，应由对方签收，通过邮寄应采用挂号、特快专递传送，或以发承包双方商定的电子传输方式发送，交付、传送或传输至指定的接收人的地址。如接收人通知了另外地址时，随后通信信息应按新地址发送。

15.1.4 发承包双方分别向对方发出的任何书面文件，均应将其抄送现场管理人员，如系复印件应加盖合同工程管理机构印章，证明与原件相同。双方现场管理人员向对方所发任何书面文件，也应将其复印件发送给发承包双方，复印件应加盖合同工程管理机构印章，证明与原件相同。

15.1.5 发承包双方均应当及时签收另一方送达其指定接收地点的来往信函，拒不签收的，送达信函的一方可以采用特快专递或者公证方式送达，所造成的费用增加(包括被迫采用特殊送达方式所发生的费用)和延误的工期由拒绝签收一方承担。

15.1.6 书面文件和通知不得扣压，一方能够提供证据证明另一方拒绝签收或已送达的，应视为对方已签收并应承担相应责任。

15.2 计价档案

15.2.1 发承包双方以及工程造价咨询人对具有保存价值的各种载体的计价文件，均应收集齐全，整理立卷后归档。

15.2.2 发承包双方和工程造价咨询人应建立完善的工程计价档案管理制度，并应符合国家和有关部门发布的档案管理相关规定。

15.2.3 工程造价咨询人归档的计价文件，保存期不宜少于五年。

15.2.4 归档的工程计价成果文件应包括纸质原件和电子文件，其他归档文件及依据可为纸质原件、复印件或电子文件。

15.2.5 归档文件应经过分类整理，并应组成符合要求的案卷。

15.2.6 归档可以分阶段进行，也可以在项目竣工结算完成后进行。

15.2.7 向接受单位移交档案时，应编制移交清单，双方应签字、盖章后方可交接。

16 工程计价表格

16.0.1 工程计价表宜采用统一格式。各省、自治区、直辖市建设行政主管部门和行业建设主管部门可根据本地区、本行业的实际情况，在本规范附录B至附录L计价表格的基础上补充完善。

16.0.2 工程计价表格的设置应满足工程计价的需要，方便使用。

16.0.3 工程量清单的编制应符合下列规定：

(1)工程量清单编制使用表格包括：封-1、扉-1、表-01、表-08、表-11、表-12(不含表-12～6 一表-12 -8)、表-13、表-20、表-21或表-22。

(2)扉页应按规定的内容填写、签字、盖章，由造价员编制的工程量清单应由负责审核的造价工程师签字、盖章。受委托编制的工程量清单，应由造价工程师签字、盖章以及工程造价咨询人盖章。

(3)总说明应按下列内容填写：

① 工程概况：建设规模、工程特征、计划工期、施工现场实际情况、自然地理条件、环境保护要求等。

② 工程招标和专业工程发包范围。

③ 程量清单编制依据。

④ 工程质量、材料、施工等的特殊要求。

⑤ 其他需要说明的问题。

16.0.4　招标控制价、投标报价、竣工结算的编制应符合下列规定：

(1)使用表格：

① 招标控制价使用表格包括：封-2、扉-2、表-01、表-02、表-03、表-04、表-08、表-09、表-11、表-12(不含表-12-6～表-12-8)、表-13、表-20、表-21或表-22。

② 投标报价使用的表格包括：封-3、扉-3、表-01、表-02、表-03、表-04、表-08、表-09、表-11、表-12(不含表-12-6～表-12-8)、表-13、表-16、招标文件提供的表-20、表-21或表-22。

③ 竣工结算使用的表格包括：封-4、扉-4、表-01、表-05、表-06、表-07、表-08、表-09、表-10、表-11、表-12、表-13、表-14、表-15、表-16、表-17、表-18、表-19、表-20、表-21或表-22。

(2)扉页应按规定的内容填写、签字、盖章，除承包人自行编制的投标报价和竣工结算外，受委托编制的招标控制价、投标报价、竣工结算，由造价员编制的应由负责审核的造价工程师签字、盖章以及工造价咨询人盖章。

(3)总说明应按下列内容填写：

① 工程概况：建设规模、工程特征、计划工期、合同工期、实际工期、施工现场及变化情况、施工组织设计的特点、自然地理条件、环境保护要求等。

② 编制依据等。

16.0.5　工程造价鉴定应符合下列规定：

(1)工程造价鉴定使用表格包括：封-5、扉-5、表-01、表-05～表-20、表-21或表-22。

(2)扉页应按规定内容填写、签字、盖章，应由承担鉴定和负责审核的注册造价工程师签字、盖执业专用章。

(3)说明应按本规范第14.3.5条第1款至第6款的规定填写。

16.0.6　投标人应按招标文件的要求，附工程量清单综合单价分析表。

附录A　物价变化合同价款调整方法

A.1　价格指数调整价格差额

A.1.1　价格调整公式。因人工、材料和工程设备、施工机械台班等价格波动影响合同价格时，根据招标人提供的本规范附录L.3的表-22，并由投标人在投标函附录中的价格指数和权重表约定的数据，应按下式计算差额并调整合同价款：

$$\Delta P=P_o[A+(B_1\times F_{t1}/F_{01}+B_2\times F_{t2}/F_{02}+B_1\times F_{t3}/F_{03}+\cdots+B_n\times F_{tn}/F_{0n})-1] \quad (A.1.1)$$

式中：ΔP——需调整的价格差额；

P_o——约定的付款证书中承包人应得到的已完成工程量的金额。此项金额应不包括价格调整、不计质量保证金的扣留和支付、预付款的支付和扣回。约定的变更及其他金额已按现行价格计价的，也不计在内。

1——定值权重(即不调部分的权重)。

B_1、B_2、B_3，…，B_n——各可调因子的变值权重(即可调部分的权重)，为各可调因子在投标函投标总报价中所占的比例。

F_{t1}，F_{t2}，F_{t3}，…，F_{tn}——各可调因子的现行价格指数，指约定的付款证书相关周期最后一天的前 42 天的各可调因子的价格指数。

F_{01}，F_{02}，F_{03}，…，F_{0n}——各可调因子的基本价格指数，指基准日期的各可调因子的价格指数。以上价格调整公式中的各可调因子、定值和变值权重，以及基本价格指数及其来源在投标函附录价格指数和权重表中约定。价格指数应首先采用工程造价管理机构提供的价格指数，缺乏上述价格指数时，可采用工程造价管理机构提供的价格代替。

A.1.2　暂时确定调整差额。在计算调整差额时得不到现行价格指数的，可暂用上一次价格指数计算，并在以后的付款中再按实际价格指数进行调整。

A.1.3　权重的调整。约定的变更导致原定合同中的权重不合理时，由承包人和发包人协商后进行调整。

A.1.4　承包人工期延误后的价格调整。由于承包人原因未在约定的工期内竣工的，对原约定竣工日期后继续施工的工程，在使用第 A.1.1 条的价格调整公式时，应采用原约定竣工日期与实际竣工日期的两个价格指数中较低的一个作为现行价格指数。

A.1.5　若可调因子包括了人工在内，则不适用本规范第 3.4.2 条第 2 款的规定。

A.2　造价信息调整价格差额

A.2.1　施工期内，因人工、材料和工程设备、施工机械台班价格波动影响合同价格时，人工、机械使用费按照国家或省、自治区、直辖市建设行政管理部门、行业建设管理部门或其授权的工程造价管理机发布的人工成本信息、机械台班单价或机械使用费系数进行调整；需要进行价格调整的材料，其单价和采购数应由发包人复核，发包人确认需调整的材料单价及数量，作为调整合同价款差额的依据。

A.2.2　人工单价发生变化且符合本规范第 3.4.2 条第 2 款规定的条件时，发承包双方应按省级或行业建设主管部门或其授权的工程造价管理机构发布的人工成本文件调整合同价款。

A.2.3　材料、工程设备价格变化按照发包人提供的本规范附录 L.2 的表-21，由发承包双方约定的风险范围按下列规定调整合同价款：

(1)承包人投标报价中材料单价低于基准单价：施工期间材料单价涨幅以某准单价为基础超过合甲约定的风险幅度值，或材料单价跌幅以投标报价为基础超过合同约定的风险幅度值时，其超过部分按实调整。

(2)承包人投标报价中材料单价高于基准单价：施工期间材料单价跌幅以基准单价为基础超过合同约定的风险幅度值，或材料单价涨幅以投标报价为基础超过合同约定的风险幅度值时，其超过部分按实调整。

(3)承包人投标报价中材料单价等于基准单价：施工期间材料单价涨、跌幅以基准单价为基础超合同约定的风险幅度值时，其超过部分按实调整。

(4)承包人应在采购材料前将采购数量和新的材料单价报送发包人核对，确认用于本合同工程时发包人应确认采购材料的数量和单价。发包人在收到承包人报送的确认资料后 3 个工作日不予答复的视为已经认可，作为调整合同价款的依据。如果承包人未报经发包人核对即自行采购材料，再报发包人确认调整合同价款的，如发包人不同意，则不作调整。

A.2.4　施工机械台班单价或施工机械使用费发生变化超过省级或行业建设主管部门或其授权的工程造价管理机构规定的范围时，按其规定调整合同价款。

附录 B～L 为工程量清单计价各种表格参考格式，略。

本章思考与实训

1. 简述《建设工程工程量清单计价规范》(GB 50500—2013)的特点。

2.《建设工程工程量清单计价规范》(GB 50500—2013)的适用范围是什么？

课后练习题(2)

第三章 工程量清单编制

【内容要点】

1. 工程量清单的编制原则、依据和步骤。
2. 工程量清单编制的基本要求和方法。
3. 建筑面积计算规范。
4. 房屋建筑与装饰工程工程量清单编制。
5. 措施项目和其他项目清单编制。

【知识链接】

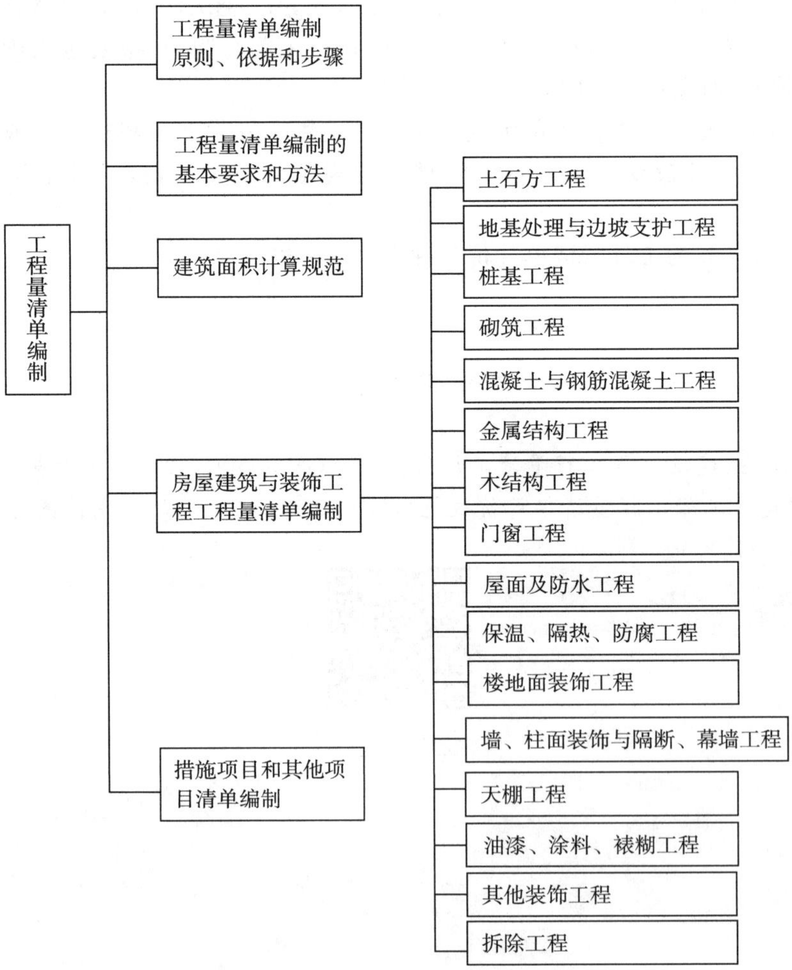

第一节　工程量清单的编制原则、依据和步骤

一、工程量清单的基本概念

工程量清单是载明建设工程分部分项工程项目、措施项目、其他项目的名称和相应数量以及规费、税金项目等内容的明细清单。工程量清单，应反映拟建工程的全部工程内容和为实现这些工程内容而进行的一切工作，由分部分项工程量清单、措施项目清单、其他项目清单、规费项目清单和税金项目清单组成。工程量清单体现招标人需要投标人完成的工程项目及相应工程数量，是工程量清单计价的基础，是投标人进行报价的依据，是招标文件不可分割的重要组成部分。

[想一想]

工程量清单是由哪些内容组成的？

二、工程量清单的编制原则

(1)符合国家标准"建设工程工程量清单计价规范和工程量计算规范"的原则。项目分项类别、分项名称、清单分项编码、计量单位、分项项目特征、工作内容等，都必须符合规范的规定和要求。

(2)符合工程量实物分项描述准确的原则。招标人向投标人提供的清单，必须与设计的施工图纸相符合，能充分体现设计意图，充分反映施工现场的现实施工条件，为投标人能够合理报价创造有利条件，贯彻互利互惠的原则。

(3)工作认真审慎的原则。应当认真学习"建设工程工程量清单计价规范和工程量计算规范"、相关政策法规、工程量计算规则、施工图纸、工程地质与水文资料和相关的技术资料等，熟悉施工现场情况，注重施工现场施工条件分析。对初定的工程量清单的各个分项，按有关规定进行认真地核对、审核，避免错漏项、少算或多算工程量等现象发生，对措施项目清单、其他项目清单、规费项目清单和税金项目清单也应认真反复核实，最大限度地减少人为因素导致的错误的发生。重要的问题应不留缺口，防止日后追加工程投资，增加工程造价。

三、工程量清单的编制依据

(1)建设工程工程量清单计价规范和工程量计算规范。

(2)国家或省级、行业建设主管部门颁发的计价依据和办法。

(3)建设工程设计文件。

(4)与建设工程项目有关的标准、规范、技术资料。

(5)拟定的招标文件。

(6)施工现场情况、工程特点及常规施工方案。

(7)其他相关资料。

四、工程量清单的编制步骤

(1)编制清单准备工作。

(2)编制工程量清单。包括编制分部分项工程量清单、措施项目清单、其他项目清单、规费项目清单和税金项目清单。

(3)审核与修正工程量清单。

(4)按规范格式整理工程量清单。

第二节　工程量清单编制的基本要求和方法

一、分部分项工程量清单的编制(设置)要求和方法

分部分项工程项目清单的编制

分部分项工程量清单是由招标人根据不同专业工程量计算规范附录中规定的项目编码、项目名称、项目特征、计量单位和工程量计算规则进行编制。招标人必须按规范规定执行,不得因情况不同而变动。在设置清单项目时,以规范附录中项目名称为主体,考虑项目的规格、型号、材质等自身价值的本质特征,结合拟建工程的实际情况,在工程量清单中详细地描述出影响工程计价的有关因素。

1. 分部分项工程清单项目编码

工程量清单计算规范对每一个分部分项工程量清单项目均给定一个编码,是以5级12位阿拉伯数字设置的,1至9位为统一编码,按相关专业附录的规定统一设置;10至12位由清单编制人根据拟建工程的工程量清单项目名称设置,同一招标工程的项目编码不得有重码。统一编码,有助于统一和规范市场,方便用户查询和输入,同时也为网络的接口和资源共享奠定了基础。

编码	××	××	××	×××	×××
级	一	二	三	四	五

其中:

第一级,即第一、第二两位,表示专业工程代码,包括9类,分别是:01——房屋建筑与装饰工程、02——仿古建筑工程、03——通用安装工程、04——市政工程、05——园林绿化工程、06——矿山工程、07——构筑物工程、08——城市轨道交通工程、09——爆破工程。

第二级,即第三、第四两位,表示专业工程附录分类顺序码,例如0105表示房屋建筑与装饰工程中之附录E混凝土与钢筋混凝土工程,其中第三、第四位05即为专业工程附录分类顺序码。

第三级,即第五、第六两位,表示分部工程或工种工程顺序码,例如010501表示房屋建筑与装饰工程之附录E.1现浇混凝土基础,其中第五、第六位01即为分部工程顺序码。

第四级,即第七、第八、第九三位,表示分项工程项目名称的顺序码,例如010501002表示房屋建筑与装饰工程中之现浇混凝土带形基础,其中第七、第八、

第九位即为分项工程项目名称顺序码。

第五级，即第十、第十一、第十二三位，为具体的清单项目工程名称顺序码，由工程量清单编制人编制，并从 001 开始，主要区别同一分项工程具有不同特征的项目。

例如：一个标段（或合同段）的工程量清单中含有三种规格的泥浆护壁成孔灌注桩，此时工程量清单应分别列项编制，则第一种规格灌注桩的项目编码为 010302001001，第二种规格灌注桩的项目编码为 010302001002，第三种规格灌注桩的项目编码为 010302001003。其中：01 表示该清单项目的专业工程类别为房屋建筑与装饰工程，03 表示该清单项目的专业工程附录顺序码为 C，即桩基工程，02 表示该清单项目的分部工程为灌注桩，001 表示该清单项目的分项工程为泥浆护壁成孔灌注桩，最后三位 001（002、003）表示为区分泥浆护壁成孔灌注桩的不同规格而编制的清单项目顺序码。

工程量清单表中每个项目有各自不同的编码，前九位工程量计算规范已给定，编制工程量清单时，应按工程量计算规范附录中的相应编码设置，不得变动。编码中的后三位是具体的清单项目名称编码，由清单编制人根据实际情况设置。如同一规格、同一材质的项目具有不同的特征时，应分别列项，此时项目的编码前九位相同，后三位不同。

［问一问］

问一问：你能说明一下项目编码 010501004001 中每一位数字的含义吗？

随着科学技术的发展，新材料、新技术、新的施工工艺将伴随出现，因此本规范规定，凡附录中的缺项，工程量清单编制时，编制人可作补充。补充项目由相关专业工程计算规范的代码（如房屋建筑与装饰工程代码 01）与 B 和三位阿拉伯数字组成，并应从××B001（如房屋建筑与装饰工程补充项目编码应为 01B001）起顺序编制，同一招标工程的项目不得重码。

［想一想］

在同一工程中，有混凝土强度等级为 C20、C25 的两种矩形柱，按照计价规范规定，它们的项目编码应如何确定？

2. 分部分项工程量清单项目名称

分部分项工程量清单项目名称的设置应考虑三个因素，一是工程量清单计算规范附录中的项目名称；二是附录中的项目特征；三是拟建工程的实际情况。工程量清单编制时，以附录中的项目名称为主体，考虑该项目的规格、型号、材质等特征要求，结合拟建工程的实际情况，使其工程量清单项目名称具体化、详细化，能够反映影响工程造价的主要因素。

3. 分部分项工程量清单项目特征

项目特征是指分部分项工程量清单项目自身价值的本质特征。通过对项目特征的描述，使项目清单项目名称清晰化、具体化、详细化。

对项目特征的描述是编制分部分项工程量清单十分重要的步骤和内容，它是承包商投标报价时确定综合单价的重要依据，因而需要对工程量清单项目的项目特征进行仔细、准确地描述，以确保投标人准确报价。清单项目特征描述应按工程量清单计算规范附录中规定的项目特征，结合拟建工程的实际予以描述。例如，某工程砌实心砖墙项目，项目特征根据规范应描述以下内容：砖的品种、规格、强度等级，墙体类型，砂浆强度等级、配合比等。

如果出现了在工程量计算规范指引的项目特征中没有列出但又影响到投标

人报价的内容，在清单项目特征描述中应予以补充，绝不能以工程量清单计算规范的项目特征没有列出为理由不予描述。项目特征描述不清或不全容易引发投标人报价(综合单价)不准确，给评标和工程管理带来麻烦。

[想一想]

1. 在编制分部分项工程量清单时，为什么必须将分部分项工程的项目特征描述清楚？

2. 某工程需挖独立基础土方 1500m^3，应如何描述该项目的项目特征？

4. 分部分项工程量清单项目工作内容

每个分部分项清单项目清单项目都有对应的工作内容。通过工作内容，我们可以了解该项目需要完成哪些工作任务。清单项目中的工作内容是综合单价由几个计价定额项目组合在一起的判断依据。

工作内容具有两大作用：一是通过对分部分项清单项目工作内容的解读，可以判断施工图中的清单项目是否列全了。例如，施工图中的“预制混凝土矩形柱”需要“制作、运输和安装”，清单项目需要列几项呢？通过对该清单项目(010509001)的工作内容进行解读，了解到该项目的工作内容包括了“制作、运输和安装”，不需要分别列项。二是在编制清单项目的综合单价时，可以根据项目的工作内容判断需要几个定额项目才能完整计算综合单价。例如，砖基础清单项目(010401001)的工作内容既包括砌砖基础，还包括基础防潮层的铺设，因此砖基础综合单价的计算要将砌砖基础和铺设基础防潮层组合在一个综合单价里。

5. 工程量计算

清单中的工程数量应按“工程量清单计算规范”中相应“工程量计算规则”栏内规定的计算方法确定。值得注意的是，工程量清单计算规范的工程量计算规则与消耗量定额的工程量计算规则有着原则上的区别：工程量清单计算规范的计量规则是以实体安装就位的净尺寸计算，这与国际通用做法(FIDIC)一致；而消耗量定额的工程量计算是在净值的基础上，加上施工操作(或定额)规定的预留量，这个量随施工方法、措施的不同而变化。因此，清单项目的工程量计算应严格执行工程量清单计算规范规定的工程量计算规则，不能同消耗量定额的工程量计算规则相混淆。

[想一想]

工程量清单计算规范的工程量计算规则和消耗量定额的工程量计算规则能够互相混用吗？你能举出一个具体实例来说明吗？

6. 工程量计量单位的确定

分部分项工程量清单的计量单位应按附录中规定的计量单位确定。在工程量清单计算规范中，计量单位均为基本计量单位，而不使用扩大单位(如 10m，100kg)，这一点与传统的定额计价有很大的区别。清单项目的计量单位应按工程量清单计算规范附录规定的计量单位确定。当计量单位有两个或两个以上时，应结合拟建工程项目的实际情况，选择最适宜表述项目特征并方便计量的其中一个计量单位。同一工程计量单位应一致。

除各专业另有特殊规定外，工程计量的每一项目汇总的有效位数应遵循以下规定：

(1)以重量计算的项目——吨或千克(t 或 kg)，应保留小数点后三位数字，第四位四舍五入。

(2)以体积计算的项目——立方米(m^3)。

(3)以面积计算的项目——平方米(m^2)。

(4)以长度计算的项目——米(m)。

"立方米""平方米""米"为单位,应保留小数点后两位数字,第三位四舍五入。

(5)以自然计量单位计算的项目——"个""项""块""组"等为单位,应取整数。

二、措施项目清单的编制要求和方法

措施项目、其他项目清单编制

1. 措施项目清单的含义

措施项目是指为完成工程项目施工,发生于该工程施工前和施工过程中技术、生活、安全等方面的项目,主要包括安全防护、文明施工、模板、脚手架、临时设施等。

措施项目包括两类:一类是单价项目,即能列出项目编码、项目名称、项目特征、计量单位、工程量计算规则,能够计算工程量的项目;另一类是总价项目,即仅能列出项目编码、项目名称,未列出项目特征、计量单位和工程量计算规则的项目。

各专业工程的措施项目可依据工程量清单计算规范附录中规定的项目选择列项。房屋建筑与装饰工程专业措施项目一览表见表 3-1,安全文明施工及其他措施项目一览表见表 3-2,可依据批准的工程项目施工组织设计(或施工方案)选择列项。

表 3-1 房屋建筑与装饰工程专业措施项目一览表(单价措施项目)

序 号	项目编号	项目名称
1	011701	脚手架工程
2	011702	混凝土模板及支架(撑)
3	011703	垂直运输
4	011704	超高施工增加
5	011705	大型机械设备进出场及安拆
6	011706	施工排水、降水

表 3-2 安全文明施工及其他措施项目一览表(总价措施项目)

序 号	项目编号	项目名称	措施项目发生的条件
1	011707001	安全文明施工	正常情况下都发生
2	011707002	夜间施工	
3	011707003	非夜间施工照明	
4	011707004	二次搬运	
5	011707005	冬雨季施工	拟建工程工期跨越冬季或雨期时发生
6	011707006	地上、地下设施、建筑物的临时保护设施	正常情况下都要发生
7	011707007	已完工程即设备保护	

2. 措施项目清单的编制

工程量清单计算规范对措施项目的编制作了如下规定：

(1)措施项目清单应根据拟建工程的实际情况列项。对于单价项目，即能列出项目编码、项目名称、项目特征、计量单位、工程量计算规则的措施项目(见表3－1中所列)，应按照分部分项工程的计量计价规定执行，措施项目清单格式可参照表3－3，专业工程的措施项目可按表3－1中规定的项目选择列项。若出现本规范未列的项目，可根据工程实际情况补充。

表3－3 措施项目清单(一)

序 号	项目编码	项目名称	项目特征	计量单位	工程量

(2)对于总价项目，即仅能列出项目编码、项目名称，不能列出项目特征、计量单位和工程量计算规则的措施项目，编制工程量清单时，可以按照《房屋建筑与装饰工程工程量计算规范》(GB 50854—2013)附录S措施项目规定的项目编码、项目名称确定。以"项"为计量单位，见表3－4所列。

表3－4 措施项目清单(二)

序 号	项目编号	项目名称

[试一试]

你能列举出可以计算工程量的措施项目吗?

三、其他项目清单的编制要求和方法

1. 其他项目工程量清单的含义

其他项目是指除分部分项工程项目、措施项目外，因招标人的要求而发生的与拟建工程有关的费用项目，包括暂列金额、暂估价(包括材料暂估价、专业工程暂估价、工程设备暂估价)、计日工、总承包服务费。工程量清单计算规范还规定出现上述未列项目，可根据工程实际情况补充。

2. 其他项目工程量清单的编制

工程建设标准的高低、工程的复杂程度、工程的工期长短、工程的组成内容、发包人对工程管理要求等都直接影响其他项目清单的具体内容：

(1)暂列金额是在招投标阶段暂且列定的一项费用，它在项目实施过程中有可能发生，也有可能不发生。只有按照合同约定程序实际发生后，才能成为中标人应得金额，纳入合同结算价款中。扣除实际发生金额后的暂列金额余额属于招标人所有。

暂列金额依据表3－5编制。暂列金额表由招标人填写，不能详列时可只列暂定金额总额，投标人应将上述暂列金额计入投标总价中。

表 3－5　暂列金额明细表

序　号	项目名称	计量单位	暂定金额/元	备　注
合　计				

(2)暂估价是指招标阶段直至签订合同协议时，招标人在招标文件中提供的用于支付必然要发生但暂时不能确定价格的材料以及需要另行发包的专业工程金额。

暂估价包括材料暂估价、工程设备暂估价和专业工程暂估价。其中，材料、工程设备暂估价应根据工程造价信息或参照市场价格估算，列出明细表；专业工程暂估价应分不同专业，按有关计价规定估算列出明细表。三类暂估价分别依据表 3－6、表 3－7 编制。

表 3－6　材料(工程设备)暂估单价及调整表

序号	材料(工程设备)名称、规格、型号	计量单位	数量		暂估/元		确认/元		差额±/元		备注
			暂估	确认	单价	合价	单价	合价			
合　计											

表 3－7　专业工程暂估价

序号	工程名称	工程内容	暂估金额/元	结算金额/元	差额±/元	备　注
	合　计					

材料(工程设备)暂估单价表由招标人填写“暂估单价”，并在备注栏说明暂估价的材料、工程设备拟用在哪些清单项目上，投标人应将上述材料、工程设备暂估单价计入工程量清单综合单价报价中。

专业工程暂估价表由招标人填写“暂估金额”，投标人应将上述专业工程暂估金额计入投标总价中，结算时按合同约定结算金额填写。

(3)计日工是为了解决现场发生的零星工作的计价而设立的。计日工对完成零星工作所消耗的人工工时、材料数量、机械台班进行计量，并按照计日工表中填报的适用项目的单价进行计价支付。计日工适用的所谓零星工作一般是指合同约定之外的或者因变更而产生的、工程量清单中没有相应项目的额外工作，尤其是指那些不允许事先商定价格的额外工作。计日工为额外工作和变更的计划提供了一个方便、快捷的途径。

为了获得合理的计日工单价，计日工表中一定要给出暂定数量，并且需要根据经验尽可能估算一个比较贴近实际的数量。计日工的编制应列出项目名称、计量单位和暂估数量。计日工应依据表 3-8 编制。

表 3-8 计日工表

序号	项目名称	单 位	暂定数量	实际数量	综合单价/元	合价	
						暂定	实际
1							
2							
3							

计日工表中项目名称、暂定数量由招标人填写，编制招标控制价时，单价由招标人按有关计价规定确定；投标时，单价由投标人自主报价，按暂定数量计算合价计入投标总价中。结算时，按发承包双方确认的实际数量计算合价。

(4)总承包服务费是为了解决招标人在法律、法规允许的条件下进行专业工程发包以及自行采购供应材料、设备时，要求总承包人对发包的专业工程提供协调和配合服务(如分包人使用总承包人的脚手架、水电接驳等)；对发包人供应的材料提供收、发和保管服务以及对施工现场进行统一管理；对竣工资料进行统一汇总整理等发生并向总承包人支付的费用。招标人应当预计该项费用并按投标人的投标报价向投标人支付该项费用。

总承包服务费列出服务项目及其内容等，依据表 3-9 编制。

表 3-9 总承包服务费计价表

序号	项目名称	项目价值/元	服务内容	计算基础	费率/%	金额/元
1	发包人发包专业工程					
2	发包人提供材料					
3						
	合 计					

[想一想]

其他项目清单中的各项费用在竣工结算时是否会发生一定的调整?

四、规费项目清单的编制要求

规费是指根据国家法律、法规规定，由省级以上政府和有关权力部门批准必须缴纳的费用。规费具有强制性，属不可竞争费用，在执行中不得随意调整。

规费项目清单应按照下列内容列项：工程排污费、社会保障费(包括养老保险费、失业保险费、医疗保险费、工伤保险费、生育保险费)、住房公积金。工程量清单计算规范还规定，出现以上未列的项目，应根据省级政府或省级有关权力部门的规定列项。

五、税金项目清单的编制要求

税金是指国家税法规定的应计入建设工程造价内的各项税金。按照国家税务部门的规定，建筑业全面实行营改增，税金项目清单应包括下列内容：增值税、城市维护建设税、教育费附加和地方教育附加。工程量清单计算规范还规定，出现以上未列的项目，应根据税务部门的规定列项。

第三节　建筑面积计算规范

一、建筑面积及其作用

1. 建筑面积的概念

建筑面积是指房屋建筑中各层外围结构水平投影面积的总和。

2. 建筑面积的组成

建筑面积包括房屋使用面积、辅助面积和结构面积。其中，房屋使用面积是指建筑物各层平面布置中可直接为生产或生活使用的净面积总和；辅助面积是指建筑物各层平面布置中辅助生产或生活所占净面积的总和；结构面积是指建筑物各层平面布置中的墙体、柱等结构所占面积的总和。

建筑面积计算（一）

3. 计算建筑面积的作用

在我国的工程项目建设中，建筑面积一直是一项重要的技术经济数据。例如，依据建筑面积确定概算指标计算每平方米的工程造价、每平方米的用工量、每平方米的主要材料用量等。

建筑面积计算（二）

建筑面积也是计算某些分项工程量的基本数据。例如计算平整场地、综合脚手架、室内回填土、楼地面工程等，这些都与建筑面积有关。

建筑面积还是计划、统计及工程概况的主要数量指标之一。例如计划面积、在建面积、竣工面积等指标。此外，确定拟建项目的规模，反映国家的建设速度、人民生活改善水平，评价投资效益、设计方案的经济性和合理性，对单项工程进行技术经济分析等与建筑面积都密切相关。

建筑面积计算（三）

二、建筑面积计算规定

本教材选用《建筑工程建筑面积计算规范》(GB/T 50353—2013)，该规范是在《建筑工程建筑面积计算规范》(GB/T 50353—2005)的基础上修订而成，经住房和城乡建设部于2013年12月19日以第269号公告批准发布。

1. 计算建筑面积的范围

(1)建筑物的建筑面积应按自然层外墙结构外围水平面积之和计算。结构层高在2.20m及以上的，应计算全面积；结构层高在2.20m以下的，应按面积的1/2计算。

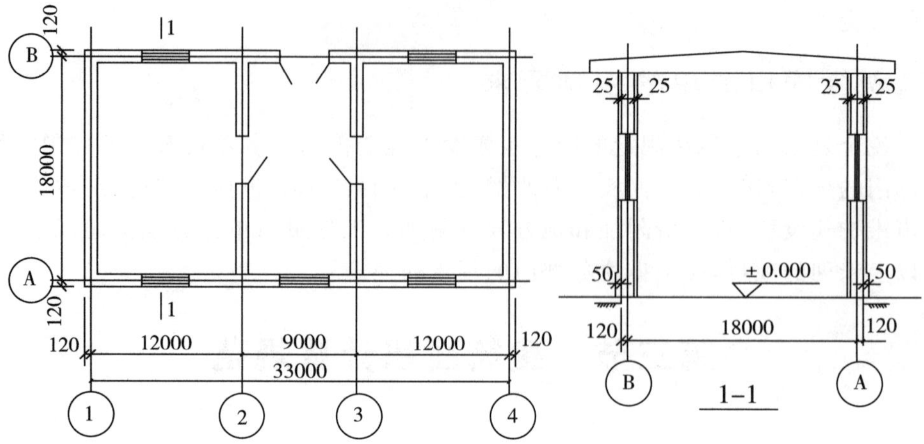

图 3-1

[算一算]

已知某单层房屋平面和剖面图,见图 3-1,请计算高度为 3.0m 和 2.0m 两种情况下该房屋的建筑面积。

分析:单层建筑物高度在 2.2m 及以上者应计算全面积;高度不足 2.2m 者应按面积的 1/2 计算。计算的尺寸应是结构外围尺寸。

解:建筑面积 S_1(3.0m 高度)=(33.00+0.24)×(18.00+0.24)≈606.30(m^2);

建筑面积 S_2(2.0m 高度)=(33.00+0.24)×(18.00+0.24)×1/2≈303.15(m^2)。

(2)建筑物内设有局部楼层时,对于局部楼层的二层及以上楼层,有围护结构的应按其围护结构外围水平面积计算,无围护结构的应按其结构底板水平面积计算,且结构层高在 2.20m 及以上的,应计算全面积,结构层高在 2.20m 以下的,应按面积的 1/2 计算。建筑物内的局部楼层见图 3-2。

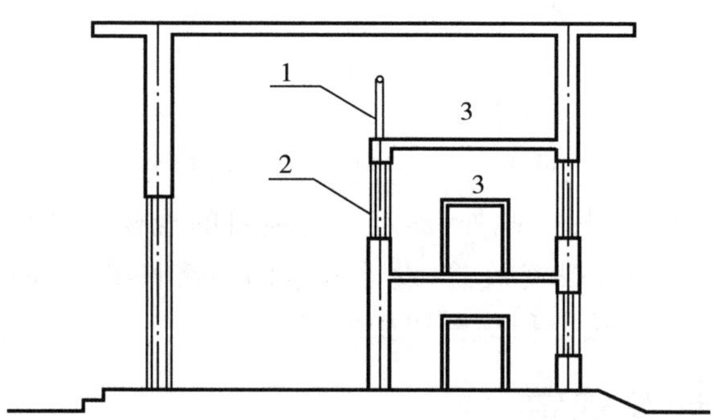

图 3-2　建筑物内的局部楼层

1—围护设施;2—围护结构;3—局部楼层

[算一算]

已知某房屋平面和剖面图,见图 3-3,试计算该房屋的建筑面积。

提示:该房屋为建筑物内部存在多层结构的,应按第 2 条规则计算。

分析:该房屋为建筑物内部存在多层结构的,按第 2 条规则计算。

解:建筑面积

$$S=(33.00+0.24)\times(18.00+0.24)+(12.00+0.24)\times(18.00+0.24)\times2\approx1052.81(m^2)$$

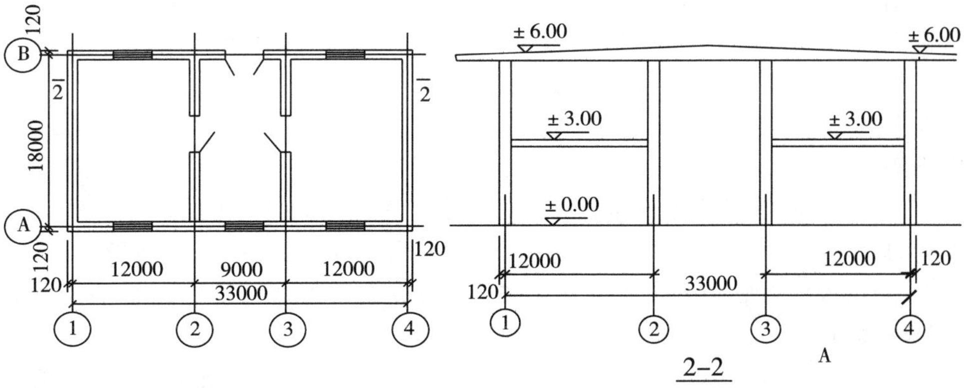

图 3－3

(3)对于形成建筑空间的坡屋顶，结构净高在 2.10m 及以上的部位应计算全面积；结构净高在 1.20m 及以上至 2.10m 以下的部位应按面积的 1/2 计算；结构净高在 1.20m 以下的部位不应计算建筑面积。

[算一算]

某建筑屋面采用双坡屋面，并利用坡屋顶的空间做阁楼层，屋盖结构层厚度 10cm，其平面图、剖面图如图 3－4 所示。试计算该住宅的建筑面积。

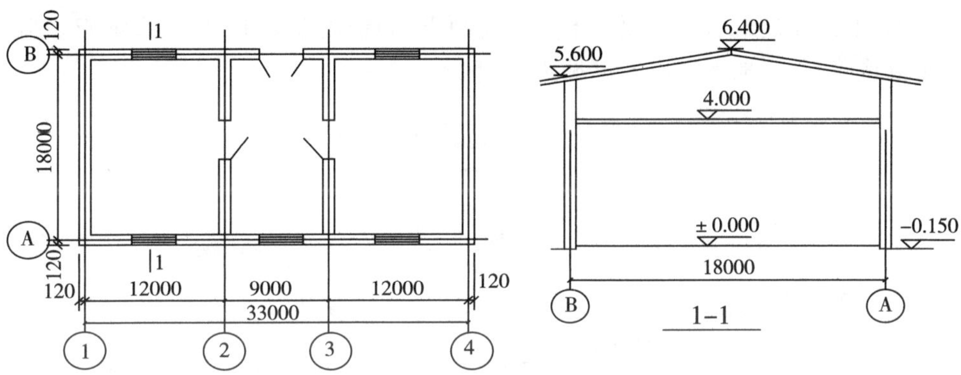

图 3－4

解：达到 1.2m 但未达到 2.1m 净高的房屋宽度$=\dfrac{(2.10-1.50)}{(6.30-5.50)}\times 9.0\times 2+0.24=13.74$(m)；

达到 2.1m 净高的房屋宽度＝18.0－13.5＝4.50(m)；

一层建筑面积：$S_1=(33.00+0.24)\times(18.00+0.24)\approx 606.30(\text{m}^2)$；

阁楼部分建筑面积：$S_2=4.50\times 33.24+13.74\times 33.24\times 1/2\approx 377.94(\text{m}^2)$；

该建筑的总建筑面积：$S=S_1+S_2=606.298+377.939\approx 984.24(\text{m}^2)$。

[想一想]

该建筑物阁楼层的建筑面积应如何考虑？

(4)对于场馆看台下的建筑空间，结构净高在 2.10m 及以上的部位应计算全面积；结构净高在 1.20m 及以上至 2.10m 以下的部位应按面积的 1/2 计算；结构净高在 1.20m 以下的部位不应计算建筑面积。室内单独设置的有围护设施的悬挑看台，应按看台结构底板水平投影面积计算建筑面积。有顶盖无围护结构的场馆看台应按其顶盖水平投影面积的 1/2 计算。

注意：场馆看台下的建筑空间因其上部结构多为斜板，所以采用净高的尺寸划定建筑面积的计算范围和对应规则。室内单独设置的有围护设施的悬挑看台，因其看台上部设有顶盖且可供人使用，所以按看台板的结构底板水平投影计算建筑面积。“有顶盖无围护结构的场馆看台”中所称的“场馆”为专业术语，指各种“场”类建筑，如体育场、足球场、网球场、带看台的风雨操场等。

(5)地下室、半地下室应按其结构外围水平面积计算。结构层高在 2.20m 及以上的，应计算全面积；结构层高在 2.20m 以下的，应按面种的 1/2 计算。

(6)出入口外墙外侧坡道有顶盖的部位，应按其外墙结构外围水平面积的1/2计算面积。

注意：出入口坡道分有顶盖出入口坡道和无顶盖出入口坡道，出入口坡道顶盖的挑出长度为顶盖结构外边线至外墙结构外边线的长度；顶盖以设计图纸为准，对后增加及建设单位自行增加的顶盖等，不计算建筑面积。顶盖不分材料种类(如钢筋混凝土顶盖、彩钢板顶盖、阳光板顶盖等)。出入口坡道分有顶盖出入口坡道和无顶盖出入口坡道，出入口坡道顶盖的挑出长度为顶盖结构外边线至外墙结构外边线的长度；顶盖以设计图纸为准，对后增加及建设单位自行增加的顶盖等，不计算建筑面积。顶盖不分材料种类(如钢筋混凝土顶盖、彩钢板顶盖、阳光板顶盖等)。地下室出入口见图 3-5。

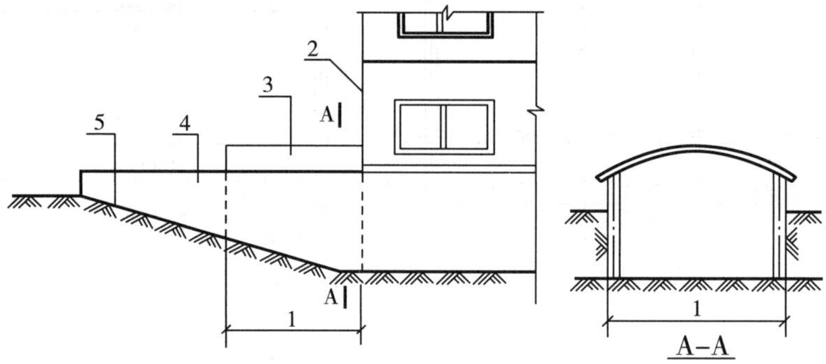

图 3-5　地下室出入口

1—计算 1/2 的投影面积部位；2—主体建筑；3—出入口顶盖；4—封闭出入口侧墙；5—出入口坡道

(7)建筑物架空层及坡地建筑物吊脚架空层应按其顶板水平投影计算建筑面积。结构层高在 2.20m 及以上的，应计算全面积；结构层高在 2.20m 以下的，应按面积的 1/2 计算。

注意：本条既适用于建筑物吊脚架空层、深基础架空层建筑面积的计算，也适用于目前部分住宅、学校教学楼等工程在底层架空或在二楼或以上某个甚至多个楼层架空，作为公共活动、停车、绿化等空间的建筑面积的计算。架空层中有围护结构的建筑空间按相关规定计算。建筑物吊脚架空层见图 3-6。

(8)建筑物的门厅、大厅应按一层计算建筑面积，门厅、大厅内设置的走廊应按走廊结构底板水平投影面积计算建筑面积。结构层高在 2.20m 及以上的，应计算全面积；结构层高在 2.20m 以下的，应按面积的 1/2 计算。

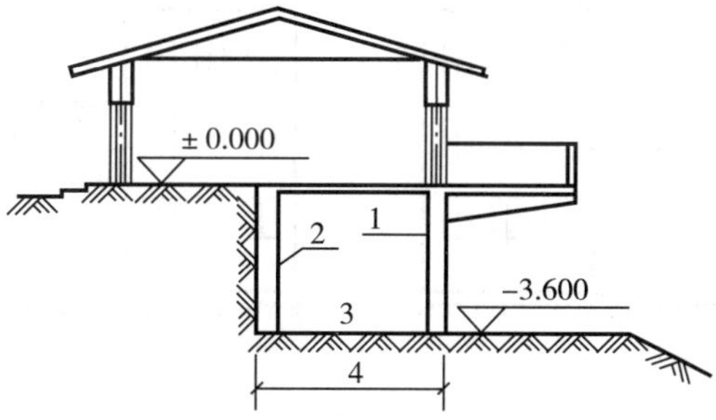

图 3-6　建筑物吊脚架空层

1—柱；2—墙；3—吊脚架空层；4—计算建筑面积部位

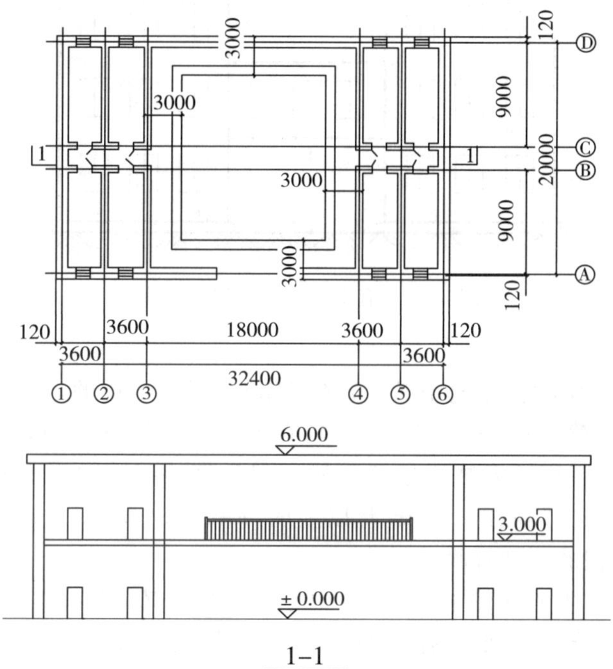

图 3-7

分析：回廊是指在建筑物门厅、大厅内设置在二层或二层以上的回形走廊。对于该带回廊建筑物，中间为带回廊的门厅，结构层为一层；两边结构层为二层。

解：两边楼层建筑面积：$S_1 = 3.6 \times 4 \times (20.00 + 0.24) \times 2 \approx 582.91(m^2)$；

中间门厅及回廊建筑面积：$S_2 = 18.24 \times 20.24 + 3.00 \times (20.24 + 18.24 - 3.00 - 3.00) \times 2 \approx 564.06(m^2)$；

总建筑面积：$S = S_1 + S_2 = 582.91 + 564.06 = 1146.97(m^2)$。

［算一算］

已知某带回廊建筑物平面和剖面图，见图 3-7，请计算该建筑物的建筑面积。

(9)对于建筑物间的架空走廊，有顶盖和围护设施的，应按其围护结构外围水平面积计算全面积；无围护结构、有围护设施的，应按其结构底板水平投影面积的 1/2 计算。无围护结构的架空走廊见图 3-8，有围护结构的架空走廊见图3-9。

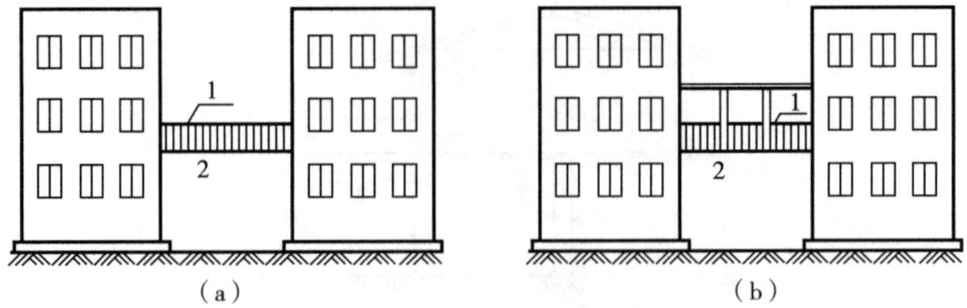

图 3-8　无围护结构的架空走廊

1—栏杆；2—架空走廊

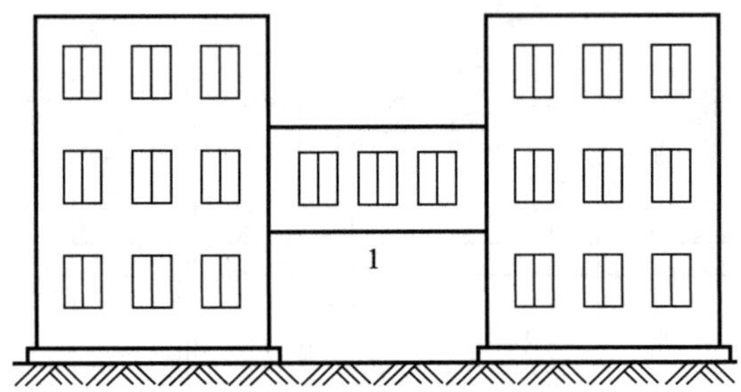

图 3-9　有围护结构的架空走廊

1—架空走廊

(10)对于立体书库、立体仓库、立体车库，有围护结构的，应按其围护结构外围水平面积计算建筑面积；无围护结构、有围护设施的，应按其结构底板水平投影面积计算建筑面积。无结构层的应按一层计算，有结构层的应按其结构层面积分别计算。结构层高在 2.20m 及以上的，应计算全面积；结构层高在 2.20m 以下的，应按面积的 1/2 计算。

注意：图书馆中的立体书库、仓储中心的立体仓库、大型停车场的立体车库等建筑中起局部分隔、存储等作用的书架层、货架层或可升降的立体钢结构停车层均不属于结构层，故该部分分层不计算建筑面积。

(11)有围护结构的舞台灯光控制室，应按其围护结构外围水平面积计算。结构层高在 2.20m 及以上的，应计算全面积；结构层高在 2.20m 以下的，应按面积的1/2计算。

(12)附属在建筑物外墙的落地橱窗，应按其围护结构外围水平面积计算。结构层高在 2.20m 及以上的，应计算全面积；结构层高在 2.20m 以下的，应按面积的1/2计算。

(13)窗台与室内楼地面高差在 0.45m 以下且结构净高在 2.10m 及以上的凸(飘)窗，应按其围护结构外围水平面积的 1/2 计算。

(14)有围护设施的室外走廊(挑廊)，应按其结构底板水平投影面积的 1/2 计算；有围护设施(或柱)的檐廊，应按其围护设施(或柱)外围水平面积的 1/2 计算。檐廊见图 3-10。

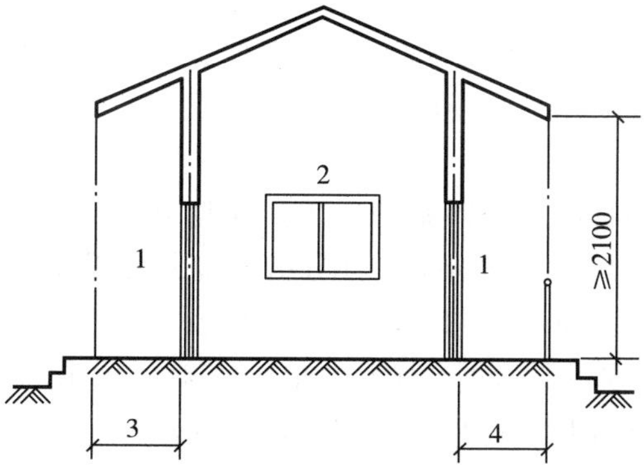

图 3-10 檐廊

1—檐廊；2—室内；3—不计算建筑面积部位；4—计算 1/2 建筑面积部位

(15)门斗应按其围护结构外围水平面积计算建筑面积，且结构层高在 2.20m 及以上的，应计算全面积；结构层高在 2.20m 以下的，应按面积的 1/2 计算。门斗见图 3-11。

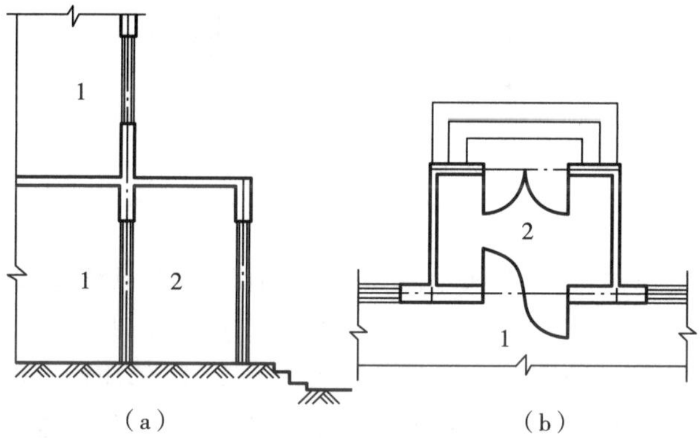

图 3-11 门斗

1—室内；2—门斗

(16)门廊应按其顶板的水平投影面积的 1/2 计算建筑面积；有柱雨篷应按其结构板水平投影面积的 1/2 计算建筑面积；无柱雨篷的结构外边线至外墙结构外边线的宽度在 2.10m 及以上的，应按雨篷结构板的水平投影面积的 1/2 计算建筑面积。

注意：雨篷分为有柱雨篷和无柱雨篷。有柱雨篷，没有出挑宽度的限制，也不受跨越层数的限制，均计算建筑面积。无柱雨篷，其结构板不能跨层，并受出挑宽度的限制，设计出挑宽度大于或等于 2.10m 时才计算建筑面积。出挑宽度，系指雨篷结构外边线至外墙结构外边线的宽度，弧形或异形时，取最大宽度。

(17)设在建筑物顶部的、有围护结构的楼梯间、水箱间、电梯机房等，结构层高在 2.20m 及以上的应计算全面积；结构层高在 2.20m 以下的，应按面积的 1/2 计算。

(18)围护结构不垂直于水平面的楼层,应按其底板面的外墙外围水平面积计算。结构净高在 2.10m 及以上的部位,应计算全面积;结构净高在 1.20m 及以上至 2.10m 以下的部位,应按面积的 1/2 计算;结构净高在 1.20m 以下的部位,不应计算建筑面积。

注意:本条对于向内、向外倾斜均适用。在划分高度上,使用的是结构净高,与其他正常平楼层按层高划分不同,但与斜屋面的划分原则一致。由于目前很多建筑设计追求新、奇、特,造型越来越复杂,很多时候根本无法明确区分什么是围护结构、什么是屋顶,因此对于斜围护结构与斜屋顶采用相同的计算规则,即只要外壳倾斜,就按结构净高划段,分别计算建筑面积。斜围护结构见图 3-12。

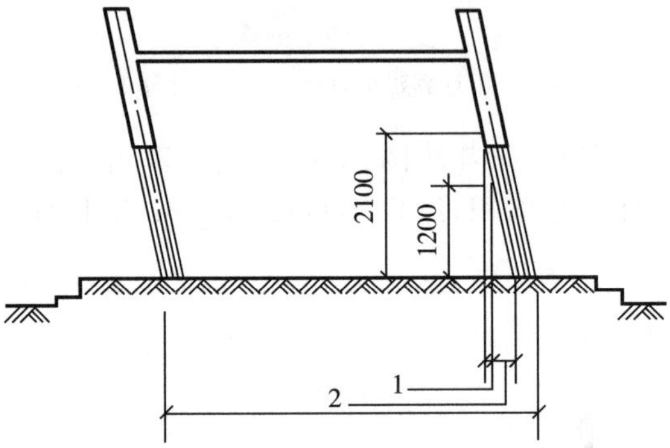

图 3-12　斜围护结构

1—计算 1/2 建筑面积部位;2—不计算建筑面积部位

(19)建筑物的室内楼梯、电梯井、提物井、管道井、通风排气竖井、烟道,应并入建筑物的自然层计算建筑面积。有顶盖的采光井应按一层计算面积,且结构净高在 2.10m 及以上的,应计算全面积;结构净高在 2.10m 以下的,应按面积的 1/2 计算。

注意:建筑物的楼梯间层数按建筑物的层数计算。有顶盖的采光井包括建筑物中的采光井和地下室采光井。地下室采光井见图 3-13。

解:电梯井建筑面积:$S_1=3.30\times2.80\times19+3.30\times2.80\times1/2=180.18(m^2)$。

(20)室外楼梯应并入所依附建筑物自然层,并应按其水平投影面积的 1/2 计算建筑面积。

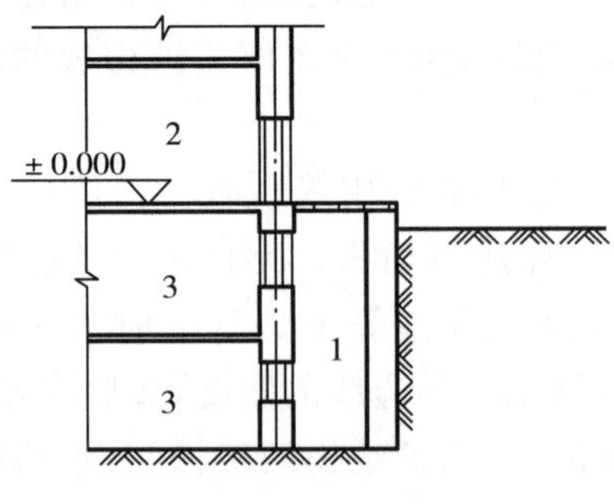

图 3-13　地下室采光井

1—采光井;2—室内;3—地下室

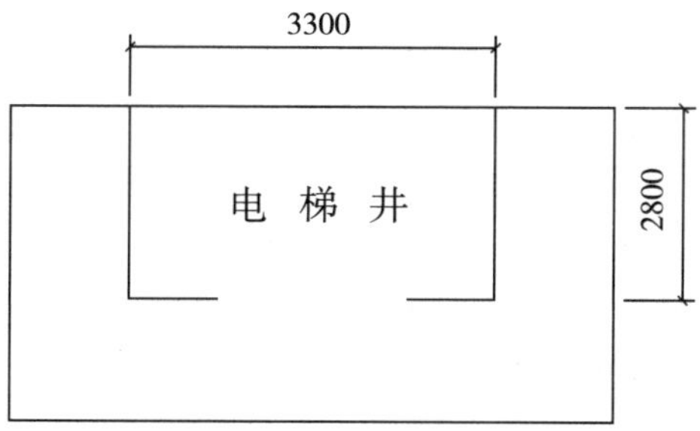

图 3 - 14　某电梯井平面图

注意:室外楼梯作为连接该建筑物层与层之间交通不可缺少的基本部件,无论从其功能还是工程计价的要求来说,均需计算建筑面积。层数为室外楼梯所依附的楼层数,即梯段部分投影到建筑物范围的层数。利用室外楼梯下部的建筑空间不得重复计算建筑面积;利用地势砌筑的为室外踏步,不计算建筑面积。

[算一算]

某电梯井平面外包尺寸如图 3 - 14 所示,该建筑共 20 层,其中第 6 层为技术层,层高 2.00m,其余楼层层高均为 3.00 m,求该电梯井建筑面积。

(21)在主体结构内的阳台,应按其结构外围水平面积计算全面积;在主体结构外的阳台,应按其结构底板水平投影面积的 1/2 计算。

注意:建筑物的阳台,不论其形式如何,均以建筑物主体结构为界分别计算建筑面积。

(22)有顶盖无围护结构的车棚、货棚、站台、加油站、收费站等,应按其顶盖水平投影面积的 1/2 计算建筑面积。

分析:对于具有顶盖无围护结构的车棚、货棚等,不论其为单柱或双柱支撑,均按其顶盖水平投影面积的 1/2 计算建筑面积。

[算一算]

求如图 3 - 15 所示车棚的建筑面积。

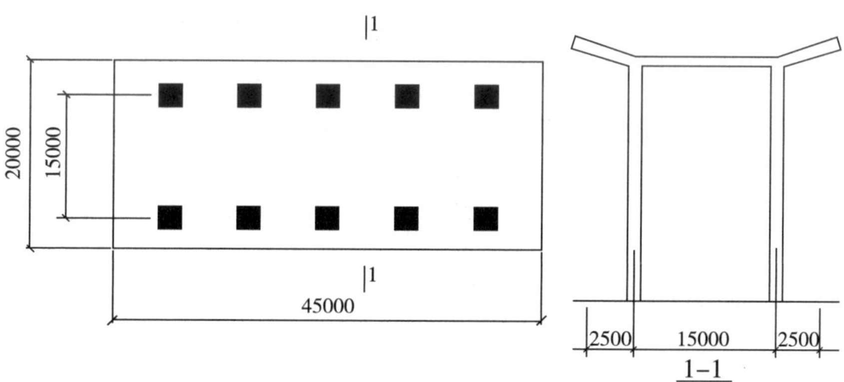

图 3 - 15　某车棚平面图和剖面图

解:车棚建筑面积:$S=45.00\times20.00\times1/2=450(m^2)$。

(23)以幕墙作为围护结构的建筑物,应按幕墙外边线计算建筑面积。

注意:幕墙以其在建筑物中所起的作用和功能来区分。直接作为外墙起围护作用的幕墙,按其外边线计算建筑面积;设置在建筑物墙体外起装饰作用的幕墙,不计算建筑面积。

(24)建筑物的外墙外保温层,应按其保温材料的水平截面积计算,并计入自然层建筑面积。

注意:为贯彻国家节能要求,鼓励建筑外墙采取保温措施,规范将保温材料的厚度计入建筑面积。建筑物外墙外侧有保温隔热层的,保温隔热层以保温材料的净厚度乘以外墙结构外边线长度按建筑物的自然层计算建筑面积,其外墙外边线长度不扣除门窗和建筑物外已计算建筑面积构件(如阳台、室外走廊、门斗、落地橱窗等部件)所占长度。当建筑物外已计算建筑面积的构件(如阳台、室外走廊、门斗、落地橱窗等部件)有保温隔热层时,其保温隔热层也不再计算建筑面积。外墙是斜面者按楼面楼板处的外墙外边线长度乘以保温材料的净厚度计算。外墙外保温以沿高度方向满铺为准,某层外墙外保温铺设高度未达到全部高度时(不包括阳台、室外走廊、门斗、落地橱窗、雨篷、飘窗等),不计算建筑面积。保温隔热层的建筑面积是以保温隔热材料的厚度来计算的,不包含抹灰层、防潮层、保护层(墙)的厚度。建筑外墙外保温见图 3-16。

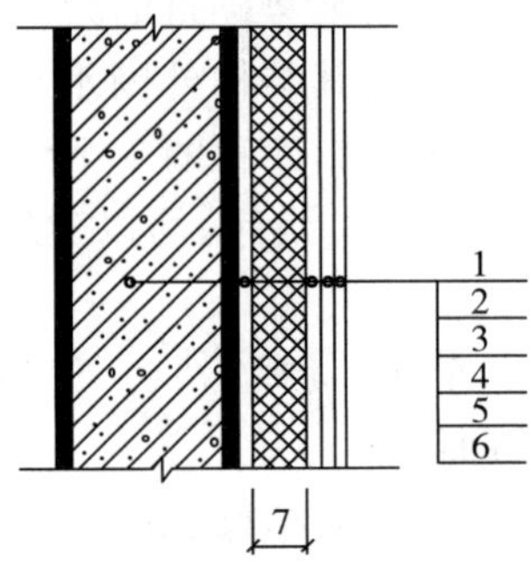

图 3-16　建筑外墙外保温

1—墙体;2—黏结胶浆;3—保温材料;4—标准网;5—加强网;6—抹面胶浆;7—计算建筑面积部位

(25)与室内相通的变形缝,应按其自然层合并在建筑物建筑面积内计算。对于高低联跨的建筑物,当高低跨内部连通时,其变形缝应计算在低跨面积内。

(26)对于建筑物内的设备层、管道层、避难层等有结构层的楼层,结构层高在 2.20m 及以上的,应计算全面积;结构层高在 2.20m 以下的,应按面积的 1/2 计算。

注意:设备层、管道层虽然其具体功能与普通楼层不同,但在结构上及施工消耗上并无本质区别,且本规范定义自然层为"按楼地面结构分层的楼层",因此设备、管道楼层归为自然层,其计算规则与普通楼层相同。在吊顶空间内设置管道的,则吊顶空间部分不能被视为设备层、管道层。

2. 不应计算建筑面积的范围

(1)与建筑物内不相连通的建筑部件。

注意:本条指的是依附于建筑物外墙外不与户室开门连通,起装饰作用的敞开式挑台(廊)、平台,以及不与阳台相通的空调室外机搁板(箱)等设备平台部件。

(2)骑楼、过街楼底层的开放公共空间和建筑物通道,骑楼见图 3-17,过街楼见图 3-18。

(3)舞台及后台悬挂幕布和布景的天桥、挑台等。

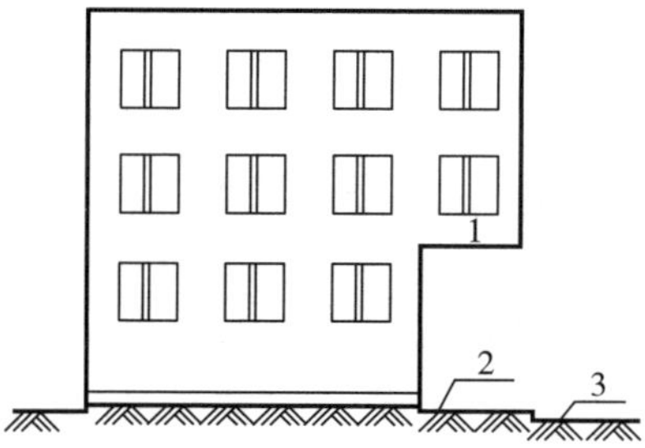

图 3-17　骑楼

1—骑楼；2—人行道；3—街道

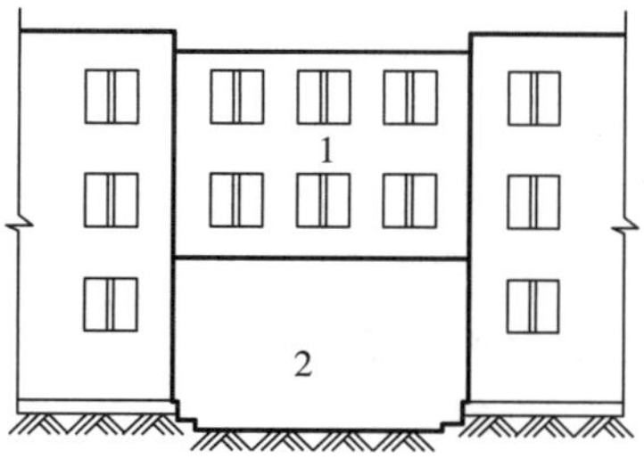

图 3-18　过街楼

1—过街楼；2—建筑物通道

(4)露台、露天游泳池、花架、屋顶的水箱及装饰性结构构件。

(5)建筑物内的操作平台、上料平台、安装箱和罐体的平台。

注意：建筑物内不构成结构层的操作平台、上料平台（工业厂房、搅拌站和料仓等建筑中的设备操作控制平台、上料平台等），其主要作用为室内构筑物或设备服务的独立上人设施，因此不计算建筑面积。

(6)勒脚、附墙柱、垛、台阶、墙面抹灰、装饰面、镶贴块料面层、装饰性幕墙，主体结构外的空调室外机搁板（箱）、构件、配件，挑出宽度在 2.10m 以下的无柱雨篷和顶盖高度达到或超过两个楼层的无柱雨篷。

(7)窗台与室内地面高差在 0.45m 以下且结构净高在 2.10m 以下的凸（飘）窗，窗台与室内地面高差在 0.45m 及以上的凸（飘）窗。

(8)室外爬梯、室外专用消防钢楼梯。

(9)无围护结构的观光电梯。

(10)建筑物以外的地下人防通道，独立的烟囱、烟道、地沟、油（水）罐、气柜、水塔、贮油（水）池、贮仓、栈桥等构筑物。

三、建筑面积计算规则的有关术语

1. 建筑面积

建筑物（包括墙体）所形成的楼地面面积。

2. 自然层

按楼地面结构分层的楼层。

3. 结构层高

楼面或地面结构层上表面至上部结构层上表面之间的垂直距离。

4. 围护结构

围合建筑空间的墙体、门、窗。

5. 建筑空间

以建筑界面限定的、供人们生活和活动的场所。

6. 结构净高

楼面或地面结构层上表面至上部结构层下表面之间的垂直距离。

7. 围护设施

为保障安全而设置的栏杆、栏板等围挡。

8. 地下室

室内地平面低于室外地平面的高度超过室内净高的 1/2 的房间。

9. 半地下室

室内地平面低于室外地平面的高度超过室内净高的 1/3，且不超过 1/2 的房间。

10. 架空层

仅有结构支撑而无外围护结构的开敞空间层。

11. 走廊

建筑物中的水平交通空间。

12. 架空走廊

专门设置在建筑物的二层或二层以上，作为不同建筑物之间水平交通的空间。

13. 结构层

整体结构体系中承重的楼板层。

14. 落地橱窗

突出外墙面且根基落地的橱窗。

15. 凸窗（飘窗）

凸出建筑物外墙面的窗户。

16. 檐廊

建筑物挑檐下的水平交通空间。

17. 挑廊

挑出建筑物外墙的水平交通空间。

18. 门斗

建筑物入口处两道门之间的空间。

19. 雨篷

建筑出入口上方为遮挡雨水而设置的部件。

20. 门廊

建筑物入口前有顶棚的半围合空间。

21. 楼梯

由连续行走的梯级、休息平台和维护安全的栏杆（或栏板）、扶手以及相应的支托结构组成的作为楼层之间垂直交通使用的建筑部件。

22. 阳台

附设于建筑物外墙，设有栏杆或栏板，可供人活动的室外空间。

23. 主体结构

接受、承担和传递建设工程所有上部荷载，维持上部结构整体性、稳定性和安全性的有机联系的构造。

24. 变形缝

防止建筑物在某些因素作用下引起开裂甚至破坏而预留的构造缝。

25. 骑楼

建筑底层沿街面后退且留出公共人行空间的建筑物。

26. 过街楼

跨越道路上空并与两边建筑相连接的建筑物。

27. 建筑物通道

为穿过建筑物而设置的空间。

28. 露台

设置在屋面、首层地面或雨篷上的供人室外活动的有围护设施的平台。

29. 勒脚

在房屋外墙接近地面部位设置的饰面保护构造。

30. 台阶

联系室内外地坪或同楼层不同标高而设置的阶梯形踏步。

【实践训练】

某住宅楼的建筑面积计算。

图 3-19(a)和 3-19(b)所示为某六层住宅楼的首层和标准层平面图,计算其建筑面积。

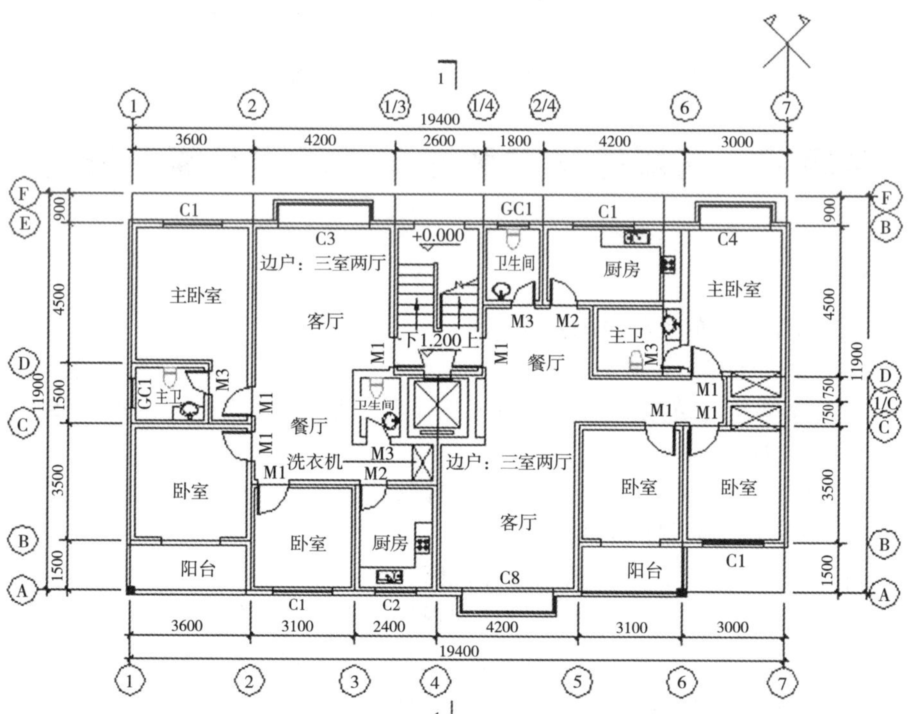

（a） 住宅楼一层平面图（1∶100）

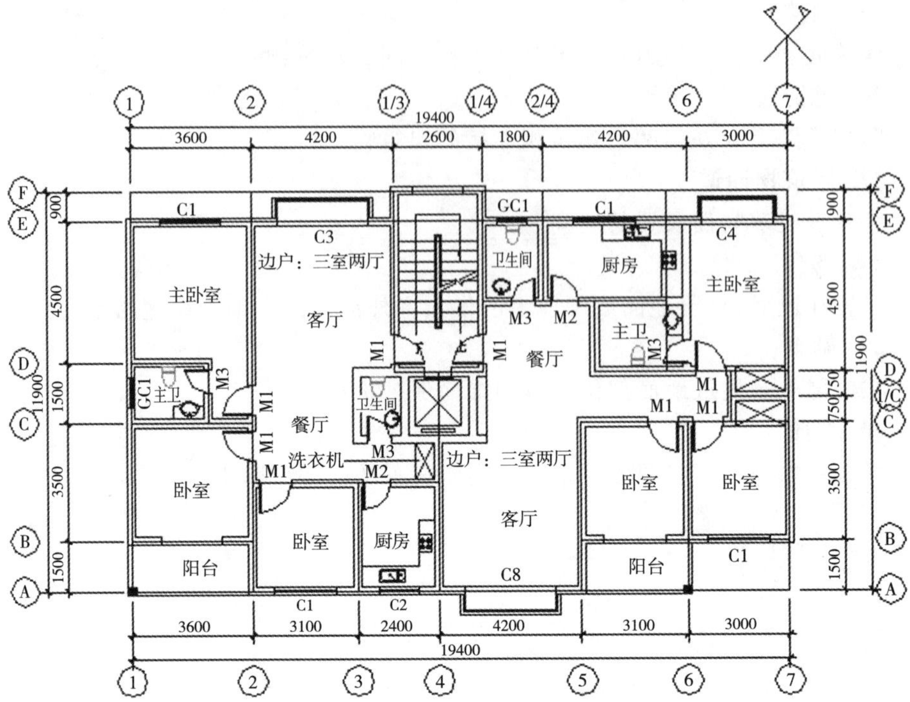

（b）住宅楼标准层平面图（1：100）

图 3－19　某六层住宅楼首层和标准层平面图

第四节　房屋建筑与装饰工程工程量清单编制

一、概述

1. 正确计算清单工程量的意义

（1）工程量计算的正确与否，直接影响整个建筑工程项目的预算造价。

（2）工程量是建筑施工企业编制施工作业计划，合理安排施工进度，组织劳动力、材料和机械的重要依据。

（3）工程量是基本建设财务管理和会计核算的重要指标。

2. 计算清单工程量的依据

（1）经审定的施工设计图纸及设计说明。

（2）建筑与装饰工程施工组织设计和现场施工具体条件。

（3）《房屋建筑与装饰工程工程量计算规范》（GB 50854—2013）。

（4）招投标工程还要包括招标文件及答疑纪要。

3. 计算清单工程量的注意事项

（1）严格按照工程量清单计算规则和已会审的施工图进行计算，不得任意加大或缩小各部位尺寸，力求工程量计算的准确性。

(2)为便于校核,避免重算或漏算,计算时要按一定的顺序进行计算(如分层计算,各层再按轴线的顺序计算)。

(3)工程量计算公式中的数字应按相同的顺序排列,如长×宽×高,以利校核,并且要注意小数点后有效数字的位数。一般计算精确到小数点后三位,汇总时可精确到小数点后两位。

(4)工程量汇总时,计量单位要一致。

二、房屋建筑与装饰工程工程量清单项目和计算规则要点

房屋建筑与装饰工程的工程量计算应按照《房屋建筑与装饰工程工程量计算规范》(GB 50854—2013)规定,结合招标文件、建筑工程施工图及相关设计文件完成。

《房屋建筑与装饰工程工程量计算规范》(GB 50854—2013)中的附录按顺序分类,从附录A至附录S,共17项(不设附录I和附录O),其中附录A至附录R为分部分项工程项目,附录S为措施项目。

(一)土石方工程(0101)

土石方工程的工程量清单分三节共十三个清单项目,即土方工程、石方工程以及回填。

1. 土石方工程的项目组成

土石方工程的项目组成见表3-10所列。

表3-10 土石方工程项目组成表

章	A 土石方工程(0101)		
节	A.1 土方工程(010101)	A.2 石方工程(010102)	A.3 回填(010103)
项 目	平整场地 挖一般土方 挖沟槽土方 挖基坑土方 冻土开挖 挖淤泥、流砂 管沟土方	挖一般石方 挖沟槽石方 挖基坑石方 挖管沟石方	回填方 余土弃置

2. 土石方工程工程量清单计价规范的内容

(1)土方工程。工程量清单项目设置及工程量计算规则应按表3-11的规定执行。

表3-11 土方工程 (编码:010101)

项目编码	项目名称	项目特征	计量单位	工程量计算规则	工程内容
010101001	平整场地	1. 土壤类别 2. 弃土运距 3. 取土运距	m^2	按设计图示尺寸以建筑物首层面积计算	1. 土方挖填 2. 场地找平 3. 运输

土石方工程量清单编制(一)

土石方工程量清单编制(二)

土石方工程量清单编制(三)

(续表)

项目编码	项目名称	项目特征	计量单位	工程量计算规则	工程内容
010101002	挖一般土方	1. 土壤类别 2. 挖土深度 3. 弃土运距	m^3	按设计图示尺寸以体积计算	1. 排地表水 2. 土方开挖 3. 围护(挡土板)及拆除 4. 基底钎探 5. 运输
010101003	挖沟槽土方			按设计图示尺寸以基础垫层底面积乘挖土深度计算	
010101004	挖基坑土方				
010101005	冻土开挖	1. 冻土厚度 2. 弃土运距	m^3	按设计图示尺寸开挖面积乘厚度以体积计算	1. 爆破 2. 开挖 3. 清理 4. 运输
010101006	挖淤泥、流砂	1. 挖掘深度 2. 弃淤泥、流砂距离	m^3	按设计图示位置、界限以体积计算	1. 开挖 2. 运输
010101007	管沟土方	1. 土壤类别 2. 管外径 3. 挖沟深度 4. 回填要求	1. m 2. m^3	1. 以米计量,按设计图示以管道中心线长度计算 2. 以立方米计量,按设计管底垫层面积乘以挖土深度计算;无管底垫层按管外径的水平投影面积乘以挖土深度计算。不扣除各类井的长度,井的土方并入	1. 排地表水 2. 土方开挖 3. 围护(挡土板)、支撑 4. 运输 5. 回填

(2)石方工程。工程量清单项目设置及工程量计算规则,应按表 3－12 的规定执行。

表 3－12　石方工程　　(编码:010102)

项目编码	项目名称	项目特征	计量单位	工程量计算规则	工程内容
010102001	挖一般石方	1. 岩石类别 2. 开凿深度 3. 弃碴运距	m^3	按设计图示尺寸以体积计算	1. 排地表水 2. 凿石 3. 运输
010102002	挖沟槽石方			按设计图示尺寸沟槽底面积乘以挖石深度以体积计算	
010102003	挖基坑石方			按设计图示尺寸基坑底面积乘以挖石深度以体积计算	

（续表）

项目编码	项目名称	项目特征	计量单位	工程量计算规则	工程内容
010102004	挖管沟石方	1. 岩石类别 2. 管外径 3. 挖沟深度	1. m 2. m^3	1. 以米计量，按设计图示以管道中心线长度计算 2. 以立方米计量，按设计图示截面积乘以长度计算	1. 地表排水 2. 凿石 3. 回填 4. 运输

(3)土石方运输与回填。工程量清单项目设置及工程量计算规则应按表3-13的规定执行。

表 3-13　土石方运输与回填　　(编码:010103)

项目编码	项目名称	项目特征	计量单位	工程量计算规则	工程内容
010103001	回填方	1. 密实度要求 2. 填方材料品种 3. 填方粒径要求 4. 填方来源、运距	m^3	按设计图示尺寸以体积计算 1. 场地回填：回填面积乘以平均回填厚度 2. 室内回填：主墙间净面积乘以回填厚度 3. 基础回填：挖方清单项目工程量减去自然地坪以下埋设的基础体积(包括基础垫层及其他构筑物)	1. 运输 2. 回填 3. 压实
010103002	余土弃置	1. 废弃料品种 2. 运距	m^3	挖方清单项目工程量减去利用回填方体积(正数)计算	余方点桩料运输至弃置点

3. 编制土石方工程工程量清单应注意的相关问题

(1)挖土应按自然地面测量标高至设计地坪标高的平均厚度确定。竖向土方、山坡切土开挖深度应按基础垫层底表面标高至交付施工现场场地标高确定，无交付施工场地标高时，应按自然标高确定。

(2)建筑物场地厚度不超过±300mm 的挖、填、运、找平，应按计算规范中平整场地项目编制列项。厚度大于±300mm 的竖向布置挖土或山坡切土，应按计算规范中挖一般土方项目编码列项。

(3)沟槽、基坑、一般土方的区别：底宽不超过 7m 且底长大于 3 倍底宽为沟槽；底长不超过 3 倍底宽且底面积不超过 $150m^2$ 为基坑；超出上述范围则为一般土方。

(4)挖土方如需截桩头，应按桩基工程相关项目编码列项。

[问一问]

平整场地项目和挖土方项目的主要区别是什么?

[想一想]

对于挖基础土方项目,定额计价与工程量清单计价两种模式所计算出的工程量一样吗?为什么?

(5)桩间挖土不扣除桩的体积,并在项目特征中加以描述。

(6)弃、取土运距可以不描述,但应注明由投标人根据施工现场实际情况自行考虑,决定报价。

(7)土壤的分类应按表3-14确定,如土壤类别不能准确划分时,招标人可注明为综合,由投标人根据地勘报告决定报价。

(8)土方体积应按挖掘前的天然密实体积计算。如需计算虚方体积、压实后体积或松填体积时,按表3-15中有关系数换算。

(9)挖沟槽、基坑、一般土方因工作面和放坡增加的工作量(管沟工作面增加的工作量),是否并入各土方工程量中,按各省、自治区、直辖市或行业建设主管部门的规定实施,如并入各土方工程量中,办理工程结算时,按经发包人认可的施工组织设计规定计算,编制工程量清单时,可按表3-16～表3-18的规定计算。

表3-14 土壤分类表

土壤分类	土壤名称	开挖方法
一、二类土	粉土、砂土(粉砂、细砂、中砂、粗砂、砾砂)、粉质黏土、弱中盐渍土、软土(淤泥质土、泥炭、泥炭质土)、软塑红黏土、冲填土	用锹,少许用镐、条锄开挖。机械能全部直接铲挖满载者
三类土	黏土、碎石土(圆砾、角砾)、混合土、可塑红黏土、硬塑红黏土、强盐渍土、素填土、压实填土	主要用镐,条锄、少许用锹开挖。机械需部分刨松方能铲挖满载者或可直接铲挖但不能满载者
四类土	碎石土(卵石、碎石、漂石、块石)、坚硬红黏土、超盐渍土、杂填土	全部用镐、条锄挖掘,少许用撬棍挖掘。机械需普遍刨松方能铲挖满载者
注:本表土的名称及其含义按国家标准《岩土工程勘察规范》(GB 50021—2001)定义。		

表3-15 土方体积折算系数表

天然密实度体积	虚方体积	夯实后体积	松填体积
0.77	1.00	0.67	0.83
1.00	1.30	0.87	1.08
1.15	1.50	1.00	1.25
0.92	1.20	0.80	1.00

注:(1)虚方指未经碾压,堆积时间不超过1年的土壤。

(2)本表按《全国统一建筑工程预算工程量计算规则》(GJDGZ-101—95)整理。

(3)设计密实度超过规定的,填方体积按工程设计要求执行;无设计要求按各省、自治区、直辖市或行业建设行政主管部门规定的系数执行。

表 3－16 放坡系数表

土类别	放坡起点（m）	人工挖土	机械挖土		
			在坑内作业	在坑上作业	顺沟槽在坑上作业
一、二类土	1.20	1∶0.5	1∶0.33	1∶0.75	1∶0.5
三类土	1.50	1∶0.33	1∶0.25	1∶0.67	1∶0.33
四类土	2.00	1∶0.25	1∶0.10	1∶0.33	1∶0.25
注：(1)沟槽、基坑中土类别不同时，分别按其放坡起点、放坡系数，依不同土类别厚度加权平均计算。 (2)计算放坡时，在交接处的重复工程量不予扣除，原槽、坑作基础垫层时，放坡自垫层上表面开始计算。					

表 3－17 基础施工所需工作面宽度计算表

基础材料	每边各增加工作面宽度(mm)
砖基础	200
浆砌毛石、条石基础	150
混凝土基础垫层支模板	300
混凝土基础支模板	300
基础垂直面做防水层	1000(防水层面)
注：本表按《全国统一建筑工程预算工程量计算规则》(GJGDZ－101—95)整理。	

表 3－18 管道施工每侧所需工作面宽度计算表

管道结构宽(mm) 管沟材料	≤500	≤1000	≤2500	>2500
混凝土级钢筋混凝土管道(mm)	400	500	600	700
其他材质管道(mm)	300	400	500	600
注：(1)本表按《全国统一建筑工程预算工程量计算规则》(GJGDZ－101—95)整理。 (2)管道结构宽：有管座的按基础外缘，无管座的按管道外径。				

【实践训练】

1. 如图 3－20 所示，试依据土方工程工程量清单项目设置及工程量计算规则，计算人工平整场地工程量，并编制该项目工程量清单。(土为四类土)

分析：根据工程量计算规范的规定，平整场地的工程量清单项目编码为：010101001，工程量按设计图示尺寸以建筑物首层面积计算。

解：(1)列项目：平整场地(010101001)

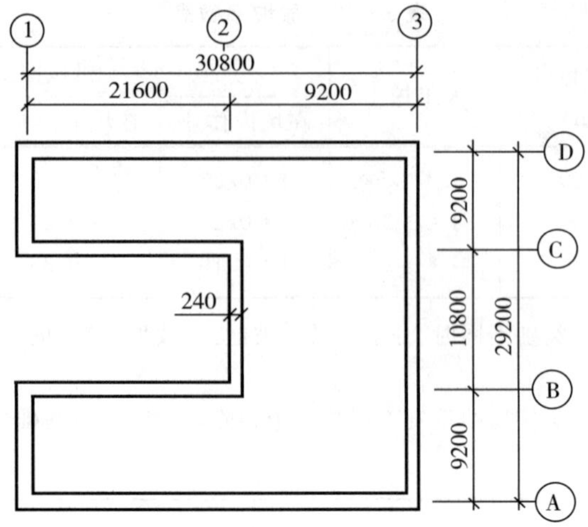

图 3-20　某土方工程示意图

(2)计算工程量

平整场地(010101001)：$S_{底}=(30.8+0.24)\times(29.2+0.24)-(10.8-0.24)\times21.6\approx685.72(m^2)$。

(3)填写工程量清单(表 3-19)

表 3-19　工程量清单

序　号	项目编码	项目名称	项　目　特　征	计量单位	工程数量
1	010101001001	平整场地	四类土	m^2	685.72

2. 某工程人工挖一基坑，混凝土基础垫层长为 1.50m，宽为 1.20m，深度为 2.20m，土为四类土，试依据土方工程工程量清单项目设置及工程量计算规则，计算挖基坑土方工程量，并编制该项目工程量清单。

分析：根据工程量计算规范的规定，挖基坑土方的工程量清单项目编码为：010101004001，工程量按设计图示尺寸以基础垫层底面积乘挖土深度计算。

解：(1)列项目：挖基坑土方(010101004001)

(2)计算工程量

挖基坑土方(010101004)：$V=1.5\times1.2\times2.2=3.96(m^3)$。

(3)填写工程量清单(表 3-20)

表 3-20　工程量清单

序　号	项目编码	项目名称	项　目　特　征	计量单位	工程数量
1	010101004001	挖基坑土方	1. 土壤类别：四类土 2. 挖土深度：2.20m 3. 弃土运距：自定	m^3	3.96

3. 某工程基础平面图、剖面图如图 3-21 所示。自然地坪平均标高为室外设计地坪标高。已知室外设计地坪以下各个项目的工程量：垫层体积为

4.12m³；砖基础体积为 24.26m³；地圈梁（底标高为室外地坪标高）体积为 2.55m³。试求建筑物平整场地、挖土方、回填土、余（取）土弃置清单工程量（不考虑挖填土方运输）。图中尺寸单位为 mm，按三类土计。

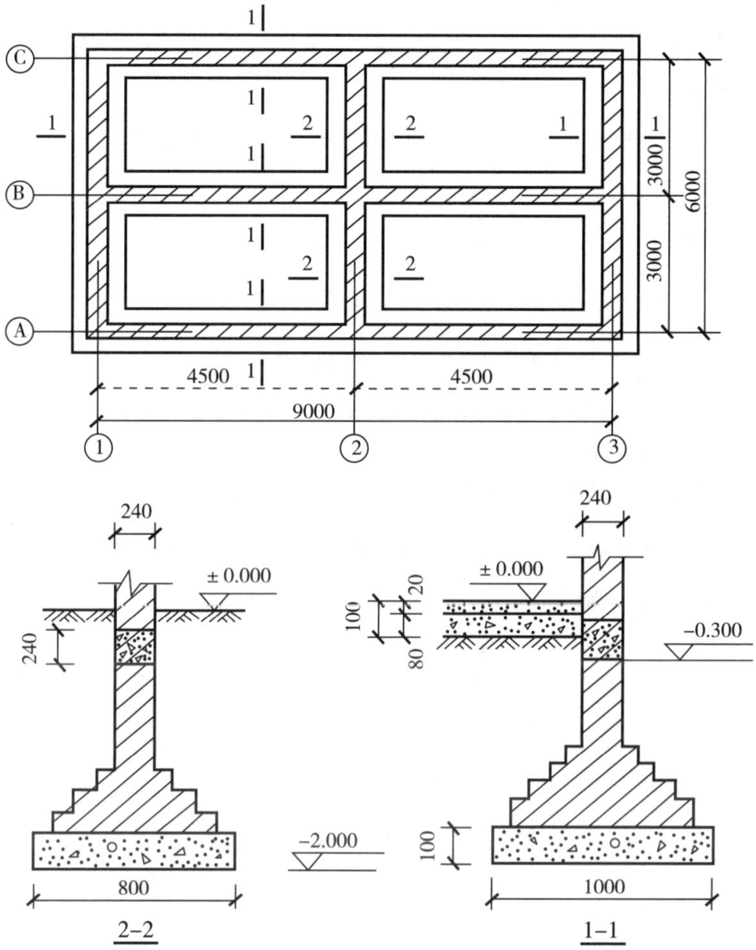

图 3-21　某工程基础平面图、剖面图

解：根据工程量计算规范，计算平整场地、挖土方、回填土、余（取）土弃置 4 个项目的清单工程量。

(1)平整场地(010101001001)

工程量计算：S＝首层建筑面积＝$9.24\times6.24\approx57.66(\text{m}^2)$。

(2)挖沟槽土方(010101003001)

由图 3-21 可知：挖土深度 $H=2.0-0.3=1.7(\text{m})$。

沟槽长度：1-1 断面为：$L_1=(9+6)\times2+(9-0.5-0.5)=38(\text{m})$；

2-2 断面为：$(3-0.5-0.5)\times2=4(\text{m})$。

沟槽土方工程量：V＝垫层底面积×挖土深度

1-1 断面为：$V_1=1\times38\times1.7=64.6(\text{m}^3)$；

2－2 断面为：$V_2=0.8\times4\times1.7=5.44(m^3)$。

小计：$70.04m^3$。

(3)回填土(010103001001)

回填土包括基槽回填土和室内回填土两部分。

① 基槽回填体积：挖方清单项目工程量减去自然地坪以下埋设的基础体积(包括基础垫层及其他构筑物)。

$$V_{基础}=挖方清单工程量-自然地坪以下埋设的基础体积$$
$$=70.04-4.12-24.26=41.66(m^3)$$

② 室内回填土体积：主墙间净面积乘以回填厚度

回填厚度＝室内外高差－地面构造层厚度＝0.3－0.1＝0.2(m)

$$V_{室内}=主墙间面积\times回填厚度=(4.5-0.24)\times(3-0.24)\times4\times0.2\approx9.41(m^3)$$

小计：$41.66+9.41=51.07(m^3)$。

(4)余土弃置(010103002001)

余土弃置工程量：挖方清单项目工程量减去利用回填方体积(正数)

$$V_{余方}=挖方清单项目工程量-回填土体积=70.04-51.07=18.97(m^3)$$

填写工程量清单如下(表3－21)：

表3－21 工程量清单

序号	项目编码	项目名称	项目特征	计量单位	工程数量
1	010101001001	平整场地	1. 土壤类别：三类土 2. 弃土运距：自定 3. 取土运距：自定	m^2	57.66
2	010101003001	挖沟槽土方	1. 土壤类别：三类土 2. 挖土深度：1.7m 3. 弃土运距：自定	m^3	70.04
3	010103001001	回填土	1. 密实度要求：满足设计和规范要求 2. 填方材料品种：满足设计和规范要求 3. 填方粒径要求：满足设计和规范要求 4. 填方来源、运距	m^3	51.07
4	010103002001	余土弃置	1. 废弃料品种：土方(三类土) 2. 运距：自定	m^3	18.97

(二)地基处理与边坡支护工程(0102)

地基处理与边坡支护工程的工程量清单分两节共，二十八个清单项目，即地基处理与基坑与边坡支护两部分。

1. 地基处理与边坡支护工程的项目组成

地基处理与边坡支护工程的项目组成如表3－22所示。

表 3－22　地基处理与边坡支护工程项目组成表

章	B　地基处理与边坡支护工程(0102)	
节	B.1　地基处理(010201)	B.2　基坑与边坡支护(010202)
项　目	换填垫层、铺设土工合成材料、预压地基、强夯地基、振冲密实(不填料)、振冲桩(调料)、砂石桩、水泥粉煤灰碎石桩、深层搅拌桩、粉喷桩、夯实水泥土桩、高压喷射注浆桩、石灰桩、灰土挤密桩、柱锤冲扩桩、注浆地基、褥垫层	地下连续墙,咬合灌注桩,圆木桩,预制钢筋混凝土板桩,型钢桩,钢板桩,锚杆(锚索),土钉,喷射混凝土、水泥砂浆,钢筋混凝土支撑,钢支撑

2. 地基处理与边坡支护工程工程量清单计价规范的内容

(1)地基处理。工程量清单项目设置及工程量计算规则应按表 3－23 的规定执行。

地基处理与边坡支护工程量清单的编制

表 3－23　地基处理　　　　(编码:010201)

<table>
<tr><th>项目编码</th><th>项目名称</th><th>项目特征</th><th>计量单位</th><th>工程量计算规则</th><th>工作内容</th></tr>
<tr><td>010201001</td><td>换填垫层</td><td>1. 材料种类及配比
2. 压实系数
3. 掺加剂品种</td><td>m^3</td><td>按设计图示尺寸以体积计算</td><td>1. 分层铺填
2. 碾压、振密或夯实
3. 材料运输</td></tr>
<tr><td>010201002</td><td>铺设土工合成材料</td><td>1. 部位
2. 品种
3. 规格</td><td rowspan="4">m^2</td><td>按设计图示尺寸以面积计算</td><td>1. 挖填锚固沟
2. 铺设
3. 固定
4. 运输</td></tr>
<tr><td>010201003</td><td>预压地基</td><td>1. 排水竖井种类、断面尺寸、排列方式、间距、深度
2. 预压方法
3. 预压荷载、时间
4. 砂垫层厚度</td><td rowspan="3">按设计图示处理范围以面积计算</td><td>1. 设置排水竖井、盲沟、滤水管
2. 铺设砂垫层、密封膜
3. 堆载、卸载或抽气设备安拆、抽真空
4. 材料运输</td></tr>
<tr><td>010201004</td><td>强夯地基</td><td>1. 夯击能量
2. 夯击遍数
3. 夯击点布置形式、间距
4. 地耐力要求
5. 夯填材料种类</td><td>1. 铺设夯填材料
2. 强夯
3. 夯填材料运输</td></tr>
<tr><td>010201005</td><td>振冲密实(不填料)</td><td>1. 地层情况
2. 振密深度
3. 孔距</td><td>1. 振冲加密
2. 泥浆运输</td></tr>
</table>

（续表）

<table>
<tr><th>项目编码</th><th>项目名称</th><th>项目特征</th><th>计量单位</th><th>工程量计算规则</th><th>工作内容</th></tr>
<tr><td>010201006</td><td>振冲桩（填料）</td><td>1. 地层情况
2. 空桩长度、桩长
3. 桩径
4. 填充材料种类</td><td>1. m
2. m^3</td><td>1. 以米计量，按设计图示尺寸以桩长计算
2. 以立方米计量，按设计桩截面乘以桩长以体积计算</td><td>1. 振冲成孔、填料、振实
2. 材料运输
3. 泥浆运输</td></tr>
<tr><td>010201007</td><td>砂石桩</td><td>1. 地层情况
2. 空桩长度、桩长
3. 桩径
4. 成孔方法
5. 材料种类、级配</td><td>1. m
2. m^3</td><td>1. 以米计量，按设计图示尺寸以桩长（包括桩尖）计算
2. 以立方米计量，按设计桩截面乘以桩长（包括桩尖）以体积计算</td><td>1. 成孔
2. 填充、振实
3. 材料运输</td></tr>
<tr><td>010201008</td><td>水泥粉煤灰碎石桩</td><td>1. 地层情况
2. 空桩长度、桩长
3. 桩径
4. 成孔方法
5. 混合料强度等级</td><td rowspan="4">m</td><td>按设计图示尺寸以桩长（包括桩尖）计算</td><td>1. 成孔
2. 混合料制作、灌注、养护
3. 材料运输</td></tr>
<tr><td>010201009</td><td>深层搅拌桩</td><td>1. 地层情况
2. 空桩长度、桩长
3. 桩截面尺寸
4. 水泥强度等级、掺量</td><td rowspan="2">按设计图示尺寸以桩长计算</td><td>1. 预搅下钻、水泥浆制作、喷浆搅拌提升成桩
2. 材料运输</td></tr>
<tr><td>010201010</td><td>粉喷桩</td><td>1. 地层情况
2. 空桩长度、桩长
3. 桩径
4. 粉体种类、掺量
5. 水泥强度等级、石灰粉要求</td><td>1. 预搅下钻、喷粉搅拌提升成桩
2. 材料运输</td></tr>
<tr><td>010201011</td><td>夯实水泥土桩</td><td>1. 地层情况
2. 空桩长度、桩长
3. 桩径
4. 成孔方法
5. 水泥强度等级
6. 混合料配比</td><td>按设计图示尺寸以桩长（包括桩尖）计算</td><td>1. 成孔、夯底
2. 水泥土拌合、填料、夯实
3. 材料运输</td></tr>
</table>

（续表）

项目编码	项目名称	项目特征	计量单位	工程量计算规则	工作内容
010201012	高压喷射注浆桩	1. 地层情况 2. 空桩长度、桩长 3. 桩截面 4. 注浆类型、方法 5. 水泥强度等级	m	按设计图示尺寸以桩长计算	1. 成孔 2. 水泥浆制作、高压喷射注浆 3. 材料运输
010201013	石灰桩	1. 地层情况 2. 空桩长度、桩长 3. 桩径 4. 成孔方法 5. 掺和料种类、配合比		按设计图示尺寸以桩长(包括桩尖)计算	1. 成孔 2. 混合料制作、运输、夯填
010201014	灰土挤密桩	1. 地层情况 2. 空桩长度、桩长 3. 桩径 4. 成孔方法 5. 灰土级配			1. 成孔 2. 灰土拌和、运输、填充、夯实
010201015	柱锤冲扩桩	1. 地层情况 2. 空桩长度、桩长 3. 桩径 4. 成孔方法 5. 桩体材料种类、配合比		按设计图示尺寸以桩长计算	1. 安、拔套管 2. 冲孔、填料、夯实 3. 桩体材料制作、运输
010201016	注浆地基	1. 地层情况 2. 空钻深度、注浆深度 3. 注浆间距 4. 浆液种类及配比 5. 注浆方法 6. 水泥强度等级	1. m 2. m^3	1. 以米计量，按设计图示尺寸以钻孔深度计算 2. 以立方米计量，按设计图示尺寸以加固体积计算	1. 成孔 2. 注浆导管制作、安装 3. 浆液制作、压浆 4. 材料运输

（续表）

项目编码	项目名称	项目特征	计量单位	工程量计算规则	工作内容
010201017	褥垫层	1. 厚度 2. 材料品种及比例	1. m^2 2. m^3	1. 以平方米计量，按设计图示尺寸以铺设面积计算 2. 以立方米计量，按设计图示尺寸以体积计算	材料拌和、运输、铺设、压实

注：(1)地层情况按土壤和岩石分类的规定，并根据岩土工程勘察报告按单位工程各地层所占比例(包括范围值)进行描述。对无法准确描述的地层情况，可注明由投标人根据岩土工程勘察报告自行决定报价。

(2)项目特征中的桩长应包括桩尖，空桩长度＝孔深－桩长，孔深为自然地面至设计桩底的深度。

(3)高压喷射注浆类型包括旋喷、摆喷、定喷，高压喷射注浆方法包括单管法、双重管法、三重管法。

(4)如采用泥浆护壁成孔，工作内容包括土方、废泥浆外运，如采用沉管灌注成孔，工作内容包括桩尖制作、安装。

(2)基坑与边坡支护。工程量清单项目设置及工程量计算规则应按表3-24的规定执行。

表3-24　基坑与边坡支护　　(编码:010202)

项目编码	项目名称	项目特征	计量单位	工程量计算规则	工作内容
010202001	地下连续墙	1. 地层情况 2. 导墙类型、截面 3. 墙体厚度 4. 成槽深度 5. 混凝土种类、强度等级 6. 接头形式	m^3	按设计图示墙中心线长乘以厚度乘以槽深以体积计算	1. 导墙挖填、制作、安装、拆除 2. 挖土成槽、固壁、清底置换 3. 混凝土制作、运输、灌注、养护 4. 接头处理 5. 土方、废泥浆外运 6. 打桩场地硬化及泥浆池、泥浆沟

（续表）

<table>
<tr><th>项目编码</th><th>项目名称</th><th>项目特征</th><th>计量单位</th><th>工程量计算规则</th><th>工作内容</th></tr>
<tr><td>010202002</td><td>咬合灌注桩</td><td>1. 地层情况
2. 桩长
3. 桩径
4. 混凝土种类、强度等级
5. 部位</td><td rowspan="3">1. m
2. 根</td><td>1. 以米计量，按设计图示尺寸以桩长计算
2. 以根计量，按设计图示数量计算</td><td>1. 成孔、固壁
2. 混凝土制作、运输、灌注、养护
3. 套管压拔
4. 土方、废泥运输
5. 打桩场地硬化及泥浆池、泥浆沟</td></tr>
<tr><td>010202003</td><td>圆木桩</td><td>1. 地层情况
2. 桩长
3. 材质
4. 尾径
5. 桩倾斜度</td><td rowspan="2">1. 以米计量，按设计图示尺寸以桩长（包括桩尖）计算
2. 以根计量，按设计图示数量计算</td><td>1. 工作平台搭拆
2. 桩机移位
3. 桩靴安装
4. 沉桩</td></tr>
<tr><td>010202004</td><td>预制钢筋混凝土板桩</td><td>1. 地层情况
2. 送桩深度、桩长
3. 桩截面
4. 沉桩方法
5. 连接方式
6. 混凝土强度等级</td><td>1. 工作平台搭拆
2. 桩机移位
3. 沉桩
4. 板桩连接</td></tr>
<tr><td>010202005</td><td>型钢桩</td><td>1. 地层情况或部位
2. 送桩深度、桩长
3. 规格型号
4. 桩倾斜度
5. 防护材料种类
6. 是否拔出</td><td>1. t
2. 根</td><td>1. 以吨计量，按设计图示尺寸以质量计算
2. 以根计量，按设计图示数量计算</td><td>1. 工作平台搭拆
2. 桩机移位
3. 打（拔）桩
4. 接桩
5. 刷防护材料</td></tr>
<tr><td>010202006</td><td>钢板桩</td><td>1. 地层情况
2. 桩长
3. 板桩厚度</td><td>1. t
2. m^2</td><td>1. 以吨计量，按设计图示尺寸以质量计算
2. 以平方米计量，按设计图示墙中心线长乘以桩长以面积计算</td><td>1. 工作平台搭拆
2. 桩机移位
3. 打拔钢板桩</td></tr>
</table>

（续表）

项目编码	项目名称	项目特征	计量单位	工程量计算规则	工作内容
010202007	锚杆（锚索）	1. 地层情况 2. 锚杆（锚索）类型、部位 3. 钻孔深度 4. 钻孔直径 5. 杆体材料品种、规格、数量 6. 预应力 7. 浆液种类、强度等级	1. m 2. 根	1. 以米计量，按设计图示尺寸以钻孔深度计算 2. 以根计量，按设计图示数量计算	1. 钻孔、浆液制作、运输、压浆、 2. 锚杆（锚索）制作、安装 3. 张拉锚固 4. 锚杆（锚索）施工平台搭设、拆除
010202008	土钉	1. 地层情况 2. 钻孔深度 3. 钻孔直径 4. 置入方法 5. 杆体材料品种、规格、数量 6. 浆液种类、强度等级			1. 钻孔、浆液制作、运输、压浆 2. 土钉制作、安装 3. 土钉施工平台搭设、拆除
010202009	喷射混凝土、水泥砂浆	1. 部位 2. 厚度 3. 材料种类 4. 混凝土（砂浆）类别、强度等级	m^2	按设计图示尺寸以面积计算	1. 修整边坡 2. 混凝土（砂浆）制作、运输、喷射、养护 3. 钻排水孔、安装排水管 4. 喷射施工平台搭设、拆除
010202010	钢筋混凝土支撑	1. 部位 2. 混凝土种类 3. 混凝土强度等级	m^3	按设计图示尺寸以体积计算	1. 模板（支架或支撑）制作、安装、拆除、堆放、运输及清理模内杂物、刷隔离剂等 2. 混凝土制作、运输、浇筑、振捣、养护

（续表）

项目编码	项目名称	项目特征	计量单位	工程量计算规则	工作内容
010202011	钢支撑	1. 部位 2. 钢材品种、规格 3. 探伤要求	t	按设计图示尺寸以质量计算。不扣除孔眼质量，焊条、铆钉、螺栓等不另增加质量	1. 支撑、铁件制作（摊销、租赁） 2. 支撑、铁件安装 3. 探伤 4. 刷漆 5. 拆除 6. 运输
注：(1)地层情况按土壤和岩石的分类规定，并根据岩土工程勘察报告按单位工程各地层所占比例（包括范围值）进行描述。对无法准确描述的地层情况，可注明由投标人根据岩土工程勘察报告自行决定报价。 (2)土钉置入方法包括钻孔置入、打入或射入等。 (3)混凝土种类：指清水混凝土、彩色混凝土等，如在同一地区既使用预拌（商品）混凝土，又允许现场搅拌混凝土时，也应注明（下同）。 (4)地下连续墙和喷射混凝土（砂浆）的钢筋网、咬合灌注桩的钢筋笼及钢筋混凝土支撑的钢筋制作、安装，按本规范附录E中相关项目列项。本分部未列的基坑与边坡支护的排桩按本规范附录C中相关项目列项。水泥土墙、坑内加固按本规范表B.1中相关项目列项。砖、石挡土墙、护坡按本规范附录D中相关项目列项。混凝土挡土墙按本规范附录E中相关项目列项。					

（三）桩基工程

桩基工程的工程量清单分两节，共十一个清单项目，即打桩、灌注桩。

1. 桩基工程的项目组成

桩基工程的项目组成如表3-25所示。

表3-25　桩基工程项目组成表

章	C　桩基工程(0103)	
节	C.1　打桩(010301)	C.2　灌注桩(010302)
项　目	预制钢筋混凝土方桩 预制钢筋混凝土管桩 钢管桩 截（凿）桩头	泥浆护壁成孔灌注桩 沉管灌注桩 干作业成孔灌注桩 挖孔桩土（石）方 人工挖孔桩 钻孔压浆桩 灌注桩后压浆

2. 桩基工程工程量清单计价规范的内容

(1)打桩。工程量清单项目设置及工程量计算规则应按表3-26的规定执行。

桩基工程量清单的编制

表 3-26　打桩　　（编码：010301）

项目编码	项目名称	项目特征	计量单位	工程量计算规则	工作内容
010301001	预制钢筋混凝土方桩	1. 地层情况 2. 送桩深度、桩长 3. 桩截面 4. 桩倾斜度 5. 沉桩方法 6. 接桩方式 7. 混凝土强度等级	1. m 2. m^3 3. 根	1. 以米计量，按设计图示尺寸以桩长（包括桩尖）计算 2. 以立方米计量，按设计图示截面积乘以桩长（包括桩尖）以实体积计算 3. 以根计量，按设计图示数量计算	1. 工作平台搭拆 2. 桩机竖拆、移位 3. 沉桩 4. 接桩 5. 送桩
010301002	预制钢筋混凝土管桩	1. 地层情况 2. 送桩深度、桩长 3. 桩外径、壁厚 4. 桩倾斜度 5. 沉桩方法 6. 桩尖类型 7. 混凝土强度等级 8. 填充材料种类 9. 防护材料种类			1. 工作平台搭拆 2. 桩机竖拆、移位 3. 沉桩 4. 接桩 5. 送桩 6. 桩尖制作安装 7. 填充材料、刷防护材料
010301003	钢管桩	1. 地层情况 2. 送桩深度、桩长 3. 材质 4. 管径、壁厚 5. 桩倾斜度 6. 沉桩方法 7. 填充材料种类 8. 防护材料种类	1. t 2. 根	1. 以吨计量，按设计图示尺寸以质量计算 2. 以根计量，按设计图示数量计算	1. 工作平台搭拆 2. 桩机竖拆、移位 3. 沉桩 4. 接桩 5. 送桩 6. 切割钢管、精割盖帽 7. 管内取土 8. 填充材料、刷防护材料
010301004	截（凿）桩头	1. 桩类型 2. 桩头截面 3. 混凝土强度等级 4. 有无钢筋	1. m^3 2. 根	1. 以立方米计算，按设计桩截面乘以桩头长度以体积计算 2. 以根计量，按设计图示以数量计算	截（切割）桩头凿平废料外运

(2)灌注桩。工程量清单项目设置及工程量计算规则应按表 3－27 的规定执行。

表 3－27　灌注桩　　　　　　（编码:010302）

项目编码	项目名称	项目特征	计量单位	工程量计算规则	工作内容
010302001	泥浆护壁成孔灌注桩	1. 地层情况 2. 空桩长度、桩长 3. 桩径 4. 成孔方法 5. 护筒类型、长度 6. 混凝土种类、强度等级	1. m 2. m^3 3. 根	1. 以米计量，按设计图示尺寸以桩长（包括桩尖）计算 2. 以立方米计量，按不同截面在桩上范围内以体积计算 3. 以根计量，按设计图示数量计算	1. 护筒埋设 2. 成孔、固壁 3. 混凝土制作、运输、灌注、养护 4. 土方、废泥浆外运 5. 打桩场地硬化及泥浆池、泥浆沟
010302002	沉管灌注桩	1. 地层情况 2. 空桩长度、桩长 3. 复打长度 4. 桩径 5. 沉管方法 6. 桩尖类型 7. 混凝土种类、强度等级			1. 打（沉）拔钢管 2. 桩尖制作、安装 3. 混凝土制作、运输、灌注、养护
010302003	干作业成孔灌注桩	1. 地层情况 2. 空桩长度、桩长 3. 桩径 4. 扩孔直径、高度 5. 成孔方法 6. 混凝土种类、强度等级	1. m 2. m^3 3. 根	1. 以米计量，按设计图示尺寸以桩长（包括桩尖）计算 2. 以立方米计量，按不同截面在桩上范围内以体积计算 3. 以根计量，按设计图示数量计算	1. 成孔、扩孔 2. 混凝土制作、运输、灌注、振捣、养护
010302004	挖孔桩土（石）方	1. 地层情况 2. 挖孔深度 3. 弃土（石）运距	m^3	按设计图示尺寸（含护壁）截面积乘以挖孔深度以立方米计算	1. 排地表水 2. 挖土、凿石 3. 基底钎探 4. 运输

（续表）

项目编码	项目名称	项目特征	计量单位	工程量计算规则	工作内容
010302005	人工挖孔灌注桩	1. 桩芯长度 2. 桩芯直径、扩底直径、扩底高度 3. 护壁厚度、高度 4. 护壁混凝土种类、强度等级 5. 桩芯混凝土种类、强度等级	1. m^3 2. 根	1. 以立方米计量，按桩芯混凝土体积计算 2. 以根计量，按设计图示数量计算	1. 护壁制作 2. 混凝土制作、运输、灌注、振捣、养护
010302006	钻孔压浆桩	1. 地层情况 2. 空钻程度、桩长 3. 钻孔直径 4. 水泥强度等级	1. m 2. 根	1. 以米计量，按设计图示尺寸以桩长计算 2. 以根计量，按设计图示数量计算	钻孔、下注浆管、投放骨料、浆液制作、运输、压浆
010302007	灌注桩后压浆	1. 注浆导管材料、规格 2. 注浆导管长度 3. 单孔注浆量 4. 水泥强度等级	孔	按设计图示以注浆孔数计算	1. 注浆导管制作、安装 2. 浆液制作、运输、压浆

3. 编制桩基工程的工程量清单应注意的相关问题

(1)地层情况按土壤和岩石分类规定，并根据岩土工程勘察报告按单位工程各地层所占比例(包括范围值)进行描述。对无法准确描述的地层情况，可注明由投标人根据岩土工程勘察报告自行决定报价。

(2)项目特征中的桩截面(桩径)、混凝土强度等级、桩类型等可直接用标准图代号或设计桩型进行描述。

(3)预制钢筋混凝土方桩、预制钢筋混凝土管桩项目以成品桩编制，应包括成品桩购置费，如果用现场预制，应包括现场预制桩的所有费用。

(4)打试验桩和打斜桩应按相应项目单独列项，并应在项目特征中注明试验桩或斜桩(斜率)。

(5)截(凿)桩头项目适用于地基处理与边坡支护工程及桩基工程所列桩的截(凿)桩头。

(6)预制钢筋混凝土管桩桩顶与承台的连接构造按混凝土及钢筋混凝土工程相关项目列项。

(7)项目特征中的桩长应包括桩尖，空桩长度＝孔深－桩长，孔深为自然地面至设计桩底的深度。

(8)泥浆护壁成孔灌注桩是指在泥浆护壁条件下成孔，采用水下灌注混凝土的桩。其成孔方法包括冲击钻成孔、冲抓锥成孔、回旋钻成孔、潜水钻成孔、泥浆护壁的旋挖成孔等。

(9)沉管灌注桩的沉管方法包括锤击沉管法、振动沉管法、振动冲击沉管法、内夯沉管法等。

(10)干作业成孔灌注桩是指不用泥浆护壁和套管护壁的情况下，用钻机成孔后，下钢筋笼，灌注混凝土的桩，适用于地下水位以上的土层使用。其成孔方法包括螺旋钻成孔、螺旋钻成孔扩底、干作业的旋挖成孔等。

(11)混凝土种类：清水混凝土、彩色混凝土、水下混凝土等，如在同一地区既使用预拌(商品)混凝土，又允许现场搅拌混凝土时，也应注明(下同)。

(12)混凝土灌注桩的钢筋笼制作、安装，按混凝土及钢筋混凝土工程相关项目编码列项。

【实践训练】

1. 某工程有预应力管桩220根，平均桩长为20m，桩径为400，钢桩尖每个重35kg。据工程地质勘察资料知土壤类别为二类土。编制该管桩工程的工程量清单。

分析：根据工程量计算规范的规定，预制钢筋混凝土桩的工程量清单项目编码为：010301002，工程量按设计图示尺寸以桩长(包括桩尖)或根数计算。

解：(1)列项目：预制钢筋混凝土管桩(010301002)

(2)计算工程量

预制钢筋混凝土桩(010301002)：$L=20\times220=4400$(m)。

(3)填写工程量清单(表3-28)

表3-28 工程量清单

序号	项目编码	项目名称	项目特征	计量单位	工程数量
1	010301002001	预制钢筋混凝土管桩	预应力混凝土管桩，二类土，桩单根设计长度20m，桩根数220根，管桩桩径为400，钢桩尖35kg/根	m	4400

(四)砌筑工程

砌筑工程的工程量清单分四节，共二十七个清单项目，即砖砌体、砌块砌体、石砌体和垫层。

1. 砌筑工程的项目组成

砌筑工程的项目组成如表3-29所示。

表 3-29　砌筑工程项目组成表

章	D　砌筑工程(0104)			
节	D. 1(010401) 砖砌体	D. 2(010402) 砌块砌体	D. 3(010403) 石砌体	D. 4(010404) 垫层
项目	砖基础 砖砌挖孔桩护壁 实心砖墙 多孔砖墙 空心砖墙 空斗墙 空花墙 填充墙 实心砖柱 多孔砖柱 砖检查井 零星砌砖 砖散水、地坪 砖地沟、明沟	砌块墙 砌块柱	石基础 石勒脚 石墙 石挡土墙 石柱 石栏杆 石护坡 石台阶 石坡道 石地沟、明沟	垫层

2. 砌筑工程工程量清单计价规范的内容

(1)砖砌体。工程量清单项目设置及工程量计算规则应按表 3-30 的规定执行。

表 3-30　砖砌体　　(编码:010401)

项目编码	项目名称	项目特征	计量单位	工程量计算规则	工作内容
010401001	砖基础	1. 砖品种、规格、强度等级 2. 基础类型 3. 砂浆强度等级 4. 防潮层材料种类	m^3	按设计图示尺寸以体积计算 包括附墙垛基础宽出部分体积,扣除地梁(圈梁)、构造柱所占体积,不扣除基础大放脚“T”形接头处的重叠部分及嵌入基础内的钢筋、铁件、管道、基础砂浆防潮层和单个面积不超过 $0.3m^2$ 的孔洞所占体积,靠墙暖气沟的挑檐不增加 基础长度:外墙按外墙中心线,内墙按内墙净长线计算	1. 砂浆制作、运输 2. 砌砖 3. 防潮层铺设 4. 材料运输
010401002	砖砌挖孔桩护壁	1. 砖品种、规格、强度等级 2. 砂浆强度等级		按设计图示尺寸以立方米计算	1. 砂浆制作、运输 2. 砌砖 3. 材料运输

（续表）

<table>
<tr><th>项目编码</th><th>项目名称</th><th>项目特征</th><th>计量单位</th><th>工程量计算规则</th><th>工作内容</th></tr>
<tr><td>010401003</td><td>实心砖墙</td><td rowspan="2">1. 砖品种、规格、强度等级
2. 墙体类型
3. 砂浆强度等级、配合比</td><td rowspan="2">m^3</td><td rowspan="2">按设计图示尺寸以体积计算扣除门窗、洞口、嵌入墙内的钢筋混凝土柱、梁、圈梁、挑梁、过梁及凹进墙内的壁龛、管槽、暖气槽、消火栓箱所占体积，不扣除梁头、板头、檩头、垫木、木楞头、沿缘木、木砖、门窗走头、砖墙内加固钢筋、木筋、铁件、钢管及单个面积不超过 $0.3m^2$ 的孔洞所占的体积。凸出墙面的腰线、挑檐、压顶、窗台线、虎头砖、门窗套的体积亦不增加。凸出墙面的砖垛并入墙体体积内计算
1. 墙长度：外墙按中心线、内墙按净长计算。
2. 墙高度：
(1)外墙：斜(坡)屋面无檐口天棚者算至屋面板底；有屋架且室内外均有天棚者算至屋架下弦底另加 200mm；无天棚者算至屋架下弦底另加 300mm，出檐宽度超过 600mm 时按实砌高度计算；与钢筋混凝</td><td rowspan="2">1. 砂浆制作、运输
2. 砌砖
3. 刮缝
4. 砖压顶砌筑
5. 材料运输</td></tr>
<tr><td>010401004</td><td>多孔砖墙</td></tr>
</table>

砌筑工程量清单的编制(一)

砌筑工程量清单的编制(二)

（续表）

项目编码	项目名称	项目特征	计量单位	工程量计算规则	工作内容
010401005	空心砖墙	1. 砖品种、规格、强度等级 2. 墙体类型 3. 砂浆强度等级、配合比	m^3	土楼板隔层者算至板顶。平屋顶算至钢筋混凝土板底 (2)内墙：位于屋架下弦者，算至屋架下弦底；无屋架者算至天棚底另加 100mm；有钢筋混凝土楼板隔层者算至楼板顶；有框架梁时算至梁底 (3)女儿墙：从屋面板上表面算至女儿墙顶面（如有混凝土压顶时算至压顶下表面） (4)内、外山墙：按其平均高度计算 3. 框架间墙：不分内外墙按墙体净尺寸以体积计算 4. 围墙：高度算至压顶上表面（如有混凝土压顶时算至压顶下表面），围墙柱并入围墙体积内	1. 砂浆制作、运输 2. 砌砖 3. 刮缝 4. 砖压顶砌筑 5. 材料运输

（续表）

<table>
<tr><th>项目编码</th><th>项目名称</th><th>项目特征</th><th>计量单位</th><th>工程量计算规则</th><th>工作内容</th></tr>
<tr><td>010401006</td><td>空斗墙</td><td rowspan="2">1. 砖品种、规格、强度等级
2. 墙体类型
3. 砂浆强度等级、配合比</td><td rowspan="5">m³</td><td>按设计图示尺寸以空斗墙外形体积计算。墙角、内外墙交接处、门窗洞口立边、窗台砖、屋檐处的实砌部分体积并入空斗墙体积内</td><td rowspan="3">1. 砂浆制作、运输
2. 砌砖
3. 装填充料
4. 刮缝
5. 材料运输</td></tr>
<tr><td>010401007</td><td>空花墙</td><td>按设计图示尺寸以空花部分外形体积计算，不扣除空洞部分体积</td></tr>
<tr><td>010401008</td><td>填充墙</td><td>1. 砖品种、规格、强度等级
2. 墙体类型
3. 填充材料种类及厚度
4. 砂浆强度等级、配合比</td><td>按设计图示尺寸以填充墙外形体积计算</td></tr>
<tr><td>010401009</td><td>实心砖柱</td><td rowspan="2">1. 砖品种、规格、强度等级
2. 柱类型
3. 砂浆强度等级、配合比</td><td rowspan="2">按设计图示尺寸以体积计算。扣除混凝土及钢筋混凝</td><td rowspan="2">1. 砂浆制作、运输
2. 砌砖
3. 刮缝
4. 材料运输</td></tr>
<tr><td>0104010010</td><td>多孔砖柱</td></tr>
<tr><td>0104010011</td><td>砖检查井</td><td>1. 井截面、深度
2. 砖品种、规格、强度等级
3. 垫层材料种类、厚度
4. 底板厚度
5. 井盖安装
6. 混凝土强度等级
7. 砂浆强度等级
8. 防潮层材料种类</td><td>座</td><td>按设计图示数量计算</td><td>1. 砂浆制作、运输
2. 铺设垫层
3. 底板混凝土制作、运输、浇筑、振捣、养护
4. 砌砖
5. 刮缝
6. 井池底、壁抹灰
7. 抹防潮层
8. 材料运输</td></tr>
</table>

（续表）

项目编码	项目名称	项目特征	计量单位	工程量计算规则	工作内容
0104010012	零星砌砖	1. 零星砌砖名称、部位 2. 砖品种、规格、强度等级 3. 砂浆强度等级、配合比	1. m^3 2. m^2 3. m 4. 个	1. 以立方米计量，按设计图示尺寸截面积乘以长度计算 2. 以平方米计量，按设计图示尺寸水平投影面积计算 3. 以米计量，按设计图示尺寸长度计算 4. 以个计量，按设计图示数量计算	1. 砂浆制作、运输 2. 砌砖 3. 刮缝 4. 材料运输
0104010013	砖散水、地坪	1. 砖品种、规格、强度等级 2. 垫层材料种类、厚度 3. 散水、地坪厚度 4. 面层种类、厚度 5. 砂浆强度等级	m^2	按设计图示尺寸以面积计算	1. 土方挖、运、填 2. 地基找平、夯实 3. 铺设垫层 4. 砌砖散水、地坪 5. 抹砂浆面层
0104010014	砖地沟、明沟	1. 砖品种、规格、强度等级 2. 沟截面尺寸 3. 垫层材料种类、厚度 4. 混凝土强度等级 5. 砂浆强度等级	m	以米计量，按设计图示以中心线长度计算	1. 土方挖、运、填 2. 铺设垫层 3. 底板混凝土制作、运输、浇筑、振捣、养护 4. 砌砖 5. 刮缝、抹灰 6. 材料运输

(2)砌块砌体。工程量清单项目设置及工程量计算规则应按表 3－31 的规定执行。

表 3－31　砌块砌体　　　　（编码:010402）

项目编码	项目名称	项目特征	计量单位	工程量计算规则	工作内容
010402001	砌块墙	1. 砌块品种、规格、强度等级 2. 墙体类型 3. 砂浆强度等级	m^3	按设计图示尺寸以体积计算 扣除门窗洞口、过人洞、空圈、嵌入墙内的钢筋混凝土柱、梁、圈梁、挑梁、过梁及凹进墙内的壁龛、管槽、暖气槽、消火栓箱所占体积，不扣除梁头、板头、檩头、垫木、木楞头、沿缘木、木砖、门窗走头、砖墙内加固钢筋、木筋、铁件、钢管及单个面积 $0.3m^2$ 以内的孔洞所占体积，凸出墙面的腰线、挑檐、压顶、窗台线、虎头砖、门窗套不增加体积，凸出墙面的砖垛并入墙体体积内计算 1. 墙长度：外墙按中心线，内墙按净长计算 2. 墙高度： (1)外墙：斜(坡)屋面无檐口天棚者算至屋面板底；有屋架且室内外均有天棚者算至屋架下弦底另加 200mm；无天棚者算至屋架下弦底另加 300mm；出檐宽度超过 600mm 按实砌高度计算；与钢筋混凝土栏板隔层者算至板顶；平屋面算至钢筋混凝土板底	1. 砂浆制作、运输 2. 砌砖、砌块 3. 勾缝 4. 材料运输

（续表）

项目编码	项目名称	项目特征	计量单位	工程量计算规则	工作内容
010402001	砌块墙	1. 砌块品种、规格、强度等级 2. 墙体类型 3. 砂浆强度等级	m^3	(2)内墙：位于屋架下弦者，算至屋架下弦底；无屋架者算至天棚底另加100mm；有钢筋混凝土楼板隔层者算至楼板顶；有框架梁时算至梁底 (3)女儿墙：从屋面板上表面算至女儿墙顶面（如有混凝土压顶时，算至压顶下表面） (4)内、外山墙：按其平均高度计算 3. 围墙：高度算至压顶上表面（如有混凝土压顶时，算至压顶下表面），围墙柱并入围墙体积内	1. 砂浆制作、运输 2. 砌砖、砌块 3. 勾缝 4. 材料运输
010402002	砌块柱		m^3	按设计图示尺寸以空斗墙外形体积计算。扣除混凝土及钢筋混凝土梁垫、梁头、板头所占体积	

(3)石砌体。工程量清单项目设置及工程量计算规则应按表3-32的规定执行。

表3-32　石砌体　　（编码:010403）

项目编码	项目名称	项目特征	计量单位	工程量计算规则	工作内容
010403001	石基础	1. 石料种类、规格 2. 基础类型 3. 砂浆强度等级	m^3	按设计图示尺寸以体积计算包括附墙垛基础宽出部分体积，不扣除基础砂浆防潮层及单个面积不超过$0.3m^2$的孔洞所占体积，靠墙暖气沟的挑檐不增加体积。基础长度： 外墙按中心线，内墙按净长计算	1. 砂浆制作、运输 2. 吊装 3. 砌石 4. 防潮层铺设 5. 材料运输

（续表）

项目编码	项目名称	项目特征	计量单位	工程量计算规则	工作内容
010403002	石勒脚	1. 石料种类、规格 2. 石表面加工要求 3. 勾缝要求 4. 砂浆强度等级、配合比	m^3	按设计图示尺寸以体积计算，扣除单个面积超过 0.3 m^2 的孔洞所占的体积	1. 砂浆制作、运输 2. 吊装 3. 砌石 4. 石表面加工 5. 勾缝 6. 材料运输
010403003	石墙			按设计图示尺寸以体积计算 扣除门窗、洞口、嵌入墙内的钢筋混凝土柱、梁、圈梁、挑梁、过梁及凹进墙内的壁龛、管槽、暖气槽、消火栓箱所占体积，不扣除梁头、板头、檩头、垫木、木楞头、沿缘木、木砖、门窗走头、石墙内加固钢筋、木筋、铁件、钢管及单个面积不超过 $0.3m^2$ 的孔洞所占的体积。凸出墙面的腰线、挑檐、压顶、窗台线、虎头砖、门窗套的体积亦不增加。凸出墙面的砖垛并入墙体体积内计算 1. 墙长度：外墙按中心线、内墙按净长计算 2. 墙高度： (1)外墙：斜（坡）屋面无檐口天棚者算至屋面板底；有屋架且室内外均有天棚者算至屋架下弦底另加 200mm；无天棚者算至屋架下弦底另加 300mm，出檐宽度超过 600mm 时按实砌高度计算；有钢筋混凝土楼板隔层者算至板顶；平屋顶算至钢筋混凝土板底	

（续表）

<table>
<tr><th>项目编码</th><th>项目名称</th><th>项目特征</th><th>计量单位</th><th>工程量计算规则</th><th>工作内容</th></tr>
<tr><td>010403003</td><td>石墙</td><td rowspan="4">1. 石料种类、规格
2. 石表面加工要求
3. 勾缝要求
4. 砂浆强度等级、配合比</td><td rowspan="3">m^3</td><td>(2)内墙：位于屋架下弦者，算至屋架下弦底；无屋架者算至天棚底另加 100mm；有钢筋混凝土楼板隔层者算至楼板顶；有框架梁时算至梁底
(3)女儿墙：从屋面板上表面算至女儿墙顶面(如有混凝土压顶时算至压顶下表面)
(4)内、外山墙：按其平均高度计算
3. 围墙：高度算至压顶上表面(如有混凝土压顶时算至压顶下表面)，围墙柱并入围墙体积内</td><td>1. 砂浆制作、运输
2. 吊装
3. 砌石
4. 石表面加工
5. 勾缝
6. 材料运输</td></tr>
<tr><td>010403004</td><td>石挡土墙</td><td rowspan="2">按设计图示尺寸以体积计算</td><td>1. 砂浆制作、运输
2. 吊装
3. 砌石
4. 变形缝、泄水孔、压顶抹灰
5. 滤水层
6. 勾缝
7. 材料运输</td></tr>
<tr><td>010403005</td><td>石柱</td><td rowspan="3">1. 砂浆制作、运输
2. 吊装
3. 砌石
4. 石表面加工
5. 勾缝
6. 材料运输</td></tr>
<tr><td>010403006</td><td>石栏杆</td><td>m</td><td>按设计图示以长度计算</td></tr>
<tr><td>010403007</td><td>石护坡</td><td rowspan="3">1. 垫层材料种类、厚度
2. 石料种类、规格
3. 护坡厚度、高度
4. 石表面加工要求
5. 勾缝要求
6. 砂浆强度等级、配合比</td><td rowspan="2">m^3</td><td rowspan="2">按设计图示尺寸以体积计算</td></tr>
<tr><td>010403008</td><td>石台阶</td><td rowspan="2">1. 铺设垫层
2. 石料加工
3. 砂浆制作、运输
4. 砌石
5. 石表面加工
6. 勾缝
7. 材料运输</td></tr>
<tr><td>010403009</td><td>石坡道</td><td>m^2</td><td>按设计图示以水平投影面积计算</td></tr>
</table>

（续表）

项目编码	项目名称	项目特征	计量单位	工程量计算规则	工作内容
0104030010	石明沟、地沟	1. 沟截面尺寸 2. 土壤类别、运距 3. 垫层材料种类、厚度 4. 石料种类、规格 5. 石表面加工要求 6. 勾缝要求 7. 砂浆强度等级、配合比	m	按设计图示以中心线长度计算	1. 土方挖、运 2. 砂浆制作、运输 3. 铺设垫层 4. 砌石 5. 石表面加工 6. 勾缝 7. 回填 8. 材料运输

(4)垫层。工程量清单项目设置及工程量计算规则应按表 3－33 的规定执行。

表 3－33　垫层　　　　（编码:010404）

项目编码	项目名称	项目特征	计量单位	工程量计算规则	工作内容
010404001	垫层	垫层材料种类、配合比厚度	m^3	按设计图示尺寸以体积计算	1. 垫层材料的拌制 2. 铺设垫层 3. 材料运输

说明:除混凝土垫层以外的其他材料垫层按本项目编码列项。

3. 编制砌筑工程的工程量清单应注意的相关问题

(1)标准砖尺寸应为 240mm×115mm×53mm,标准砖墙厚度应按表 3－34 计算。

表 3－34　标准砖计算厚度表

砖数(厚度)	1/4	1/2	3/4	1	1 1/2	2	2 1/2	3
计算厚度(mm)	53	115	180	240	365	490	615	740

(2)“砖基础”项目适用于各种类型砖基础,如墙基础、柱基础、烟囱基础、水塔基础、管道基础等,砖基础与砖墙(身)划分应以设计室内地坪为界(有地下室的按地下室室内设计低坪为界),以下为基础,以上为墙(柱)身。基础与墙身使用不同材料,位于设计室内地面高度不超过 300mm 时,以不同材料为界,高度大

于±300mm 时，应以设计室内地面为分界线。

(3)砖围墙以设计室外地坪为界，以下为基础，以上为墙身。

(4)框架外表面的镶贴砖部分，按零星项目编码列项。

(5)附墙烟囱、通风道、垃圾道应按设计图示尺寸以体积(扣除孔洞所占体积)计算并入所依附的墙体体积内。当设计规定孔洞内需抹灰时，应按本规范附录 M 中零星抹灰项目编码列项。

(6)空斗墙的窗间墙、窗台下、楼板下、梁头下等的实砌部分，按零星砌砖项目编码列项。

(7)“空花墙”项目适用于各种类型的空花墙，使用混凝土花格砌筑的空花墙，实砌墙体与混凝土花格应分别计算，混凝土花格按混凝土及钢筋混凝土中预制构件相关项目编码列项。

(8)台阶、台阶挡墙、梯带、锅台、炉灶、蹲台、池槽、池槽腿、砖胎模、花台、花池、楼梯栏板、阳台栏板、地垄墙、不超过 $0.3m^2$ 的孔洞填塞等，应按零星砌砖项目编码列项。砖砌锅台与炉灶可按外形尺寸以个计算，砖砌台阶可按水平投影面积以平方米计算，小便槽、地垄墙可按长度计算，其他工程以立方米计算。

(9)砖砌体内钢筋加固，应按本规范附录 E 中相关项目编码列项。

(10)砖砌体勾缝按本规范附录 M 中相关项目编码列项。

(11)检查井内的爬梯按本附录 E 中相关项目编码列项；井内的混凝土构件按本规范附录 E 中混凝土及钢筋混凝土预制构件编码列项。

(12)如施工图设计标注做法见标准图集时，应在项目特征描述中注明标注图集的编码、页号及节点大样。

(13)石基础、石勒脚、石墙的划分：基础与勒脚应以设计室外地坪为界，勒脚与墙身应以设计室内地面为界。石围墙内外地坪标高不同时，应以较低地坪标高为界，以下为基础；内外标高之差为挡土墙时，挡土墙以上为墙身。

(14)“石基础”项目适用于各种规格(粗料石、细料石等)、各种材质(砂石、青石等)和各种类型(柱基、墙基、直形、弧形等)基础。

(15)“石勒脚”“石墙”项目适用于各种规格(粗料石、细料石等)、各种材质(砂石、青石、大理石、花岗石等)和各种类型(直形、弧形等)勒脚和墙体。

(16)“石挡土墙”项目适用于各种规格(粗料石、细料石、块石、毛石、卵石等)、各种材质(砂石、青石、石灰石等)和各种类型(直形、弧形、台阶形等)挡土墙。

(17)“石柱”项目适用于各种规格、各种石质、各种类型的石柱。

(18)“石栏杆”项目适用于无雕饰的一般石栏杆。

(19)“石护坡”项目适用于各种石质和各种石料(粗料石、细料石、片石、块石、毛石、卵石等)。

(20)“石台阶”项目包括石梯带(垂带)，不包括石梯膀，石梯膀应按本规范附录 C 石挡土墙项目编码列项。

【实践训练】

1. 某工程基础为砖带型基础如图 3－22 所示，砖基础折加高度及增加断面积见表 3－35，计算砖基础清单工程量。

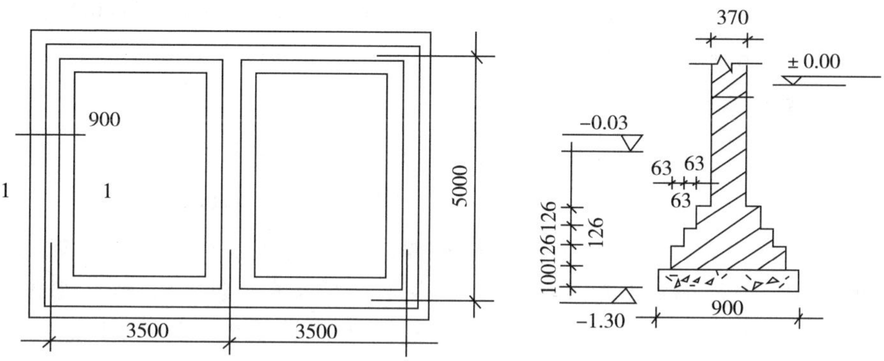

基础平面图　　1—1剖面图

图 3－22　砖基础平面及剖面图

表 3－35　砖基础折加高度及增加断面积表

放脚层数	折加高度(m)												增加断面(m²)	
	1/2 砖 (0.115)		1 砖 (0.24)		$1\frac{1}{2}$ 砖 (0.365)		2 砖 (0.49)		$2\frac{1}{2}$ 砖 (0.615)		3 砖 (0.74)			
	等高	不等高	等高	不等高	等高	不等高	等高	不等高	等高	不等高	等高	不等高	等高	不等高
一	0.137	0.137	0.066	0.066	0.043	0.043	0.032	0.032	0.026	0.026	0.021	0.021	0.0158	0.0158
二	0.411	0.342	0.197	0.164	0.129	0.108	0.096	0.08	0.077	0.064	0.064	0.053	0.0473	0.0394
三			0.394	0.328	0.259	0.216	0.193	0.161	0.154	0.128	0.128	0.106	0.0945	0.0788
四			0.656	0.525	0.432	0.345	0.321	0.253	0.256	0.205	0.213	0.17	0.1575	0.126
五			0.984	0.788	0.647	0.518	0.482	0.38	0.384	0.307	0.319	0.255	0.2363	0.189
六			1.378	1.083	0.906	0.712	0.672	0.53	0.538	0.419	0.447	0.351	0.3308	0.2599
七			1.838	1.444	1.208	0.949	0.90	0.707	0.717	0.563	0.596	0.468	0.441	0.3465
八			2.363	1.838	1.553	1.208	1.157	0.90	0.922	0.717	0.766	0.596	0.567	0.4411
九			2.953	2.297	1.942	1.51	1.447	1.125	1.153	0.896	0.958	0.745	0.7088	0.5513
十			3.61	2.789	2.372	1.834	1.768	1.366	1.409	1.088	1.171	0.905	0.8663	0.6694

解：由图 3－22 可知，该砖带型基础为三层等高式大放脚，砖基础高度 $H=1.3-0.1=1.2$(m)，基础墙厚＝0.365m。

(1)计算砖基础断面面积

① 按大放脚增加断面积计算，由表 3－31 查得，砖基础增加断面为 0.0945m²。

$$基础断面面积＝基础墙厚度×基础高度＋大放脚增加面积$$

$$＝0.365×1.2＋0.0945＝0.5325(m^2)$$

② 按大放脚折加高度计算，由表 3－31 查得，大放脚折加高度为 0.259m。

基础断面面积＝基础墙厚度×(基础高度＋大放脚折加高度)

＝0.365×(1.2＋0.259)≈0.5325(m^2)

(2)计算砖基础长度

外墙基础长度＝基础墙中心线长度＝(3.5×2＋5)×2＝24(m)

内墙基础长度＝基础墙净长＝5－0.365＝4.635(m)

(3)计算砖基础体积

砖基础体积＝砖基础断面积×砖基础长度

＝0.5325×(24＋4.635)≈15.248(m^3)

2. 某建筑物如图 3－23 所示。内、外墙与基础均为普通黏土砖砌筑，其中，砖基础用 M5 水泥砂浆砌筑，墙体用 M5 水泥石灰砂浆砌筑。内、外砖墙厚度均为 240 mm，外墙为清水砖墙，用水泥膏勾缝。圈梁用 C20 混凝土、Ⅰ级钢筋，沿外墙附设，断面为 240mm×180mm。基础为三层等高大放脚砖基础，砖基础下垫层为 C10 混凝土垫层(所用混凝土碎石最大粒径为 20mm，现场搅拌站搅拌)。垫层底宽 830mm，厚 100mm，垫层底标高为－1.60m。门窗洞口尺寸：M－1 尺寸为 1200mm × 2400mm；M － 2 尺寸为 900mm × 2000mm；C － 1 尺寸为 1500mm×1800mm。编制本例工程量清单。

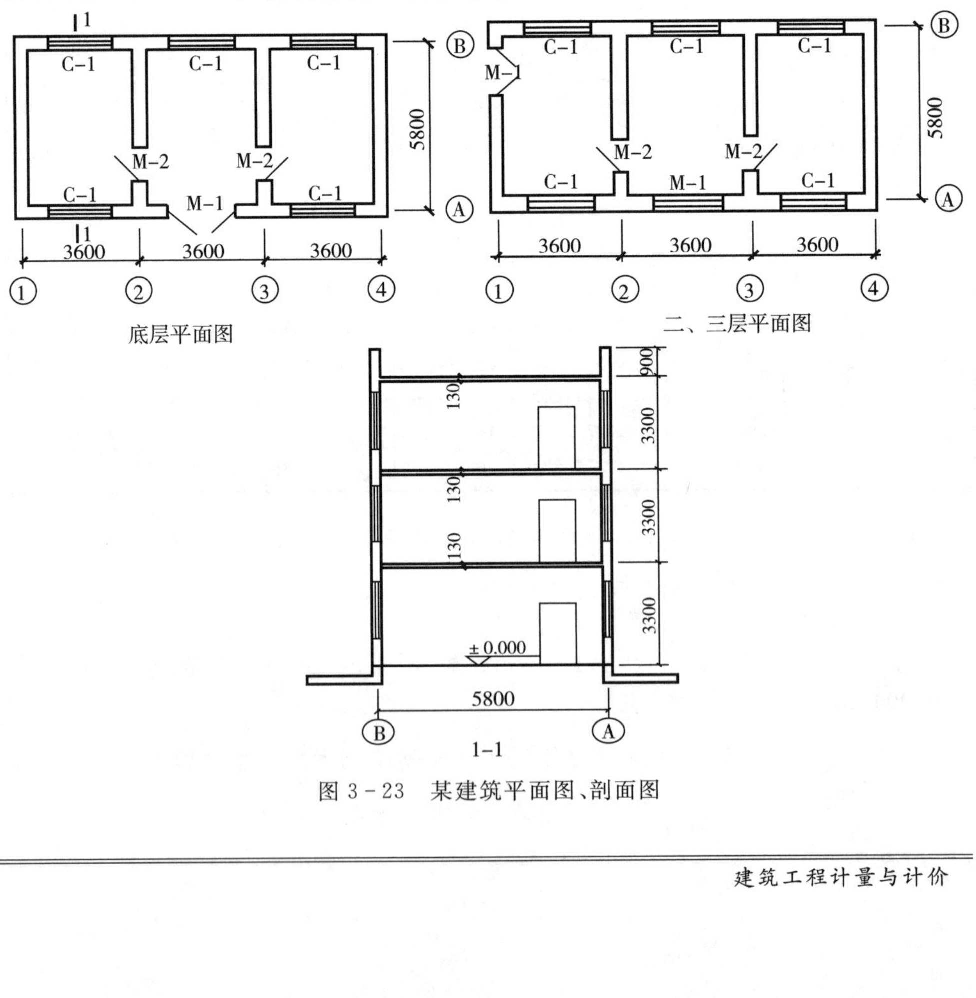

图 3－23　某建筑平面图、剖面图

分析：根据工程量计算规范的规定，本例应设置三个工程量清单项目，分别为砖基础(010401001001)、实心砖墙-清水外墙(010401003001)、实心砖墙-混水内墙(010401003002)。

解：(1)砖基础(010401001001)

计算工程量：$V_{基础}$＝基础断面积×基础长

＝基础墙厚(基础深＋大放脚折加高度)×基础长

式中：基础墙厚＝0.24m，基础深＝1.6－0.1＝1.5(m)，大放脚折加高度＝0.394m。

基础长＝外墙中心线长度＋内墙基础净长线长度

＝(3.60×3＋5.8)×2＋(5.8－0.24)×2＝44.32(m)

V 基础＝0.24×(1.5＋0.394)×44.32≈20.15(m^3)

(2)实心砖墙-清水外墙(010401003001)

$V_{外墙}$＝(外墙中心线长度×外墙高度－外墙上门窗面积)×外墙厚度

外墙中心线长度＝(3.60×3＋5.80)×2＝33.2(m)

外墙高度＝3.3＋3.0×2＋0.9－0.18×3＝9.66(m)(已扣除圈梁高度)

外墙上门窗面积＝1.2×2.4×3＋1.5×1.8×17＝54.54(m^2)

$V_{外墙}$＝(33.2×9.66－54.54)×0.24≈63.88(m^3)

(3)实心砖墙-混水内墙(010401003002)

V 内墙＝(内墙净长线长度×内墙高度－内墙上门窗面积)×内墙厚度

内墙净长线长度＝(5.80－0.24)×2＝11.12(m)

内墙高度＝3.3＋3.0×2＝9.3(m)

内墙上门窗面积＝0.9×2.0×6(M－2)＝10.80(m^2)

V 内墙＝(11.12×9.30－10.80)×0.24≈22.23(m^3)

(4)填写工程量清单(表 3－36)

表 3－36　工程量清单

序号	项目编码	项目名称	项目特征	计量单位	工程数量
1	010401001001	砖基础	砖品种为普通黏土砖 三层等高式大放脚 条形砖基础 M5 水泥砂浆砌筑	m^3	20.15
2	010401003001	实心砖墙	砖品种为普通黏土砖 清水砖外墙(240 厚) M5 水泥石灰砂浆砌筑 水泥膏勾缝	m^3	63.88
3	010401003002	实心砖墙	砖品种为普通黏土砖 混水砖内墙(240 厚) M5 水泥石灰砂浆砌筑	m^3	22.23

(五)混凝土及钢筋混凝土工程

1. 混凝土及钢筋混凝土工程的项目组成

混凝土及钢筋混凝土工程的工程量清单分十六节，共七十六个清单项目，见表 3－37。

表 3－37　混凝土及钢筋混凝土工程项目组成表

章	E　混凝土与钢筋混凝土工程								
节	E. 1 现浇混凝土基础	E. 2 现浇混凝土柱	E. 3 现浇混凝土梁	E. 4 现浇混凝土墙	E. 5 现浇混凝土板	E. 6 现浇混凝土楼梯	E. 7 现浇混凝土其他构件	E. 8 后浇带	……
项目	垫层 带形基础 独立基础 满堂基础 桩承台基础 设备基础	矩形柱 构造柱 异形柱	基础梁 矩形梁 异形梁 圈梁 过梁 弧形、拱形梁	直形墙 弧形墙 短肢剪力墙 挡土墙	有梁板 无梁板 平板 拱板 薄壳板 栏板 天沟(檐沟)、挑檐板 雨篷、悬挑板 阳台板 空心板 其他板	直形楼梯 弧形楼梯	散水、坡道 室外地坪 电缆沟、地沟 台阶 扶手、压顶 化粪池、检查井 其他构件	后浇带	……

2. 混凝土与钢筋混凝土工程工程量清单计价规范的内容

(1)现浇混凝土基础。工程量清单项目设置及工程量计算规则应按表3－38的规定执行。

混凝土工程量清单的编制(一)

课堂实录——现浇混凝土独立基础清单工程量

表 3－38　现浇混凝土基础　　　　(编码:010501)

项目编码	项目名称	项目特征	计量单位	工程量计算规则	工作内容
010501001	垫层	1. 混凝土种类 2. 混凝土强度等级	m^3	按设计图示尺寸以体积计算。不扣除伸入承台基础的桩头所占体积	1. 模板及支撑制作、安装、拆除、堆放、运输及清理模内杂物、刷隔离剂等 2. 混凝土制作、运输、浇筑、振捣、养护
010501002	带形基础				
010501003	独立基础				
010501004	满堂基础				
010501005	桩承台基础				
010501006	设备基础	1. 混凝土种类 2. 混凝土强度等级 3. 灌浆材料及其强度等级			

注:(1)有肋带形基础、无肋带形基础应按本表中相关项目列项，并注明肋高。

(2)箱式满堂基础中柱、梁、墙、板按表 3－34、表 3－35、表 3－36、表 3－37 相关项目分别编码列项;箱式满堂基础底板按本表的满堂基础项目列项。

(3)框架式设备基础中柱、梁、墙、板分别按表 3－34、表 3－35、表 3－36、表 3－37 相关项目分别编码列项;基础部分按本表相关项目编码列项。

(4)如为毛石混凝土基础，项目特征应描述毛石所占比例。

(2)现浇混凝土柱。工程量清单项目设置及工程量计算规则，应按表 3－39 的规定执行。

课堂实录——现浇混凝土构造柱清单工程量

表 3－39　现浇混凝土柱　　　　（编码：010502）

项目编码	项目名称	项目特征	计量单位	工程量计算规则	工作内容
010502001	矩形柱	1. 混凝土种类 2. 混凝土强度等级	m^3	按设计图示尺寸以体积计算 柱高： 1. 有梁板的柱高，应自柱基上表面（或楼板上表面）至上一层楼板上表面之间的高度计算 2. 无梁板的柱高，应自柱基上表面（或楼板上表面）至柱帽下表面之间的高度计算 3. 框架柱的柱高，应自柱基上表面至柱顶高度计算 4. 构造柱按全高计算，嵌接墙体部分并入柱身体积 5. 依附柱上的牛腿和升板的柱帽，并入柱身体积计算	1. 模板及支架（撑）制作、安装、拆除、堆放、运输及清理模内杂物、刷隔离剂等 2. 混凝土制作、运输、浇筑、振捣、养护
010502002	构造柱				
010502003	异形柱	1. 柱形状 2. 混凝土种类 3. 混凝土强度等级			
注：混凝土种类指清水混凝土、彩色混凝土等，如在同一地区既使用预拌（商品）混凝土，又允许现场搅拌混凝土时，也应注明混凝土种类（下同）。					

(3)现浇混凝土梁。工程量清单项目设置及工程量计算规则应按表 3－40 的规定执行。

混凝土工程量清单的编制（二）

混凝土工程量清单的编制（三）

表 3－40　现浇混凝土梁　　　　（编码：010503）

项目编码	项目名称	项目特征	计量单位	工程量计算规则	工作内容
010503001	基础梁	1. 混凝土种类 2. 混凝土强度等级	m^3	按设计图示尺寸以体积计算。伸入墙内的梁头、梁垫并入梁体积内 梁长： 1. 梁与柱连接时，梁长算至柱侧面 2. 主梁与次梁连接时，次梁长算至主梁侧面	1. 模板及支架（撑）制作、安装、拆除、堆放、运输及清理模内杂物、刷隔离剂等 2. 混凝土制作、运输、浇筑、振捣、养护
010503002	矩形梁				
010503003	异形梁				
010503004	圈梁				
010503005	过梁				
010503006	弧形、拱形梁				

(4)现浇混凝土墙。工程量清单项目设置及工程量计算规则应按表 3-41 的规定执行。

表 3-41　现浇混凝土墙　　　　　　　(编码:010504)

<table>
<tr><th>项目编码</th><th>项目名称</th><th>项目特征</th><th>计量单位</th><th>工程量计算规则</th><th>工作内容</th></tr>
<tr><td>010504001</td><td>直形墙</td><td rowspan="4">1. 混凝土种类
2. 混凝土强度等级</td><td rowspan="4">m^3</td><td rowspan="4">按设计图示尺寸以体积计算。扣除门窗洞口及单个面积大于 $0.3m^2$ 的孔洞所占体积,墙垛及突出墙面部分并入墙体体积计算内</td><td rowspan="4">1. 模板及支架(撑)制作、安装、拆除、堆放、运输及清理模内杂物、刷隔离剂等
2. 混凝土制作、运输、浇筑、振捣、养护</td></tr>
<tr><td>010504002</td><td>弧形墙</td></tr>
<tr><td>010504003</td><td>短肢剪力墙</td></tr>
<tr><td>010504004</td><td>挡土墙</td></tr>
<tr><td colspan="6">注:短肢剪力墙是指截面厚度不大于 300mm,各肢截面高度与厚度之比的最大值大于 4 但不大于 8 的剪力墙;各肢截面高度与厚度之比的最大值不大于 4 的剪力墙按柱项目编码列项。</td></tr>
</table>

(5)现浇混凝土板。工程量清单项目设置及工程量计算规则应按表 3-42 的规定执行。

表 3-42　现浇混凝土板　　　　　　　(编码:010505)

<table>
<tr><th>项目编码</th><th>项目名称</th><th>项目特征</th><th>计量单位</th><th>工程量计算规则</th><th>工作内容</th></tr>
<tr><td>010505001</td><td>有梁板</td><td rowspan="6">1. 混凝土种类
2. 混凝土强度等级</td><td rowspan="6">m^3</td><td rowspan="6">按设计图示尺寸以体积计算,不扣除单个面积不超过 $0.3m^2$ 的柱、垛以及孔洞所占体积
压形钢板混凝土楼板扣除构件内压形钢板所占体积。有梁板(包括主、次梁与板)按梁、板体积之和计算,无梁板按板和柱帽体积之和计算,各类板伸入墙内的板头并入板体积内,薄壳板的肋、基梁并入薄壳体积内计算</td><td rowspan="6">1. 模板及支架(撑)制作、安装、拆除、堆放、运输及清理模内杂物、刷隔离剂等
2. 混凝土制作、运输、浇筑、振捣、养护</td></tr>
<tr><td>010505002</td><td>无梁板</td></tr>
<tr><td>010505003</td><td>平板</td></tr>
<tr><td>010505004</td><td>拱板</td></tr>
<tr><td>010505005</td><td>薄壳板</td></tr>
<tr><td>010505006</td><td>栏板</td></tr>
</table>

（续表）

项目编码	项目名称	项目特征	计量单位	工程量计算规则	工作内容
010505007	天沟（檐沟）、挑檐板	1. 混凝土种类 2. 混凝土强度等级	m^3	按设计图示尺寸以体积计算	1. 模板及支架（撑）制作、安装、拆除、堆放、运输及清理模内杂物、刷隔离剂等 2. 混凝土制作、运输、浇筑、振捣、养护
010505008	雨篷、悬挑板、阳台板			按设计图示尺寸以墙外部分体积计算。包括伸出墙外的牛腿和雨篷反挑檐的体积	
010505009	空心板			按设计图示尺寸以体积计算。空心板（GBF 高强薄壁蜂巢芯板等）应扣除空心部分体积	
0105050010	其他板			按设计图示尺寸以体积计算	
注：现浇挑檐、天沟板、雨篷、阳台与板（包括屋面板、楼板）连接时，以外墙外边线为分界线；与圈梁（包括其他梁）连接时，以梁外边线为分界线。外边线以外为挑檐、天沟、雨篷或阳台。					

(6)现浇混凝土楼梯。工程量清单项目设置及工程量计算规则应按表3－43的规定执行。

混凝土工程量清单的编制（四）

课堂实录——现浇混凝土直行楼梯清单工程量

表 3－43　现浇混凝土楼梯　　　（编码：010506）

项目编码	项目名称	项目特征	计量单位	工程量计算规则	工作内容
010506001	直形楼梯	1. 混凝土种类 2. 混凝土强度等级	1. m^2 2. m^3	1. 以平方米计量，按设计图示尺寸以水平投影面积计算。不扣除宽度不超过 500mm 的楼梯井，伸入墙内部分不计算 2. 以立方米计量，按设计图示尺寸以体积计算	1. 模板及支架（撑）制作、安装、拆除、堆放、运输及清理模内杂物、刷隔离剂等 2. 混凝土制作、运输、浇筑、振捣、养护
010506002	弧形楼梯				
注：整体楼梯（包括直形楼梯、弧形楼梯）水平投影面积包括休息平台、平台梁、斜梁和楼梯的连接梁。当整体楼梯与现浇楼板无梯梁连接时，以楼梯的最后一个踏步边缘加 300mm 为界。					

(7)现浇混凝土其他构件。工程量清单项目设置及工程量计算规则应按表3－44的规定执行。

表3－44　现浇混凝土其他构件　　（编码:010507）

项目编码	项目名称	项目特征	计量单位	工程量计算规则	工作内容
010507001	散水、坡道	1. 垫层材料种类、厚度 2. 面层厚度 3. 混凝土种类 4. 混凝土强度等级 5. 变形缝填塞材料种类	m^2	按设计图示尺寸以水平投影面积计算。不扣除单个不超过$0.3m^2$的孔洞所占面积	1. 地基夯实 2. 铺设垫层 3. 模板及支撑制作、安装、拆除、堆放、运输及清理模内杂物、刷隔离剂等 4. 混凝土制作、运输、浇筑、振捣、养护 5. 变形缝填塞
010507002	室外地坪	1. 地坪厚度 2. 混凝土强度等级			
010507003	电缆沟、地沟	1. 土壤类别 2. 沟截面净空尺寸 3. 垫层材料种类、厚度 4. 混凝土种类 5. 混凝土强度等级 6. 防护材料种类	m	按设计图示以中心线长度计算	1. 挖填、运土石方 2. 铺设垫层 3. 模板及支撑制作、安装、拆除、堆放、运输及清理模内杂物、刷隔离剂等 4. 混凝土制作、运输、浇筑、振捣、养护 5. 刷防护材料
010507004	台阶	1. 踏步高、宽 2. 混凝土种类 3. 混凝土强度等级	1. m^2 2. m^3	1. 以平方米计量，按设计图示尺寸水平投影面积计算 2. 以立方米计量，按设计图示尺寸以体积计算	1. 模板及支撑制作、安装、拆除、堆放、运输及清理模内杂物、刷隔离剂等 2. 混凝土制作、运输、浇筑、振捣、养护

（续表）

<table>
<tr><th>项目编码</th><th>项目名称</th><th>项目特征</th><th>计量单位</th><th>工程量计算规则</th><th>工作内容</th></tr>
<tr><td>010507005</td><td>扶手、压顶</td><td>1. 断面尺寸
2. 混凝土种类
3. 混凝土强度等级</td><td>1. m
2. m^3</td><td>1. 以米计量，按设计图示的中心线延长计算
2. 以立方米计量，按设计图示尺寸以体积计算</td><td rowspan="3">1. 模板及支撑制作、安装、拆除、堆放、运输及清理模内杂物、刷隔离剂等
2. 混凝土制作、运输、浇筑、振捣、养护</td></tr>
<tr><td>010507006</td><td>化粪池、检查井</td><td>1. 部位
2. 混凝土强度等级
3. 防水、抗渗要求</td><td>1. m^3
2. 座</td><td rowspan="2">1. 按设计图示尺寸以体积计算
2. 以座计量，按设计图示数量计算</td></tr>
<tr><td>010507007</td><td>其他构件</td><td>1. 构件的类型
2. 构件规格
3. 部位
4. 混凝土种类
5. 混凝土强度等级</td><td>m^3</td></tr>
<tr><td colspan="6">注：(1)现浇混凝土小型池槽、垫块、门框等，应按本表其他构件项目编码列项。
(2)架空式混凝土台阶，按现浇楼梯计算。</td></tr>
</table>

(8)后浇带。工程量清单项目设置及工程量计算规则应按表 3－45 的规定执行。

表 3－45　后浇带　　　　（编码：010508）

项目编码	项目名称	项目特征	计量单位	工程量计算规则	工作内容
010508001	后浇带	1. 混凝土种类 3. 混凝土强度等级	m^3	按设计图示尺寸以体积计算	1. 模板及支撑制作、安装、拆除、堆放、运输及清理模内杂物、刷隔离剂等 2. 混凝土制作、运输、浇筑、振捣、养护及混凝土交接面、钢筋等的清理

(9)预制混凝土柱。工程量清单项目设置及工程量计算规则应按表 3－46 的规定执行。

表 3－46　预制混凝土柱　　（编码:010509）

项目编码	项目名称	项目特征	计量单位	工程量计算规则	工作内容
010509001	矩形柱	1. 图代号 2. 单件体积 3. 安装高度 4. 混凝土强度等级 5. 砂浆（细石混凝土）强度等级、配合比	1. m^3 2. 根	1. 以立方米计量，按设计图示尺寸以体积计算 2. 以根计量，按设计图示尺寸以数量计算	1. 模板制作、安装、拆除、堆放、运输及清理模内杂物、刷隔离剂等 2. 混凝土制作、运输、浇筑、振捣、养护 3. 构件运输、安装 4. 砂浆制作、运输 5. 接头灌缝、养护
010509002	异形柱				
注：以根计量，必须描述单件体积。					

(10)预制混凝土梁。工程量清单项目设置及工程量计算规则应按表 3－47 的规定执行。

表 3－47　预制混凝土梁　　（编码:010510）

项目编码	项目名称	项目特征	计量单位	工程量计算规则	工作内容
010510001	矩形梁	1. 图代号 2. 单件体积 3. 安装高度 4. 混凝土强度等级 5. 砂浆（细石混凝土）强度等级、配合比	1. m^3 2. 根	1. 以立方米计量，按设计图示尺寸以体积计算 2. 以根计量，按设计图示尺寸以数量计算	1. 模板制作、安装、拆除、堆放、运输及清理模内杂物、刷隔离剂等 2. 混凝土制作、运输、浇筑、振捣、养护 3. 构件运输、安装 4. 砂浆制作、运输 5. 接头灌缝、养护
010510002	异形梁				
010510003	过梁				
010510004	拱形梁				
010510005	鱼腹式吊车梁				
010510006	其他梁				
注：以根计量，必须描述单件体积。					

(11)预制混凝土屋架。工程量清单项目设置及工程量计算规则应按表 3－48的规定执行。

表 3-48 预制混凝土屋架 （编码:010511）

项目编码	项目名称	项目特征	计量单位	工程量计算规则	工作内容
010511001	折线型	1. 图代号 2. 单件体积 3. 安装高度 4. 混凝土强度等级 5. 砂浆（细石混凝土）强度等级、配合比	1. m^3 2. 榀	1. 以立方米计量，按设计图示尺寸以体积计算 2. 以榀计量，按设计图示尺寸以数量计算	1. 模板制作、安装、拆除、堆放、运输及清理模内杂物、刷隔离剂等 2. 混凝土制作、运输、浇筑、振捣、养护 3. 构件运输、安装 4. 砂浆制作、运输 5. 接头灌缝、养护
010511002	组合				
010511003	薄腹				
010511004	门式刚架				
010511005	天窗架				

注：(1)以榀计量，必须描述单件体积。
(2)三角形屋架按本表中折线型屋架项目编码列项。

(12)预制混凝土板。工程量清单项目设置及工程量计算规则应按表 3-49 的规定执行。

表 3-49 预制混凝土板 （编码:010512）

项目编码	项目名称	项目特征	计量单位	工程量计算规则	工作内容
010512001	平板	1. 图代号 2. 单件体积 3. 安装高度 4. 混凝土强度等级 5. 砂浆（细石混凝土）强度等级、配合比	1. m^3 2. 块	按设计图示尺寸以体积计算。不扣除单个面积不超过 300mm × 300mm 的孔洞所占体积，扣除空心板空洞体积 2. 以块（套）计量，按设计图示尺寸以数量计算	1. 模板制作、安装、拆除、堆放、运输及清理模内杂物、刷隔离剂等 2. 混凝土制作、运输、浇筑、振捣、养护 3. 构件运输、安装 4. 砂浆制作、运输 5. 接头灌缝、养护
010512002	空心板				
010512003	槽形板				
010512004	网架板				
010512005	折线板				
010512006	带肋板				
010512007	大型板				
010512008	沟盖板、井盖板、井圈	1. 构件尺寸 2. 安装高度 3. 混凝土强度等级 4. 砂浆强度等级	1. m^3 2. 块（套）	1. 以立方米计量，按设计图示尺寸以体积计算 2. 以块计量，按设计图示尺寸以数量计算	

注：(1)以块、套计量，必须描述单件体积。
(2)不带肋的预制遮阳板、雨篷板、挑檐板、拦板等，应按本表平板项目编码列项。
(3)预制“F”形板、双“T”形板、单肋板和带反挑檐的雨篷板、挑檐板、遮阳板等，应按本表带肋板项目编码列项。
(4)预制大型墙板、大型楼板、大型屋面板等，按本表中大型板项目编码列项。

(13)预制混凝土楼梯。工程量清单项目设置及工程量计算规则应按表 3-50 的规定执行。

表 3-50 预制混凝土楼梯 （编码:010513)

项目编码	项目名称	项目特征	计量单位	工程量计算规则	工作内容
010513001	楼梯	1. 楼梯类型 2. 单件体积 3. 混凝土强度等级 4. 砂浆（细石混凝土）强度等级	1. m^3 2. 段	1. 以立方米计量，按设计图示尺寸以体积计算。扣除空心踏步板空洞体积 2. 以段计量，按设计图示数量计算	1. 模板制作、安装、拆除、堆放、运输及清理模内杂物、刷隔离剂等 2. 混凝土制作、运输、浇筑、振捣、养护 3. 构件运输、安装 4. 砂浆制作、运输 5. 接头灌缝、养护
注:以段计量，必须描述单件体积。					

(14)其他预制构件。工程量清单项目设置及工程量计算规则应按表 3-51 的规定执行。

表 3-51 其他预制构件 （编码:010514)

项目编码	项目名称	项目特征	计量单位	工程量计算规则	工作内容
010514001	烟道、垃圾道、通风道	1. 单件体积 2. 混凝土强度等级 3. 砂浆强度等级	1. m^3 2. m^2 3. 根（块、套）	1. 以立方米计量，按设计图示尺寸以体积计算。不扣除单个面积不超过300mm×300mm的孔洞所占体积，扣除烟道、垃圾道、通风道的孔洞所占体积 2. 以平方米计量，按设计图示尺寸以面积计算。不扣除单个面积不超过300mm×300mm的孔洞所占面积 3. 以根（块、套）计量，按设计图示尺寸以数量计算	1. 模板制作、安装、拆除、堆放、运输及清理模内杂物、刷隔离剂等 2. 混凝土制作、运输、浇筑、振捣、养护 3. 构件运输、安装 4. 砂浆制作、运输 5. 接头灌缝、养护
010514002	其他构件	1. 单件体积 2. 构件的类型 3. 混凝土强度等级 4. 砂浆强度等级			
注:(1)以块（套）、根计量，必须描述单件体积。 (2)预制钢筋混凝土小型池槽、压顶扶手、垫块、隔热板、花格等，按本表中其他构件项目编码列项。					

(15)钢筋工程。工程量清单项目设置及工程量计算规则应按表 3－52 的规定执行。

表 3－52　钢筋工程　　　　(编码:010515)

项目编码	项目名称	项目特征	计量单位	工程量计算规则	工作内容
010515001	现浇混凝土钢筋	钢筋种类、规格	t	按设计图示钢筋(网)长度(面积)乘单位理论质量计算	1. 钢筋制作、运输 2. 钢筋安装 3. 焊接(绑扎)
010515002	预制构件钢筋				
010515003	钢筋网片				
010515004	钢筋笼				
010515005	先张法预应力钢筋	1. 钢筋种类、规格 2. 锚具种类		按设计图示钢筋长度乘单位理论质量计算	1. 钢筋制作、运输 2. 钢筋张拉
010515006	后张法预应力钢筋	1. 钢筋种类、规格 2. 钢丝种类、规格 3. 钢绞线种类、规格 4. 锚具种类 5. 砂浆强度等级		按设计图示钢筋(丝束、绞线)长度乘单位理论质量计算 1. 低合金钢筋两端均采用螺杆锚具时,钢筋长度按孔道长度减 0.35m 计算,螺杆另行计算 2. 低合金钢筋一端采用镦头插片、另一端采用螺杆锚具时,钢筋长度按孔道长度计算,螺杆另行计算 3. 低合金钢筋一端采用镦头插片、另一端采用帮条锚具时,钢筋增加 0.15m 计算;两端均采用帮条锚具时,钢筋长度按孔道长度增加 0.3m 计算 4. 低合金钢筋采用后张混凝土自锚时,钢筋长度按孔道长度增加 0.35m 计算	1. 钢筋、钢丝束、钢绞线制作、运输 2. 钢筋、钢丝束、钢绞线安装 3. 预埋管孔道铺设 4. 锚具安装 5. 砂浆制作、运输 6. 孔道压浆、养护
010515007	预应力钢丝				

（续表）

项目编码	项目名称	项目特征	计量单位	工程量计算规则	工作内容
010515008	预应力钢绞线			5. 低合金钢筋（钢铰线）采用 JM、XM、QM 型锚具，孔道长度在 20m 以内时，钢筋长度增加 1m 计算；孔道长度 20m 以外时，钢筋（钢绞线）长度按孔道长度增加 1.8m 计算 6. 碳素钢丝采用锥形锚具，孔道长度在 20m 以内时，钢丝束长度按孔道长度增加 1m 计算；孔道长度在 20m 以外时，钢丝束长度按孔道长度增加 1.8m 计算 7. 碳素钢丝束采用镦头锚具时，钢丝束长度按孔道长度增加 0.35m 计算	
010515009	支撑钢筋（铁马）	1. 钢筋种类 2. 规格		按钢筋长度乘单位理论质量计算	钢筋制作、焊接、安装
010515010	声测管	1. 材质 2. 规格型号		按设计图示尺寸以质量计算	1. 检测管截断、封头 2. 套管制作、焊接 3. 定位、固定

注：(1)现浇构件中伸出构件的锚固钢筋应并入钢筋工程量内。除设计（包括规范规定）标明的搭接外，其他施工搭接不计算工程量，在综合单价中综合考虑。

(2)现浇构件中固定位置的支撑钢筋、双层钢筋用的“铁马”在编制工程量清单时，如果设计未明确，其工程数量可为暂估量，结算时按现场签证数量计算。

(16)螺栓、铁件。工程量清单项目设置及工程量计算规则应按表 3－53 的规定执行。

表 3-53　螺栓、铁件　　　　(编码:010516)

项目编码	项目名称	项目特征	计量单位	工程量计算规则	工作内容
010516001	螺栓	1. 螺栓种类 2. 规格	t	按设计图示尺寸以质量计算	1. 螺栓、铁件制作、运输 2. 螺栓、铁件安装
010516002	预埋铁件	1. 钢材种类 2. 规格 3. 铁件尺寸			
010516003	机械连接	1. 连接方式 2. 螺纹套筒种类 3. 规格	个	按数量计算	1. 钢筋套丝 2. 套筒连接
注:编制工程量清单时,如果设计未明确,其工程数量可为暂估量,实际工程量按现场签证数量计算。					

3. 编制混凝土及钢筋混凝土工程的工程量清单应注意的相关问题

现浇混凝土工程设置清单项目时,必须按设计图纸注明:浇注部位,构件名称或规格,混凝土强度等级,混凝土拌和料要求(如碎石粒径、添加料等),特殊工艺要求(如现场搅拌)等,并根据"计价规范"规定每个项目可能包含的工程内容组合,构成各个清单项目。各分部分项工程项目清单编制时应注意以下项目的列项及工程内容范围等问题。

(1)有肋带形基础、无肋带形基础应按本表中相关项目列项,并注明肋高。

(2)箱式满堂基础中柱、梁、墙、板按表 3-39～表 3-42 相关项目分别编码列项;箱式满堂基础底板按本表的满堂基础项目列项。

(3)框架式设备基础中柱、梁、墙、板分别按表 3-39～表 3-42 相关项目分别编码列项;基础部分按本表相关项目编码列项。

(4)如为毛石混凝土基础,项目特征应描述毛石所占比例。

(5)混凝土种类:清水混凝土、彩色混凝土等,如在同一地区既使用预拌(商品)混凝土,又允许现场搅拌混凝土时,也应注明混凝土种类。

(6)"矩形柱""异形柱"项目适用于各形柱,除无梁板柱的高度计算至柱帽下表面,其他柱都计算全高。清单编制时还应注意:

① 单独的薄壁柱根据其截面形状确定以异形柱编码列项。

② 柱帽的工程量计算在无梁板体积内。

③ 混凝土柱上的钢牛腿按零星钢构件编码列项。

(7)"直形墙""弧形墙"项目也使用于电梯井。清单编制时应注意:与墙相连接的薄壁柱按墙项目编码列项。

(8)短肢剪力墙是指截面厚度不大于 300mm、各肢截面高度与厚度之比的最大值大于 4 但不大于 8 的剪力墙;各肢截面高度与厚度之比的最大值不大于 4 的剪力墙按柱项目编码列项。

(9)混凝土板采用浇注复合高强薄形空心管时,其工程量应扣除管所占体积，复合高强薄形空心管应包括在报价内。采用轻质材料浇注在有梁板内，轻质材料应包括在报价内。

(10)现浇挑檐、天沟板、雨篷、阳台与板(包括屋面板、楼板)连接时，以外墙外边线为分界线；与圈梁(包括其他梁)连接时，以梁外边线为分界线。外边线以外为挑檐、天沟、雨篷或阳台。

(11)单跑楼梯的工程量计算与直形楼梯、弧形楼梯的工程量计算相同，单跑楼梯如无中间休息平台时，在工程量清单中进行描述。

(12)整体楼梯(包括直形楼梯、弧形楼梯)水平投影面积包括休息平台、平台梁、斜梁和楼梯的连接梁。当整体楼梯与现浇楼板无梯梁连接时，以楼梯的最后一个踏步边缘加 300mm 为界。

(13)现浇混凝土清单项目列项时需注意：

① 清单项目列项应区分项目特征分别列项(区分第 5 级编码)。

② 混凝土泵送费用在措施项目中考虑。

③ 毛石混凝土应根据设计图纸注明毛石体积占总体积的百分比。

④ 设计要求清水混凝土施工时应予注明。

⑤ 超高所发生的降效应包含在报价内。

(14)现浇混凝土小型池槽、垫块、门框等，应按本表其他构件项目编码列项。架空式混凝土台阶，按现浇楼梯计算。

(15)“电缆沟、地沟”“散水、坡道”需抹灰时，应包括在报价内。

(16)“后浇带”项目适用于梁、墙、板的后浇带。

(17)在编制预制钢筋混凝土构件的清单项目时，应明确以下几点：

① 有相同截面、长度的预制混凝土梁的工程量可按根数计算。

② 同类型、相同跨度的预制混凝土屋架的工程量可按榀数计算。

③ 同类型相同构件尺寸的预制混凝土板工程可按块数计算

④ 同类型相同构件尺寸的预制混凝土盖板工程可按块数计算，混凝土井圈、井盖板工程量可按套数计算。

⑤ “水磨石构件”需要打磨抛光时，包括在报价内。

(18)滑模筒仓按“贮仓”项目编码列项。

(19)滑模烟囱按“烟囱”项目编码列项。

(20)混凝土的供应方式(现场搅拌混凝土、商品混凝土)以招标文件确定，购入的商品构配件以商品价进入报价。

【实践训练】

(一)如图 3-24 所示，现浇钢筋混凝土单层厂房，屋面板顶面标高 5.0m；柱基础顶面标高－0.50m；柱截面尺寸为：Z3＝300mm×400mm，Z4＝400mm×500mm，Z5＝300mm×400mm；(注：柱中心线与轴线重合)用现场机拌 C20 混凝土，碎石最大粒径为 20mm，屋面板混凝土按重量比加 1%防水粉，编制现浇混凝土工程量清单(不含基础)。

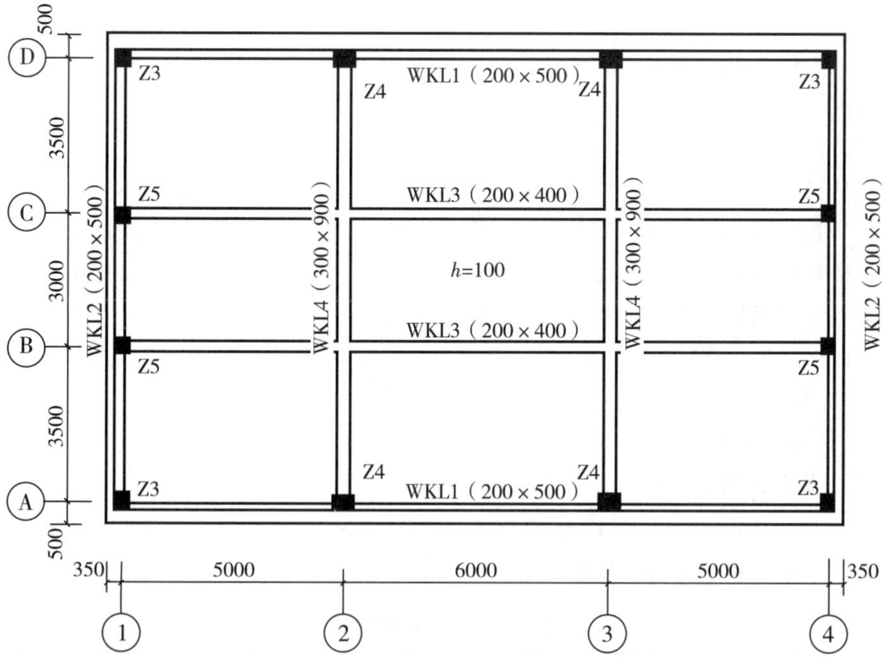

图 3－24　某单层厂房屋面平面图

解:1. 清单项目列项

(1)现浇柱

依据工程量计算规范清单项目,现浇柱混凝土工程量清单项目为:

矩形柱(010502001001):柱高度 5.5m;柱截面尺寸 0.12m^2、0.20 m^2;C20 混凝土,碎石最大粒径 20mm;现场机拌。

包含的工作内容:矩形柱混凝土制作、运输、浇筑、振捣、养护。

(2)现浇有梁板

依据计价规范清单项目,现浇板混凝土工程量清单项目为:

现浇有梁板(010505001001):板底标高 4.9m;板厚 100mm;C20 混凝土,碎石最大粒径 20mm,加防水粉;现场机拌。

包含的工作内容:①有梁板混凝土制作、运输、浇筑、振捣、养护。②添加防水粉

(3)现浇挑檐、天沟

现浇挑檐、天沟混凝土工程量清单项目为:

现浇挑檐、天沟(010505007001):C20 混凝土,碎石最大粒径 20mm,加防水粉;现场机拌。

包含的工作内容为:①挑檐、天沟混凝土制作、运输、浇筑、振捣、养护。②添加防水粉。

2. 清单工程量计算

(1)现浇柱

$$Z3:0.3\times0.4\times5.5\times4=2.64(m^3)$$

$$Z4:0.4\times0.5\times5.5\times4=4.40(m^3)$$

$$Z5:0.3\times0.4\times5.5\times4=2.64(m^3)$$

小计：9.68m^3（其中 5.28m^3 对应截面积为 0.12m^2；4.4m^3 对应截面积为 0.20m^2）。

(2)现浇有梁板

$$WKL1:(16-0.15\times2-0.4\times2)\times0.2\times(0.5-0.1)\times2\approx2.38(m^3)$$

$$WKL3:(16-0.15\times2-0.3\times2)\times0.2\times(0.4-0.1)\times2\approx1.81(m^3)$$

$$WKL2:(10-0.20\times2-0.4\times2)\times0.2\times(0.5-0.1)\times2\approx1.41(m^3)$$

$$WKL4:(10-0.25\times2)\times0.3\times(0.9-0.1)\times2=4.56(m^3)$$

板：$[(10+0.2\times2)\times(16+0.15\times2)-(0.3\times0.4\times8+0.4\times0.5\times4)]\times0.1\approx16.78(m^3)$

小计：26.94m^3。

(3)现浇挑檐、天沟：

$$\{[0.3\times(16+0.35\times2)]+[0.2\times(11-0.3\times2)]\}\times2\times0.1\approx1.42(m^3)$$

3. 填写工程量清单(表 3-54)

表 3-54　工程量清单

序号	项目编码	项目名称	项　目　特　征	计量单位	工程数量
1	010502001001	现浇柱	1. 现场机拌清水混凝土 2. C20 混凝土	m^3	9.68
2	010505001001	现浇 有梁板	1. 现场机拌清水混凝土 2. C20 混凝土	m^3	26.94
4	010505007001	现浇挑檐、 天沟	1. 现场机拌清水混凝土 2. C20 混凝土	m^3	1.42

(二)单层厂房工字柱共 14 根，单根体积 1.709 m^3，柱高 9.0m；600×400 矩形抗风柱 4 根柱高 9.4m，C30 混凝土，碎石最大粒径 20mm，现场搅拌站搅拌，距安装施工现场 3km。编制预制柱工程量清单。

解：1. 清单项目设置编制

依据清单项目设置规则，则预制柱工程量清单项目为：

(1)预制混凝土矩形柱(010509001001)：单件体积 2.256 m^3；柱高 9.4m；C30 混凝土，碎石最大粒径 20mm；现场搅拌站制作混凝土；运距 3km。

包含的工程内容：矩形柱混凝土制作、运输、浇注、振捣、养护；矩形柱安装；矩形柱运输(构件体积大于 1 m^3，长大于 1m)

(2)异形柱(010509002001)：单件体积 1.709 m^3，柱高 9.0m；C30 混凝土，碎石最大粒径 20mm；现场搅拌站制作混凝土；运距 3km。

2. 清单工程量计算

(1)矩形柱：$V=0.6\times0.4\times9.4\times4\approx9.02(m^3)$；

(2)工字柱：$V=1.709\times14\approx23.93(m^3)$。

3. 填写工程量清单(表 3－55)

表 3－55 工程量清单

序号	项目编码	项目名称	项 目 特 征	计量单位	工程数量
1	010509001001	预制混凝土矩形柱	预制混凝土矩形柱 单件体积:2.256m^3 柱高:9.4m C30 混凝土,碎石最大粒径 20mm 现场搅拌站制作混凝土,运距 3km	m^3	9.02
2	010509002001	预制混凝土异形柱(工字型柱)	预制混凝土工字型柱 单件体积:1.709m^3 柱高:9.0m C30 混凝土,碎石最大粒径 20mm 现场搅拌站制作混凝土,运距 3km	m^3	23.93

(六)金属结构工程

1. 金属结构工程的项目组成

金属结构工程的工程量清单分七节,共三十一个清单项目,见表 3－56。

表 3－56 金属结构工程项目组成表

章	F 金属结构工程						
节	F.1 钢网架	F.2 钢屋架、钢托架、钢桁架、钢架桥	F.3 钢柱	F.4 钢梁	F.5 钢板楼板、墙板	F.6 钢构件	F.7 金属制品
项目	钢网架	钢屋架 钢托架 钢桁架 钢架桥	实腹钢柱 空腹钢柱 钢管柱	钢梁 钢吊车梁	钢板楼板 钢板墙板	钢支撑、钢拉条 钢檩条 钢天窗架 钢挡风架 钢墙架 钢平台 钢走道 钢梯 钢护栏 钢漏斗 钢板天沟 钢支架 零星钢构件	成品空调(金属百叶、护栏) 成品栅栏 成品雨篷 金属网栏 砌块墙(钢丝网加固) 后浇带(金属网)

2. 金属结构工程工程量清单计价规范的内容

(1)钢网架。工程量清单项目设置及工程量计算规则应按表 3－57 的规定执行。

金属结构工程量清单的编制

表 3－57 钢网架 (编码:010601)

项目编码	项目名称	项目特征	计量单位	工程量计算规则	工作内容
010601001	钢网架	1. 钢材品种、规格 2. 网架节点形式、连接方式 3. 网架跨度、安装高度 4. 探伤要求 5. 防火要求	t	按设计图示尺寸以质量计算。不扣除孔眼的质量，焊条、铆钉等不另增加质量	1. 拼装 2. 安装 3. 探伤 4. 补刷油漆

(2)钢屋架、钢托架、钢桁架、钢架桥。工程量清单项目设置及工程量计算规则应按表 3－58 的规定执行。

表 3－58 钢屋架、钢托架、钢桁架、钢架桥 (编码:010602)

项目编码	项目名称	项目特征	计量单位	工程量计算规则	工作内容
010602001	钢屋架	1. 钢材品种、规格 2. 单榀质量 3. 屋架跨度、安装高度 4. 螺栓种类 5. 探伤要求 6. 防火要求	1. 榀 2. t	1. 以榀计量，按设计图示数量计算 2. 以吨计量，按设计图示尺寸以质量计算。不扣除孔眼的质量，焊条、铆钉、螺栓等不另增加质量	1. 拼装 2. 安装 3. 探伤 4. 补刷油漆
010602002	钢托架	1. 钢材品种、规格 2. 单榀质量 3. 安装高度 4. 螺栓种类 5. 探伤要求 6. 防火要求	t	按设计图示尺寸以质量计算。不扣除孔眼的质量，焊条、铆钉、螺栓等不另增加质量	
010602003	钢桁架				

（续表）

项目编码	项目名称	项目特征	计量单位	工程量计算规则	工作内容
010602004	钢架桥	1. 桥类型 2. 钢材品种、规格 3. 单榀质量 4. 安装高度 5. 螺栓种类 6. 探伤要求	t	按设计图示尺寸以质量计算。不扣除孔眼的质量，焊条、铆钉、螺栓等不另增加质量	1. 拼装 2. 安装 3. 探伤 4. 补刷油漆
注：以榀计量，按标准图设计的应注明标准图代号，按非标准图设计的项目特征必须描述单榀屋架的质量。					

(3)钢柱。工程量清单项目设置及工程量计算规则应按表 3－59 的规定执行。

表 3－59　钢柱　　　　（编码：010603）

项目编码	项目名称	项目特征	计量单位	工程量计算规则	工作内容
010603001	实腹钢柱	1. 柱类型 2. 钢材品种、规格 3. 单根柱质量 4. 螺栓种类 5. 探伤要求 6. 防火要求	t	按设计图示尺寸以质量计算。不扣除孔眼的质量，焊条、铆钉、螺栓等不另增加质量，依附在钢柱上的牛腿及悬臂梁等并入钢柱工程量内	1. 拼装 2. 安装 3. 探伤 4. 补刷油漆
010603002	空腹钢柱				
010603003	钢管柱	1. 钢材品种、规格 2. 单根柱质量 3. 螺栓种类 4. 探伤要求 5. 防火要求		按设计图示尺寸以质量计算。不扣除孔眼的质量，焊条、铆钉、螺栓等不另增加质量，钢管柱上的节点板、加强环、内衬管、牛腿等并入钢管柱工程量内	
注：(1)实腹钢柱类型指“十”字、“T”形、“L”形、“H”形等。 (2)空腹钢柱类型指箱形、格构等。 (3)型钢混凝土柱浇筑钢筋混凝土，其混凝土和钢筋应按本规范附录 E 混凝土及钢筋混凝土工程中相关项目编码列项。					

(4)钢梁。工程量清单项目设置及工程量计算规则应按表 3－60 的规定执行。

表 3-60　钢梁　　(编码:010604)

项目编码	项目名称	项目特征	计量单位	工程量计算规则	工作内容
010604001	钢梁	1. 梁类型 2. 钢材品种、规格 3. 单根质量 4. 螺栓种类 5. 安装高度 6. 探伤要求 7. 防火要求	t	按设计图示尺寸以质量计算。不扣除孔眼的质量,焊条、铆钉、螺栓等不另增加质量,制动梁、制动板、制动桁架、车挡并入钢吊车梁工程量内	1. 拼装 2. 安装 3. 探伤 4. 补刷油漆
010604002	钢吊车梁	1. 钢材品种、规格 2. 单根质量 3. 螺栓种类 4. 安装高度 5. 探伤要求 6. 防火要求			
注:(1)梁类型指"H"形、"L"形、"T"形、箱形、格构式等。 (2)型钢混凝土梁浇筑钢筋混凝土,其混凝土和钢筋应按本规范附录 E 混凝土及钢筋混凝土工程中相关项目编码列项。					

(5)钢板楼板、墙板。工程量清单项目设置及工程量计算规则应按表 3-61 的规定执行。

表 3-61　钢板楼板、墙板　　(编码:010605)

项目编码	项目名称	项目特征	计量单位	工程量计算规则	工作内容
010605001	钢板楼板	1. 钢材品种、规格 2. 钢板厚度 3. 螺栓种类 4. 防火要求	m^2	按设计图示尺寸以铺设水平投影面积计算。不扣除柱、垛及单个 0.3 m^2 以内的孔洞所占面积	1. 拼装 2. 安装 3. 探伤 4. 补刷油漆
010605002	钢板墙板	1. 钢材品种、规格 2. 钢板厚度、复合板厚度 3. 螺栓种类 4. 复合板夹芯材料种类、层数、型号、规格 5. 防火要求		按设计图示尺寸以铺挂面积计算。不扣除单个 0.3 m^2 以内的孔洞所占面积,包角、包边、窗台泛水等不另加面积	
注:(1)钢板楼板上浇筑钢筋混凝土,其混凝土和钢筋应按本规范附录 E 混凝土及钢筋混凝土工程中相关项目编码列项。 (2)压型钢板楼板按本表中钢板楼板项目编码列项。					

(6)钢构件。工程量清单项目设置及工程量计算规则应按表 3－62 的规定执行。

表 3－62　钢构件　　　　　（编码：010606）

<table>
<tr><th>项目编码</th><th>项目名称</th><th>项目特征</th><th>计量单位</th><th>工程量计算规则</th><th>工作内容</th></tr>
<tr><td>010606001</td><td>钢支撑、钢拉条</td><td>1. 钢材品种、规格
2. 构件类型
3. 安装高度
4. 螺栓种类
5. 探伤要求
6. 防火要求</td><td rowspan="7">t</td><td rowspan="7">按设计图示尺寸以质量计算，不扣除孔眼的质量，焊条、铆钉、螺栓等不另增加质量</td><td rowspan="7">1. 拼装
2. 安装
3. 探伤
4. 补刷油漆</td></tr>
<tr><td>010606002</td><td>钢檩条</td><td>1. 钢材品种、规格
2. 型钢式、格构式
3. 单根重量
4. 安装高度
5. 油漆品种、刷漆遍数</td></tr>
<tr><td>010606003</td><td>钢天窗架</td><td>1. 钢材品种、规格
2. 单榀重量
3. 安装高度
4. 探伤要求
5. 油漆品种、刷漆遍数</td></tr>
<tr><td>010606004</td><td>钢挡风架</td><td rowspan="2">1. 钢材品种、规格
2. 单榀重量
3. 探伤要求
4. 油漆品种、刷漆遍数</td></tr>
<tr><td>010606005</td><td>钢墙架</td></tr>
<tr><td>010606006</td><td>钢平台</td><td rowspan="2">1. 钢材品种、规格
2. 油漆品种、刷漆遍数</td></tr>
<tr><td>010606007</td><td>钢走道</td></tr>
</table>

（续表）

<table>
<tr><th>项目编码</th><th>项目名称</th><th>项目特征</th><th>计量单位</th><th>工程量计算规则</th><th>工作内容</th></tr>
<tr><td>010606008</td><td>钢梯</td><td>1. 钢材品种、规格
2. 钢梯形式
3. 油漆品种、刷漆遍数</td><td rowspan="6">t</td><td rowspan="2"></td><td rowspan="6">1. 拼装
2. 安装
3. 探伤
4. 补刷油漆</td></tr>
<tr><td>010606009</td><td>钢护栏</td><td>1. 钢材品种、规格
2. 油漆品种、刷漆遍数</td></tr>
<tr><td>010606010</td><td>钢漏斗</td><td rowspan="2">1. 钢材品种、规格
2. 漏斗、天沟形式
3. 安装高度
4. 探伤要求</td><td rowspan="2">按设计图示尺寸以质量计算，不扣除孔眼的质量，焊条、铆钉、螺栓等不另增加质量，依附漏斗或天沟的型钢并入漏斗或天沟工程量中</td></tr>
<tr><td>010606011</td><td>钢板天沟</td></tr>
<tr><td>010606012</td><td>钢支架</td><td>1. 钢材品种、规格
2. 安装高度
3. 防火要求</td><td rowspan="2">按设计图示尺寸以质量计算，不扣除孔眼的质量，焊条、铆钉、螺栓等不另增加质量</td></tr>
<tr><td>010606013</td><td>零星钢构件</td><td>1. 构件名称
2. 钢材品种、规格</td></tr>
<tr><td colspan="6">注：(1)钢墙架项目包括墙架柱、墙架梁和连接杆件。
(2)钢支撑、钢拉条类型指单式、复式；钢檩条类型指型钢式、格构式；钢漏斗形式指方形、圆形；天沟形式指矩形沟或半圆形沟。
(3)加工铁件等小型构件，按本表中零星钢构件项目编码列项。</td></tr>
</table>

(7)金属制品。工程量清单项目设置及工程量计算规则应按表 3－63 的规定执行。

表 3－63　金属制品　　　　　　　　(编码:010607)

项目编码	项目名称	项目特征	计量单位	工程量计算规则	工程内容
010607001	成品空调(金属百页)、护栏	1. 材料品种、规格 2. 边框材质	m^2	按设计图示尺寸以框外围展开面积计算	1. 安装 2. 校正 3. 预埋铁件及安螺栓
010607002	成品栅栏	1. 材料品种、规格 2. 边框及立柱型钢品种、规格			1. 安装 2. 校正 3. 预埋铁件 4. 安螺栓及金属立柱
010607003	成品雨篷	1. 材料品种、规格 2. 雨篷宽度 3. 凉衣杆品种、规格	1. m 2. m^2	1. 以米计量,按设计图示接触边以米计算 2. 以平方米计量,按设计图示尺寸以展开面积计算	1. 安装 2. 校正 3. 预埋铁件及安螺栓
010607004	金属网栏	1. 材料品种、规格 2. 边框及立柱型钢品种、规格	m^2	按设计图示尺寸以框外围展开面积计算	1. 安装 2. 校正 3. 安螺栓及金属立柱
010607005	砌块墙(钢丝网加固)	1. 材料品种、规格 2. 加固方式		按设计图示尺寸以面积计算	1. 铺贴 2. 铆固
010607006	后浇带(金属网)				

注:抹灰钢丝网加固按本表中砌块墙钢丝网加固项目编码列项。

【实践训练】

某工程有实腹钢柱 10 根,设计要求:防锈漆打底两遍,再刷防火漆两遍。汽车运输 2km。实腹钢柱材料如表 3－64 所示。试编制工程量清单。

表 3-64 实腹钢柱钢材明细表

零件编号	规格(mm)	长度(mm)	数量	重量(kg)		
				单重	共重	总重
1	－200×8	8952	2	111.7	223.4	849
2	－200×8	8508	2	106.2	212.4	
3	－384×6	8990	2	157.9	315.8	
4	－250×20	440	2	17	34	
5	－97×8	384	4	2.1	8.4	
6	－200×25	590	2	23.0	46	
7	－200×8	394	2	4.5	9.0	

解:(1)清单项目设置及清单工程量计算

本工程清单项目为实腹钢柱,项目编码为010603001001,工程内容是实腹柱拼装、安装、探伤、补刷油漆。

清单工程量:$G=849\times10=8490(kg)=8.49(t)$。

(2)填写工程量清单(表3-65)

表 3-65 工程量清单

序号	项目编码	项目名称	项 目 特 征	计量单位	工程数量
1	010603001001	实腹钢柱	实腹钢柱 钢材为Q235 单根柱重0.849t 刷黑、铁红酚醛防锈漆二遍 刷防火漆A20-1两遍	t	8.49

(七)木结构工程

1. 木结构工程的项目组成

木结构工程的工程量清单分三节,共八个清单项目,见表3-66。

表 3-66 厂库房大门、特种门、木结构工程项目组成表

章	G 厂库房大门、特种门、木结构工程		
节	G.1 木屋架	G.2 木构件	G.3 屋面木基层
项目	木屋架 钢木屋架	木柱 木梁 木檩 木楼梯 其他木构件	屋面木基层

2. 木结构工程工程量清单计价规范的内容

(1)木屋架。工程量清单项目设置及工程量计算规则应按表 3 - 67 的规定执行。

表 3 - 67　木屋架　　　　　(编码:010701)

<table>
<tr><th>项目编码</th><th>项目名称</th><th>项目特征</th><th>计量单位</th><th>工程量计算规则</th><th>工程内容</th></tr>
<tr><td>010701001</td><td>木屋架</td><td>1. 跨度
2. 材料品种、规格
3. 刨光要求
4. 拉杆及夹板种类
5. 防护材料种类</td><td>1. 榀
2. m^3</td><td>1. 以榀计量，按设计图示数量计算
2. 以立方米计量，按设计图示的规格尺寸以体积计算</td><td rowspan="2">1. 制作
2. 运输
3. 安装
4. 刷防护材料</td></tr>
<tr><td>010701002</td><td>钢木屋架</td><td>1. 跨度
2. 木材品种、规格
3. 刨光要求
4. 钢材品种、规格
5. 防护材料种类</td><td>榀</td><td>以榀计量，按设计图示数量计算</td></tr>
<tr><td colspan="6">注:(1)屋架的跨度应以上、下弦中心线两交点之间的距离计算。
(2)带气楼的屋架和马尾、折角以及正交部分的半屋架，按相关屋架项目编码列项。
(3)以榀计量，按标准图设计的应注明标准图代号，按非标准图设计的项目特征必须按本表要求以描述。</td></tr>
</table>

(2)木构件。工程量清单项目设置及工程量计算规则，应按表 3 - 68 的规定执行。

表 3 - 68　木构件　　　　　(编码:010702)

<table>
<tr><th>项目编码</th><th>项目名称</th><th>项目特征</th><th>计量单位</th><th>工程量计算规则</th><th>工程内容</th></tr>
<tr><td>010702001</td><td>木柱</td><td rowspan="3">构件规格尺寸
木材种类
刨光要求
防护材料种类</td><td rowspan="2">m^3</td><td rowspan="2">按设计图示尺寸以体积计算</td><td rowspan="3">1. 制作
2. 运输
3. 安装
4. 刷防护材料</td></tr>
<tr><td>010702002</td><td>木梁</td></tr>
<tr><td>010702003</td><td>木檩</td><td>1. m^3
2. m</td><td>1. 以立方米计量，按设计图示尺寸以体积计算
2. 以米计量，按设计图示尺寸以长度计算</td></tr>
</table>

（续表）

项目编码	项目名称	项目特征	计量单位	工程量计算规则	工程内容
010702004	木楼梯	1. 楼梯形式 2. 木材种类 3. 刨光要求 4. 防护材料种类	m^2	按设计图示尺寸以水平投影面积计算。不扣除宽度不超过300mm的楼梯井，伸入墙内部分不计算	1. 制作 2. 运输 3. 安装 4. 刷防护材料
010702005	其他木构件	1. 构件名称 2. 构件规格尺寸 3. 木材种类 4. 刨光要求 5. 防护材料种类	1. m^3 2. m	1. 以立方米计量，按设计图示尺寸以体积计算 2. 以米计量，按设计图示尺寸以长度计算	
注：(1)木楼梯的栏杆(栏板)、扶手，应按本规范附录Q中的相关项目编码列项。 (2)以米计量，项目特征必须描述构件规格尺寸。					

(3)屋面木基层。工程量清单项目设置及工程量计算规则应按表3-69的规定执行。

表3-69 屋面木基层 (编码:010703)

项目编码	项目名称	项目特征	计量单位	工程量计算规则	工程内容
010703003	屋面木基层	1. 椽子断面尺寸及椽距 2. 望板材料种类、厚度 3. 防护材料种类	m^2	按设计图示尺寸以斜面积计算，不扣除房上烟囱、风帽底座、风道、小气窗、斜沟等所占面积。小气窗的出檐部分不增加面积	1. 椽子制作、安装 2. 望板制作、安装 3. 顺水条和挂瓦条制作、安装 4. 刷防护材料

3. 编制木结构工程工程量清单应注意的相关问题

(1)"木屋架"项目适用于各种方木、圆木屋架。应注意：与屋架相连接的挑檐木应包括在木屋架报价内；钢夹板构件、连接螺栓应包括在报价内。

(2)"钢木屋架"项目适用于各种方木、圆木的钢木屋架。

(3)"木柱""木梁"项目适用于建筑物各部位的柱、梁。应注意：接地、嵌入墙内部分的防腐材料应包括在报价内。

(4)"木楼梯"项目适用于楼梯与爬梯。应注意:楼梯的防滑条应包括在报价。楼梯栏杆(拦板)、扶手应按装饰工程相应清单项目编码列项。

(5)原木构件设计规定梢径时,应按原木材积计算表计算体积。

(6)"其他木构件"项目适用于斜撑、传统民居的垂花、花芽子、封檐板、博风板等构件。应注意:封檐板、博风板工程量按延长米计算;博风板带大头刀时,每个大头刀增加长度500mm。

【实践训练】

某工程有6榀6m跨度杉圆木普通人字屋架,见图3-25,木屋架刷底漆一遍,刷调和漆、清漆各两遍。试列出该木屋架的工程量清单。

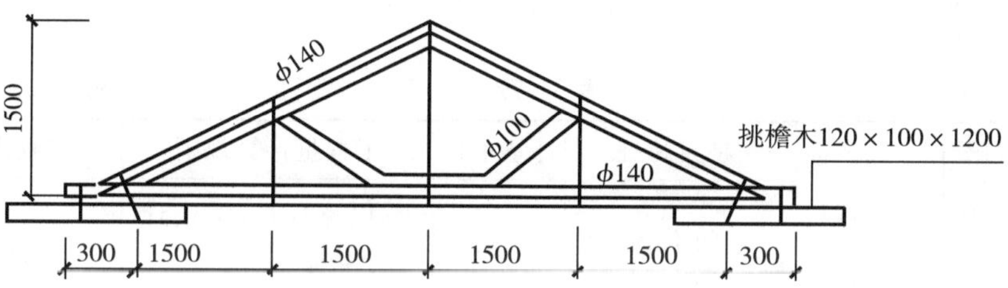

图3-25

解:(1)清单项目设置及清单工程量计算

本工程清单项目为木屋架,项目编码为010701001001,清单工程量为设计图示数量6榀,工程内容是圆木屋架制作安装、刷油漆。

(2)填写工程量清单(表3-70)

表3-70 工程量清单

序号	项目编码	项目名称	项 目 特 征	计量单位	工程数量
1	010701001001	木屋架	圆木屋架,6m跨度,杉圆木,刷底漆一遍,刷调和漆、清漆各两遍	榀	6

(八)门窗工程

1. 门窗工程的项目组成

门窗工程的工程量清单分十节共五十五个清单项目,见表3-71。

表3-71 门窗工程项目组成表

章	H 门窗工程						
节	H.1 木门	H.2 金属门	H.3 金属卷帘(闸)门	H.4 厂库房大门、特种门	H.5 其他门	H.6 木窗	……

（续表）

章	H 门窗工程						
项目	木质门 木质门带套 木质连窗门 木质防火门 木门框 门锁安装	金属(塑钢)门 彩板门 钢质防火门 防盗门	金属卷帘(闸)门 防火卷帘(闸)门	木板大门 钢木大门 金钢板大门 防护铁丝门 金属格栅门 钢质花饰门 特种门	电子感应门 旋转门 电子对讲门 电动伸缩门 全玻自由门 镜面不锈钢饰面门 复合材料门	木质窗 木飘(凸)窗 木橱窗 木纱窗	……

2. 门窗工程工程量清单计价规范的内容

(1)木门。工程量清单项目设置及工程量计算规则应按表 3－72 的规定执行。

表 3－72 木门 **(编码:010801)**

项目编码	项目名称	项目特征	计量单位	工程量计算规则	工程内容
010801001	木质门	1. 门代号及洞口尺寸 2. 镶嵌玻璃品种、厚度	1. 樘 2. m^2	1. 以樘计量,按设计图示数量计算 2. 以平方米计量,按设计图示洞口尺寸以面积计算	1. 门安装 2. 玻璃安装 3. 五金安装
010801002	木质门带套				
010801003	木质连窗门				
010801004	木质防火门				
010801005	木门框	1. 门代号及洞口尺寸 2. 框截面尺寸 3. 防护材料种类	1. 樘 2. m	1. 以樘计量,按设计图示数量计算 2. 以米计量,按设计图示框的中心线以延长米计算	1. 木门框制作、安装 2. 运输 3. 刷防护材料
010801006	门锁安装	1. 锁品种 2. 锁规格	个(套)	按设计图示数量计算	安装

注:(1)木质门应区分镶板木门、企口木板门、实木装饰门、胶合板门、夹板装饰门、木纱门、全玻门(带木质扇框)、木质半玻门(带木质扇框)等项目,分别编码列项。

(2)木门五金应包括折页、插销、门碰珠、弓背拉手、搭机、木螺丝、弹簧折页(自动门)、管子拉手(自由门、地弹门)、地弹簧(地弹门)、角铁、门轧头(地弹门、自由门)等。

(3)木质门带套计量按洞口尺寸以面积计算,不包括门套的面积,但门套应计算在综合单价中。

(4)以樘计量,项目特征必须描述洞口尺寸;以平方米计量,项目特征可不描述洞口尺寸。

(5)单独制作安装木门框按木门框项目编码列项。

(2)金属门。工程量清单项目设置及工程量计算规则应按表 3－73 的规定执行。

表 3－73　金属门　　　　　　　(编码:010802)

<table>
<tr><th>项目编码</th><th>项目名称</th><th>项目特征</th><th>计量单位</th><th>工程量计算规则</th><th>工程内容</th></tr>
<tr><td>010802001</td><td>金属(塑钢)门</td><td>1. 门代号及洞口尺寸
2. 门框或扇外围尺寸
3. 门框、扇材质
4. 玻璃品种、厚度</td><td rowspan="4">1. 樘
2. m^2</td><td rowspan="4">1. 以樘计量,按设计图示数量计算
2. 以平方米计量,按设计图示洞口尺寸以面积计算</td><td rowspan="2">1. 门安装
2. 五金安装
3. 玻璃安装</td></tr>
<tr><td>010802002</td><td>彩板门</td><td>1. 门代号及洞口尺寸
2. 门框或扇外围尺寸</td></tr>
<tr><td>010802003</td><td>钢质防火门</td><td rowspan="2">1. 门代号及洞口尺寸
2. 门框或扇外围尺寸
3. 门框、扇材质</td><td rowspan="2">1. 门安装
2. 五金安装</td></tr>
<tr><td>010802004</td><td>防盗门</td></tr>
<tr><td colspan="6">注:(1)金属门应区分金属平开门、金属推拉门、金属地弹门、全玻门(带金属扇框)、金属半玻门(带扇框)等项目,分别编码列项。
(2)铝合金门的五金包括:地弹簧、门锁、拉手、门插、门铰、螺丝等。
(3)金属门的五金包括“L”形执手插锁(双舌)、执手锁(单舌)、门轨头、地锁、防盗门机、门眼(猫眼)、门碰珠、电子锁(磁卡锁)、闭门器、装饰拉手等。
(4)以樘计量,项目特征必须描述洞口尺寸,没有洞口尺寸必须描述门框或扇外围尺寸,以平方米计量,项目特征可不描述洞口尺寸及框、扇的外围尺寸。
(5)以平方米计量,无设计图示洞口尺寸,按门框、扇外围以面积计算。</td></tr>
</table>

(3)金属卷帘(闸)门。工程量清单项目设置及工程量计算规则应按表3－74的规定执行。

表 3－74　金属卷帘(闸)门　　　　　　　(编码:010803)

项目编码	项目名称	项目特征	计量单位	工程量计算规则	工作内容
010803001	金属卷帘(闸)门	1. 门代号及洞口尺寸 2. 门材质	1. 樘	1. 以樘计量,按设计图示数量计算	1. 门运输、安装 2. 启动装置、活

（续表）

<table>
<tr><th>项目编码</th><th>项目名称</th><th>项目特征</th><th>计量单位</th><th>工程量计算规则</th><th>工作内容</th></tr>
<tr><td>010803002</td><td>防火卷帘（闸）门</td><td>3. 启动装置品种、规格</td><td>2. m^2</td><td>2. 以平方米计量，按设计图
示洞口尺寸以面积计算</td><td>动小门、五金安装</td></tr>
<tr><td colspan="6">住：以樘计量，项目特征必须描述洞口尺寸；以平方米计量，项目特征可不描述洞口尺寸。</td></tr>
</table>

（4）厂库房大门、特种门。工程量清单项目设置及工程量计算规则应按表3－75的规定执行。

表3－75　厂库房大门、特种门　　　　（编码：010804）

<table>
<tr><th>项目编码</th><th>项目名称</th><th>项目特征</th><th>计量单位</th><th>工程量计算规则</th><th>工程内容</th></tr>
<tr><td>010804001</td><td>木板大门</td><td rowspan="4">1. 门代号及洞口尺寸
2. 门框或扇外围尺寸
3. 门框、扇材质
4. 五金种类、规格
5. 防护材料种类</td><td rowspan="7">1. 樘
2. m^2</td><td rowspan="2">1. 以樘计量，按设计图示数量计算
2. 以平方米计量，按设计图示洞口尺寸以面积计算</td><td rowspan="4">1. 门（骨架）制作、运输
2. 门、五金配件安装
3. 刷防护材料</td></tr>
<tr><td>010804002</td><td>钢木大门</td></tr>
<tr><td>010804003</td><td>金钢板大门</td><td rowspan="2">1. 以樘计量，按设计图示数量计算
2. 以平方米计量，按设计图示门框或扇以面积计算</td></tr>
<tr><td>010804004</td><td>防护铁丝门</td></tr>
<tr><td>010804005</td><td>金属格栅门</td><td>1. 门代号及洞口尺寸
2. 门框或扇外围尺寸
3. 门框、扇材质
4. 启动装置的品种、规格</td><td>1. 以樘计量，按设计图示数量计算
2. 以平方米计量，按设计图示洞口尺寸以面积计算</td><td>1. 门安装
2. 启动装置、五金配件安装</td></tr>
<tr><td>010804006</td><td>钢质花饰门</td><td rowspan="2">1. 门代号及洞口尺寸
2. 门框或扇外围尺寸
3. 门框、扇材质</td><td>1. 以樘计量，按设计图示数量计算
2. 以平方米计量，按设计图示门框或扇以面积计算</td><td rowspan="2">1. 门安装
2. 五金配件安装</td></tr>
<tr><td>010804007</td><td>特种门</td><td>1. 以樘计量，按设计图示数量计算
2. 以平方米计量，按设计图示洞口尺寸以面积计算</td></tr>
</table>

（续表）

<table>
<tr><th>项目编码</th><th>项目名称</th><th>项目特征</th><th>计量单位</th><th>工程量计算规则</th><th>工程内容</th></tr>
<tr><td colspan="6">注：(1)特种门应区分冷藏门、冷冻间门、保温门、变电室门、隔音门、防射线门、人防门、金库门等项目，分别编码列项。
(2)以樘计量，项目特征必须描述洞口尺寸，没有洞口尺寸必须描述门框或扇外围尺寸；以平方米计量，项目特征可不描述洞口尺寸及框、扇的外围尺寸。
(3)以平方米计量，无设计图示洞口尺寸，按门框、扇外围以面积计算。</td></tr>
</table>

(5)其他门。工程量清单项目设置及工程量计算规则应按表 3－76 的规定执行。

表 3－76　其他门　　　　　**（编码：010805）**

<table>
<tr><th>项目编码</th><th>项目名称</th><th>项目特征</th><th>计量单位</th><th>工程量计算规则</th><th>工程内容</th></tr>
<tr><td>010805001</td><td>电子感应门</td><td rowspan="2">1. 门代号及洞口尺寸
2. 门框或扇外围尺寸
3. 门框、扇材质
4. 玻璃品种、厚度
5. 启动装置的品种、规格
6. 电子配件品种、规格</td><td rowspan="7">1. 樘
2. m^2</td><td rowspan="7">1. 以樘计量，按设计图示数量计算
2. 以平方米计量，按设计图示洞口尺寸以面积计算</td><td rowspan="4">1. 门安装
2. 启动装置、五金、电子配件安装</td></tr>
<tr><td>010805002</td><td>旋转门</td></tr>
<tr><td>010805003</td><td>电子对讲门</td><td rowspan="2">1. 门代号及洞口尺寸
2. 门框或扇外围尺寸
3. 门材质
4. 玻璃品种、厚度
5. 启动装置的品种、规格
6. 电子配件品种、规格</td></tr>
<tr><td>010805004</td><td>电动伸缩门</td></tr>
<tr><td>010805005</td><td>全玻自由门</td><td>1. 门代号及洞口尺寸
2. 门框或扇外围尺寸
3. 框材质
4. 玻璃品种、厚度</td><td rowspan="3">1. 门安装
2. 五金安装</td></tr>
<tr><td>010805006</td><td>镜面不锈钢饰面门</td><td rowspan="2">1. 门代号及洞口尺寸
2. 门框或扇外围尺寸
3. 框、扇材质
4. 玻璃品种、厚度</td></tr>
<tr><td>010805007</td><td>复合材料门</td></tr>
</table>

(续表)

项目编码	项目名称	项目特征	计量单位	工程量计算规则	工程内容
注:(1)以樘计量,项目特征必须描述洞口尺寸,没有洞口尺寸必须描述门框或扇外围尺寸;以平方米计量,项目特征可不描述洞口尺寸及框、扇的外围尺寸。 (2)以平方米计量,无设计图示洞口尺寸,按门框、扇外围以面积计算。					

(6)木窗。工程量清单项目设置及工程量计算规则应按表 3－77 的规定执行。

表 3－77　木窗　　(编码:010806)

<table>
<tr><th>项目编码</th><th>项目名称</th><th>项目特征</th><th>计量单位</th><th>工程量计算规则</th><th>工程内容</th></tr>
<tr><td>010806001</td><td>木质窗</td><td rowspan="2">1. 窗代号及洞口尺寸
2. 玻璃品种、厚度</td><td rowspan="4">1. 樘
2. m^2</td><td>1. 以樘计量,按设计图示数量计算
2. 以平方米计量,按设计图示洞口尺寸以面积计算</td><td rowspan="2">1. 窗安装
2. 五金、玻璃安装</td></tr>
<tr><td>010806002</td><td>木飘(凸)窗</td><td rowspan="2">1. 以樘计量,按设计图示数量计算
2. 以平方米计量,按设计图示尺寸以框外围展开面积计算</td></tr>
<tr><td>010806003</td><td>木橱窗</td><td>1. 窗代号
2. 框截面及外围展开面积
3. 玻璃品种、厚度
4. 防护材料种类</td><td>1. 窗制作、运输、安装
2. 五金、玻璃安装
3. 刷防护材料</td></tr>
<tr><td>010806004</td><td>木纱窗</td><td>1. 窗代号及框的外围尺寸
2. 窗纱材料品种、规格</td><td>1. 以樘计量,按设计图示数量计算
2. 以平方米计量,按框的外围尺寸以面积计算</td><td>1. 窗安装
2. 五金安装</td></tr>
<tr><td colspan="6">注:(1)木质窗应区分木百叶窗、木组合窗、木天窗、木固定窗、木装饰空花窗等项目,分别编码列项。
(2)以樘计量,项目特征必须描述洞口尺寸,没有洞口尺寸必须描述窗框外围尺寸;以平方米计量,项目特征可不描述洞口尺寸及框的外围尺寸。
(3)以平方米计量,无设计图示洞口尺寸,按窗框外围以面积计算。
(4)木橱窗、木飘(凸)窗以樘计量,项目特征必须描述框截面及外围展开面积。
(5)木窗五金包括折页、插销、风钩、木螺丝、滑轮滑轨(推拉窗)等。</td></tr>
</table>

(7)金属窗。工程量清单项目设置及工程量计算规则应按表 3－78 的规定执行。

表 3－78　金属窗　　　　（编码:010807）

项目编码	项目名称	项目特征	计量单位	工程量计算规则	工程内容
010807001	金属(塑钢、断桥)窗	1. 窗代号及洞口尺寸 2. 框、扇材质 3. 玻璃品种、厚度	1. 樘 2. m^2	1. 以樘计量,按设计图示数量计算 2. 以平方米计量,按设计图示洞口尺寸以面积计算	1. 窗安装 2. 五金、玻璃安装
010807002	金属防火窗				
010807003	金属百叶窗	1. 窗代号及洞口尺寸 2. 框、扇材质 3. 玻璃品种、厚度		1. 以樘计量,按设计图示数量计算 2. 以平方米计量,按设计图示洞口尺寸以面积计算	1. 窗安装 2. 五金安装
010807004	金属纱窗	1. 窗代号及框的外围尺寸 2. 框材质 3. 窗纱材料品种、规格		1. 以樘计量,按设计图示数量计算 2. 以平方米计量,按框的外围尺寸以面积计算	
010807005	金属格栅窗	1. 窗代号及洞口尺寸 2. 框外围尺寸 3. 框、扇材质		1. 以樘计量,按设计图示数量计算 2. 以平方米计量,按设计图示洞口尺寸以面积计算	
010807006	金属(塑钢、断桥)橱窗	1. 窗代号 2. 框外围展开面积 3. 框、扇材质 4. 玻璃品种、厚度 5. 防护材料种类		1. 以樘计量,按设计图示数量计算 2. 以平方米计量,按设计图示尺寸以框外围展开面积计算	1. 窗制作、运输、安装 2. 五金、玻璃安装 3. 刷防护材料
010807007	金属(塑钢、断桥)飘(凸)窗	1. 窗代号 2. 框外围展开面积 3. 框、扇材质 4. 玻璃品种、厚度			1. 窗安装 2. 五金、玻璃安装
010807008	彩板窗	1. 窗代号及洞口尺寸 2. 框外围尺寸 3. 框、扇材质 4. 玻璃品种、厚度		1. 以樘计量,按设计图示数量计算 2. 以平方米计量,按设计图示洞口尺寸或框外围以面积计算	
010807009	复合材料窗				

（续表）

<table>
<tr><th>项目编码</th><th>项目名称</th><th>项目特征</th><th>计量单位</th><th>工程量计算规则</th><th>工程内容</th></tr>
<tr><td colspan="6">注：(1)金属窗应区分金属组合窗、防盗窗等项目，分别编码列项。
(2)以樘计量，项目特征必须描述洞口尺寸，没有洞口尺寸必须描述窗框外围尺寸；以平方米计量，项目特征可不描述洞口尺寸及框的外围尺寸。
(3)以平方米计量，无设计图示洞口尺寸，按窗框外围以面积计算。
(4)金属橱窗、飘(凸)窗以樘计量，项目特征必须描述框外围展开面积。
(5)金属窗的五金包括折页、螺丝、执手、卡锁铰拉、风撑、滑轮、滑轨、拉把、拉手、角码、牛角制等。</td></tr>
</table>

(8)门窗套。工程量清单项目设置及工程量计算规则应按表 3－79 的规定执行。

表 3－79　门窗套　　　　(编码:010808)

<table>
<tr><th>项目编码</th><th>项目名称</th><th>项目特征</th><th>计量单位</th><th>工程量计算规则</th><th>工程内容</th></tr>
<tr><td>010808001</td><td>木门窗套</td><td>1. 窗代号及洞口尺寸
2. 门窗套展开宽度
3. 基层材料种类
4. 面层材料品种、规格
5. 线条品种、规格
6. 防护材料种类</td><td rowspan="5">1. 樘
2. m^2
3. m^3</td><td rowspan="5">1. 以樘计量，按设计图示数量计算
2. 以平方米计量，按设计图示尺寸以展开面积计算
3. 以米计量，按设计图示中心以延长米计算</td><td rowspan="3">1. 清理基层
2. 立筋制作、安装
3. 基层板安装
4. 面层铺贴
5. 线条安装
6. 刷防护材料</td></tr>
<tr><td>010808002</td><td>木筒子板</td><td rowspan="2">1. 筒子板宽度
2. 基层材料种类
3. 面层材料品种、规格
4. 线条品种、规格
5. 防护材料种类</td></tr>
<tr><td>010808003</td><td>饰面夹板筒子板</td></tr>
<tr><td>010808004</td><td>金属门窗套</td><td>1. 窗代号及洞口尺寸
2. 门窗套展开宽度
3. 基层材料种类
4. 面层材料品种、规格
5. 防护材料种类</td><td>1. 清理基层
2. 立筋制作、安装
3. 基层板安装
4. 面层铺贴
5. 刷防护材料</td></tr>
<tr><td>010808005</td><td>石材门窗套</td><td>1. 窗代号及洞口尺寸
2. 门窗套展开宽度
3. 黏结层厚度、砂浆配合比
4. 面层材料品种、规格
5. 线条品种、规格</td><td>1. 清理基层
2. 立筋制作、安装
3. 基层抹灰
4. 面层铺贴
5. 线条安装</td></tr>
</table>

（续表）

项目编码	项目名称	项目特征	计量单位	工程量计算规则	工程内容
010808006	门窗木贴脸	1. 门窗代号及洞口尺寸 2. 贴脸板宽度 3. 防护材料种类	1. 樘 2. m	1. 以樘计量，按设计图示数量计算 2. 以米计量，按设计图示尺寸以延长米计算	安装
010808007	成品木门窗套	1. 门窗代号及洞口尺寸 2. 门窗套展开宽度 3. 门窗套材料品种、规格	1. 樘 2. m^2 3. m	1. 以樘计量，按设计图示数量计算 2. 以平方米计量，按设计图示尺寸以展开面积计算 3. 以米计量，按设计图示中心以延长米计算	1. 清理基层 2. 立筋制作、安装 3. 板安装
注：(1)以樘计量，项目特征必须描述洞口尺寸，门窗套展开宽度。 (2)以平方米计量，项目特征可不描述洞口尺寸、门窗套展开宽度。 (3)以米计量，项目特征必须描述门窗套展开宽度、筒子板及贴脸宽度。 (4)木门窗套适用于单独门窗套的制作、安装。					

(9)窗台板。工程量清单项目设置及工程量计算规则应按表 3－80 的规定执行。

表 3－80 窗台板 **(编码:010809)**

项目编码	项目名称	项目特征	计量单位	工程量计算规则	工程内容
010809001	木窗台板	基层材料种类 窗台面板材质、规格、颜色 防护材料种类	m^2	按设计图示尺寸以展开面积计算	基层清理 基层制作、安装 窗台板制作、安装 刷防护材料
010809002	铝塑窗台板				
010809003	金属窗台板				
010809004	石材窗台板	黏结层厚度、砂浆配合比 窗台板材质、规格、颜色			基层清理 抹找平层 窗台板制作、安装

(10)窗帘、窗帘盒、窗帘轨。工程量清单项目设置及工程量计算规则应按表 3－81 的规定执行。

表 3-81　窗帘、窗帘盒、窗帘轨　　(编码:010810)

项目编码	项目名称	项目特征	计量单位	工程量计算规则	工程内容
010810001	窗帘	1. 窗帘材质 2. 窗帘高度、宽度 3. 窗帘层数 4. 带幔要求	1. m 2. m^2	1. 以米计量,按设计图示尺寸以成活后长度计算 2. 以平方米计算,按图示尺寸以成活后展开面积计算	1. 制作、运输、安装 2. 刷防护材料
010810002	木窗帘盒	1. 窗帘盒材质、规格 2. 防护材料种类	m	按设计图示尺寸以长度计算	
010810003	饰面夹板、塑料窗帘盒				
010810004	铝合金窗帘盒				
010810005	窗帘轨	1. 窗帘轨材质、规格 2. 轨的数量 3. 防护材料种类			

注:(1)窗帘若是双层,项目特征必须描述每层材质。
(2)窗帘以米计量,项目特征必须描述窗帘高度和宽度

3. 编制门窗工程工程量清单应注意的相关问题

(1)玻璃、百叶面积占其门扇面积一半以内者应计为半玻门或半百叶门,超过一半时应计为全玻门或全百叶门。

(2)项目特征中的门窗类型是指带亮子或不带亮子,带纱或不带纱,单扇、双扇或三扇,半百叶或全百叶,半玻或全玻,半玻自由门或全玻自由门,带门框或不带门框,单独门框和开启方式(平开、推拉、折叠)等。编制时应进行描述。

(3)木门的五金应包括折页、插销、风钩、弓背拉手、搭扣、木螺丝、弹簧折页

（自动门）、管子拉手（自由门、地弹门）等。

（4）木窗的五金应包括折页、插销、风钩、木螺丝、滑轮滑轨（推拉窗）等。

（5）铝合金窗的五金应包括卡锁、滑轮、铰拉、执手、拉把、拉手、风撑、角码、牛角制等。

（6）铝合金门的五金包括卡地弹簧、门锁、拉手、门插、门铰、螺丝等。

（7）其他门的五金应包括"L"形执手插销（双舌）、球形执手锁（单舌）、门轧头、地锁、防盗门扣、门眼（猫眼）、门碰珠、电子销（磁卡销）、闭门器、装饰拉手等。

（8）门窗套、贴脸板、筒子板和窗台板项目，包括底层抹灰，如底层抹灰已包括在墙、柱面底层抹灰内，应在工程量清单中进行描述。

（9）门窗工程量均以"樘"计算，如遇框架结构的连续长窗也以"樘"计算，但对连续长窗的扇数和洞口尺寸应在工程量清单中描述。

【实践训练】

某门窗工程，门为带亮单扇杉木无纱镶板门（40 樘）及无亮双扇杉木无纱镶板门（28 樘），其洞口尺寸如图 3－26 所示，各门均安装单向普通门锁，木门用普通杉木贴面（单面，宽 100mm），涂调和漆两遍。窗为铝合金三扇推拉窗（90 系列），共 28 樘，其洞口尺寸如图 3－26 所示，计算该门窗工程的工程量清单。

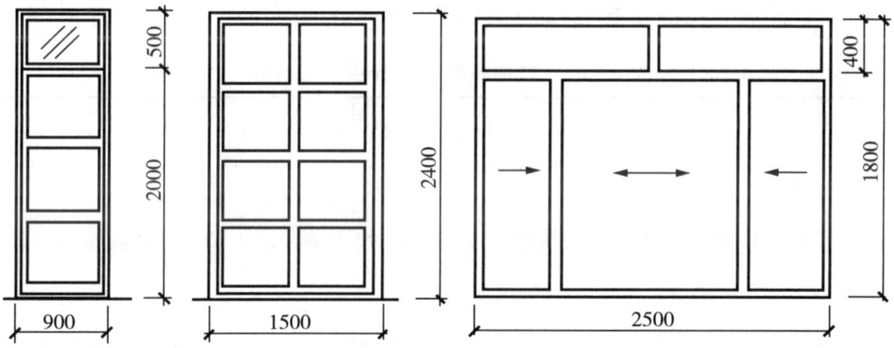

图 3－26

解：（1）请单项目设置编制

依据工程量计算规范，清单项目为：单扇镶板木门（010801001001）、双扇镶板木门（010801001002）、铝合金推拉窗（010807001001）、木门贴脸（010808006001）。

（2）清单工程量计算

门窗工程量均以"樘"计算，木门贴脸按设计图示数量计算。

单扇镶板木门：N_1＝40 樘［单扇面积为 2.5×0.9＝2.25（m^2）］

双扇镶板木门：N_2＝28 樘［单扇面积为 2.4×1.5＝3.6（m^2）］

铝合金三扇推拉窗：N_3＝28 樘［单扇面积为 1.8×2.5＝4.5（m^2）］

木门贴脸：68 樘。

(3)填写工程量清单(表 3－82)

表 3－82　工程量清单

序号	项目编码	项目名称	项　目　特　征	计量单位	工程数量
1	010801001001	单扇镶板木门	带亮单扇杉木无纱镶板门 单扇面积：2.25 m^2 油底漆一遍、调和漆两遍	樘	40
2	010801001002	双扇镶板木门	无亮双扇杉木无纱镶板门 单扇面积：43.6 m^2 油底漆一遍、调和漆两遍	樘	28
3	010807001001	铝合金推拉窗	铝合金三扇推拉窗(90 系列) 单扇面积：4.5m^2	樘	28
4	010808006001	木门贴脸	普通杉木贴面(单面、宽 100) 油底漆一遍、调和漆两遍	樘	68

(九)屋面及防水工程

1. 屋面及防水工程的项目组成

屋面及防水工程的工程量清单分四节，共二十一个清单项目，见表 3－83。

表 3－83　屋面及防水工程项目组成表

章	J　屋面及防水工程			
节	J.1 瓦、型材及其他屋面	J.2 屋面防水及其他	J.3 墙面防水、防潮	J.4 楼(地)面防水、防潮
项目	瓦屋面 型材屋面 阳光板屋面 玻璃钢屋面 膜结构屋面	屋面卷材防水 屋面涂膜防水 屋面刚性防水 屋面排水管 屋面排(透)气管 屋面(廊、阳台)泄(吐)水管 屋面天沟、沿沟 屋面变形缝	墙面卷材防水 墙面涂膜防水 墙面砂浆防水(潮) 墙面变形缝	楼(地)面卷材防水 楼(地)面涂膜防水 楼(地)面砂浆防水(潮) 楼(地)面变形缝

2. 屋面及防水工程工程量清单计价规范的内容

(1)瓦、型材及其他屋面。工程量清单项目设置及工程量计算规则应按表 3－84的规定执行。

表 3－84　瓦、型材及其他屋面　　　　（编码：010901）

项目编码	项目名称	项目特征	计量单位	工程量计算规则	工程内容
010901001	瓦屋面	1. 瓦品种、规格 2. 黏结层砂浆的配合比	m^2	按设计图示尺寸以斜面积计算，不扣除房上烟囱、风帽底座、风道、小气窗、斜沟等所占面积。小气窗的出檐部分不增加面积	1. 砂浆制作、运输、摊铺、养护 2. 安瓦、作瓦脊
010901002	型材屋面	1. 型材品种、规格 2. 金属檩条材料品种、规格 3. 接缝、嵌缝材料种类			1. 檩条制作、运输、安装 2. 屋面型材安装 3. 接缝、嵌缝
010901003	阳光板屋面	1. 阳光板品种、规格 2. 骨架材料品种、规格 3. 接缝、嵌缝材料种类 4. 油漆品种、刷漆遍数		按设计图示尺寸以斜面积计算，不扣除屋面面积不超过 0.3 m^2 孔洞所占面积	1. 骨架制作、运输、安装、刷防护材料、油漆 2. 阳光板安装 3. 接缝、嵌缝
010901004	玻璃钢屋面	1. 玻璃钢品种、规格 2. 骨架材料品种、规格 3. 玻璃钢固定方式 4. 接缝、嵌缝材料种类 5. 油漆品种、刷漆遍数			1. 骨架制作、运输、安装、刷防护材料、油漆 2. 玻璃钢制作、安装 3. 接缝、嵌缝
010901005	膜结构屋面	1. 膜布品种、规格 2. 支柱（网架）钢材品种、规格 3. 钢丝绳品种、规格 4. 锚固基座做法 5. 油漆品种、刷漆遍数		按设计图示尺寸以需要覆盖的水平投影面积计算	1. 膜布热压胶接 2. 支柱（网架）制作、安装 3. 膜布安装 4. 穿钢丝绳、锚头锚固 5. 锚固基座、挖土、回填 6. 刷防护材料、油漆

注：(1)瓦屋面若是在木基层上铺瓦，项目特征不必描述黏结层砂浆的配合比，瓦屋面铺防水层，按本附录表 J.2 屋面防水及其他中相关项目编码列项。

(2)型材屋面、阳光板屋面、玻璃钢屋面的柱、梁、屋架，按本规范附录 F 金属结构工程、附录 G 木结构工程中相关项目编码列项。

屋面及防水工程量清单的编制

(2)屋面防水及其他。工程量清单项目设置及工程量计算规则应按表3－85的规定执行。

表3－85　屋面防水及其他　　(编码:010902)

项目编码	项目名称	项目特征	计量单位	工程量计算规则	工程内容
010902001	屋面卷材防水	1. 卷材品种、规格、厚度 2. 防水层数 3. 防水层做法	m^2	按设计图示尺寸以面积计算 1. 斜屋顶(不包括平屋顶找坡)按斜面积计算,平屋顶按水平投影面积计算 2. 不扣除房上烟囱、风帽底座、风道、屋面小气窗和斜沟所占面积 3. 屋面的女儿墙、伸缩缝和天窗等处的弯起部分,并入屋面工程量内	1. 基层处理 2. 刷底油 3. 铺油毡卷材、接缝
010902002	屋面涂膜防水	1. 防水膜品种 2. 涂膜厚度、遍数 3. 增强材料种类			1. 基层处理 2. 刷基层处理剂 3. 铺布、喷涂防水层
010902003	屋面刚性防水	1. 刚性层厚度 2. 混凝土种类 3. 混凝土强度等级 4. 嵌缝材料种类 5. 钢筋规格、型号		按设计图示尺寸以面积计算。不扣除房上烟囱、风帽底座、风道等所占面积	1. 基层处理 2. 混凝土制作、运输、铺筑、养护 3. 钢筋制安
010902004	屋面排水管	1. 排水管品种、规格 2. 雨水斗、山墙出水口品种、规格 3. 接缝、嵌缝材料种类 4. 油漆品种、刷涂遍数	m	按设计图示尺寸以长度计算。如设计未标注尺寸,以檐口至设计室外散水上表面垂直距离计算	1. 排水管及配件安装、固定 2. 雨水斗、山墙出水口、雨水箅子安装 3. 接缝、嵌缝 4. 刷漆
010902005	屋面排(透)气管	1. 排(透)气管品种、规格 2. 接缝、嵌缝材料种类 3. 油漆品种、刷涂遍数		按设计图示尺寸以长度计算	1. 排(透)气管及配件安装、固定 2. 铁件制作、安装 3. 接缝、嵌缝 4. 刷漆

(续表)

项目编码	项目名称	项目特征	计量单位	工程量计算规则	工程内容
010902006	屋面(廊、阳台)泄(吐)水管	1. 吐水管品种、规格 2. 接缝、嵌缝材料种类 3. 吐水管长度 4. 油漆品种、刷涂遍数	根(个)	按设计图示尺寸以数量计算	1. 水管及配件安装、固定 2. 接缝、嵌缝 3. 刷漆
010902007	屋面天沟、沿沟	1. 材料品种 2. 接缝、嵌缝材料种类	m^2	按设计图示尺寸以面积计算。铁皮和卷材天沟按展开面积计算	1. 天沟材料铺设 2. 天沟配件安装 3. 接缝、嵌缝 4. 刷防护材料
010902008	屋面变形缝	1. 嵌缝材料种类 2. 止水带材料种类 3. 盖缝材料 4. 防护材料种类	m	按设计图示尺寸以长度计算	1. 清缝 2. 填塞防水材料 3. 止水带安装 4. 盖缝制作、安装 5. 刷防护材料

注:(1)屋面刚性层无钢筋,其钢筋项目特征不必描述。
(2)屋面找平层按本规范附录 L 楼地面装饰工程“平面砂浆找平层”项目编码列项。
(3)屋面防水搭接及附加层用量不另行计算,在综合单价中考虑。
(4)屋面保温找坡按本规范附录 K 保温、隔热、防腐工程“保温隔热屋面”项目编码列项。

(3)墙面防水、防潮。工程量清单项目设置及工程量计算规则应按表 3-86 的规定执行。

表 3-86 墙面防水、防潮 (编码:010903)

项目编码	项目名称	项目特征	计量单位	工程量计算规则	工程内容
010903001	墙面卷材防水	1. 卷材品种、规格、厚度 2. 防水层数 3. 防水层做法	m^2	按设计图示尺寸以面积计算	1. 基层处理 2. 刷黏结剂 3. 铺防水卷材 4. 接缝、嵌缝

（续表）

项目编码	项目名称	项目特征	计量单位	工程量计算规则	工程内容
010903002	墙面涂膜防水	1. 防水膜品种 2. 涂膜厚度、遍数 3. 增强材料种类	m^2	按设计图示尺寸以面积计算	1. 基层处理 2. 刷基层处理剂 3. 铺布、喷涂防水层
010903003	墙面砂浆防水（潮）	1. 防水层做法 2. 砂浆厚度、配合比 3. 钢丝网规格			1. 基层处理 2. 挂钢丝网片 3. 设置分格缝 4. 砂浆制作、运输、摊铺、养护
010903004	墙面变形缝	1. 嵌缝材料种类 2. 止水带材料种类 3. 盖缝材料 4. 防护材料种类	m	按设计图示以长度计算	1. 清缝 2. 填塞防水材料 3. 止水带安装 4. 盖缝制作、安装 5. 刷防护材料
注：(1)墙面防水搭接及附加层用量不另行计算，在综合单价中考虑。 (2)墙面变形缝，若做双面，工程量乘系数 2。 (3)墙面找平层按本规范附录 M 墙、柱面装饰与隔断、幕墙工程“立面砂浆找平层”项目编码列项。					

(4)楼（地）面防水、防潮。工程量清单项目设置及工程量计算规则应按表 3－87的规定执行。

表 3－87　楼（地）面防水、防潮　　（编码：010904）

项目编码	项目名称	项目特征	计量单位	工程量计算规则	工程内容
010904001	楼（地）面卷材防水	1. 卷材品种、规格、厚度 2. 防水层数 3. 防水层做法 4. 反边高度	m^2	按设计图示尺寸以面积计算 1. 楼（地）面防水：按主墙间净空面积计算，扣除凸出地面的构筑物、设备基础等所	1. 基层处理 2. 刷黏结剂 3. 铺防水卷材 4. 接缝、嵌缝

（续表）

项目编码	项目名称	项目特征	计量单位	工程量计算规则	工程内容
010904002	楼（地）面涂膜防水	1. 防水膜品种 2. 涂膜厚度、遍数 3. 增强材料种类 4. 反边高度	m^2	占面积，不扣除间壁墙及单个面积不超过 $0.3m^2$ 的柱、垛、烟囱和孔洞所占面积 2. 楼（地）面防水反边高度不超过 300mm 的算作地面防水，反边高度大于 300mm 的按墙面防水计算	1. 基层处理 2. 刷基层处理剂 3. 铺布、喷涂防水层
010904003	楼（地）面砂浆防水（潮）	1. 防水层做法 2. 砂浆厚度、配合比 3. 反边高度			1. 基层处理 2. 砂浆制作、运输、摊铺、养护
010904004	楼（地）面变形缝	1. 嵌缝材料种类 2. 止水带材料种类 3. 盖缝材料 4. 防护材料种类	m	按设计图示以长度计算	1. 清缝 2. 填塞防水材料 3. 止水带安装 4. 盖缝制作、安装 5. 刷防护材料

注：(1)楼（地）面防水找平层按本规范附录 L 楼地面装饰工程“平面砂浆找平层”项目编码列项。

(2)楼（地）面防水搭接及附加层用量不另行计算，在综合单价中考虑。

3. 编制屋面及防水工程工程量清单应注意的相关问题

屋面及防水工程清单项目设置必须按设计图纸注明材料名称、规格、品种，设计要求做法（包括厚度、层数、遍数）、特殊施工工艺要求等。根据每个项目包含的工程内容、区分材质、做法、位置等分别列项。编制各分部分项工程项目清单时应注意以下项目的列项及工程内容范围等问题。

(1)“瓦屋面”项目适用于小青瓦、平瓦、筒瓦、石棉水泥瓦、玻璃钢波形瓦等。编制清单时还应注意：

① 屋面基层包括檩条、椽子、木屋面板、顺水条、挂瓦条等。

② 木屋面板应明确启口、错口、平口接缝。

(2)“型材屋面”项目适用于压型钢板、金属压型夹心板、阳光板、玻璃钢等。编制清单时应注意：型材屋面的钢檩条或木檩条以及骨架、螺栓、挂钩等应包括在报价内。

(3)“膜结构屋面”项目适用于膜布屋面。编制清单时应注意：

① 支撑和拉固膜布的钢柱、拉杆、金属网架、钢丝绳、锚固的锚头等应包括在报价内。

② 支撑柱的钢筋混凝土柱基、锚固的钢筋混凝土基础以及地脚螺栓等按混凝土及钢筋混凝土项目编码列项。

(4)"屋面卷材防水"项目适用于利用胶结材料粘贴卷材进行防水的屋面。编制清单时应注意：

① 屋面找平层、基层处理(清理修补、刷基层处理剂)等应包括在报价内。

② 檐沟、天沟、水落口、泛水接头、变形缝等处的卷材附加层应包括在报价内。

③ 浅色、反射涂料保护层、绿豆砂保护层、细砂、云母及蛭石保护层应包括在报价内。

④ 水泥砂浆保护层、细石混凝土保护层可包括在报价内，也可按相关项目编码列项。

(5)"屋面涂膜防水"项目适用于厚质涂料、薄质涂料和有加增强材料或无加增强材料的涂膜防水屋面。编制清单时应注意：

① 抹屋面找平层，基层处理(清理修补、刷基层处理剂等)应包括在报价内。

② 需加强材料的应包括在报价内。

③ 檐沟、天沟、水落口、泛水接头、变形缝等处的卷材附加层应包括在报价内。

④ 浅色、反射涂料保护层、绿豆砂保护层、细砂、云母及蛭石保护层应包括在报价内。水泥砂浆保护层、细石混凝土保护层可包括在报价内，也可按相关项目编码列项。

(6)"屋面刚性防水"项目适用于细石混凝土、补偿收缩混凝土、块体混凝土、预应力混凝土和钢纤维混凝土刚性防水屋面。编制清单时应注意：刚性防水屋面的分格缝、泛水、变形缝部位的防水卷材、密封材料、背衬材料、沥青麻丝等应包括在报价内。

(7)"屋面排水管"项目适用于各种排水管(PVC 管、玻璃钢管、铸铁管等)。编制清单时应注意：

① 排水管、雨水口、箅子板、水斗等应包括在报价内。

② 埋设管卡箍、裁管、接嵌缝应包括在报价内。

(8)"屋面天沟、檐沟"项目适用于水泥砂浆天沟、细石混凝土天沟、预制混凝土天沟板、卷材天沟、玻璃钢天沟、镀锌铁皮天沟等。编制清单时应注意：

① 天沟、檐沟固定卡件、支撑件应包括在报价内。

② 天沟、檐沟的接缝、嵌缝材料应包括在报价内。

(9)"卷材防水、涂膜防水"项目适用于基础、楼地面、墙面等部位的防水。编制清单时应注意：

① 抹找平层、刷基础处理剂、刷胶黏剂、胶黏防水卷材应包括在报价内。

② 特殊处理部位(如管道的通道部位)的嵌缝材料、附加卷材衬垫等应包括在报价内。

③ 永久保护层(如砖墙、混凝土地坪等)应按相关项目编码列项。

(10)"砂浆防水(潮)"项目适用于地下、基础、楼地面、墙面等部位的防水防潮。编制清单时应注意:防水、防潮层的外加剂应包括在报价内。

(11)"变形缝"项目适用于基础、墙体、屋面等部位的抗震缝、温度缝(伸缩缝)、沉降缝。编制清单时应注意:止水带安装、盖板制作、安装应包括在报价内。

(12)"瓦屋面""型材屋面"的木檩条、木椽子、木屋面板需要刷防火涂料时,可按相关项目单独编码列项,也可包括在"瓦屋面""型材屋面"项目报价内。

(13)"瓦屋面""型材屋面""膜结构屋面"的钢檩条、钢支撑(柱、网架等)和拉结结构需刷防护材料时,可按相关项目单独编码列项,也可包括在"瓦屋面""型材屋面""膜结构屋面"项目报价内。

【实践训练】

如图 3-27 所示,某厂房屋面,1:3 水泥砂浆找平层 20mm,抹掺无机铝盐防水剂防水,1:2 防水砂浆 2cm 厚,M5 水泥石灰砂浆座砌单层大阶砖(370×370×25)隔热,分隔缝间距 5m×5m,宽 2.5cm,石油沥青灌缝,试编制工程量清单。

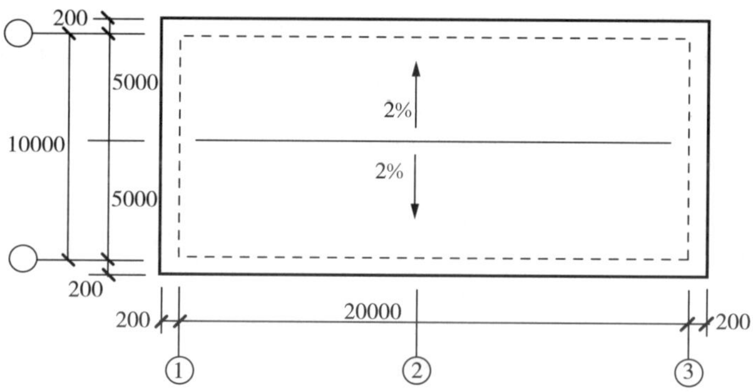

图 3-27 某厂房屋面平面图

解:(1)清单项目设置

清单项目为:

屋面刚性防水(010902003001):1:2 防水砂浆 20mm 厚,石油沥青分格缝 2.5cm 宽。

屋面找平层(011101006001):1:3 水泥砂浆 20mm 厚(屋面找平层按本规范附录 L 楼地面装饰工程"平面砂浆找平层"项目编码列项)。

保温隔热屋面(011001001001):M5 水泥石灰砂浆屋面座砌大阶砖(370×370×25)。

(2)清单工程量计算(因屋面坡度极小,按平屋面计算)

屋面刚性防水:$S=(20+0.2\times2)\times(10+0.2\times2)=212.16(m^2)$;

屋面找平层:工程量同屋面刚性防水,为 $212.16m^2$;

大阶砖隔热层:$10\times20=200(m^2)$。

(3)填写工程量清单(表 3－88)

表 3－88　工程量清单

序号	项目编码	项目名称	项　目　特　征	计量单位	工程数量
1	010902003001	屋面刚性防水	1∶2 防水砂浆 20mm 厚 石油沥青填分格缝	m^2	212.16
2	011101006001	屋面找平层	1∶3 水泥砂浆 20mm 厚	m^2	212.16
3	011001001001	保温隔热屋面	保温隔热屋面座砌大阶砖	m^2	200

(十)保温、隔热、防腐工程

1. 保温、隔热、防腐工程的项目组成

保温、隔热、防腐工程的工程量清单分三节共十六个清单项目,见表 3－89。

表 3－89　保温、隔热、防腐工程项目组成表

章	K　保温、隔热、防腐工程		
节	K.1 保温、隔热	K.2 防腐面层	K.3 其他面层
项目	保温隔热屋面 保温隔热天棚 保温隔热墙面 保温柱、梁 保温隔热楼地面 其他保温隔热	防腐混凝土面层 防腐砂浆面层 防腐胶泥面层 玻璃钢 防腐面层 聚氯乙烯板面层 块料防腐面层 池、槽块料防腐面层	隔离层 砌筑沥青浸渍砖 防腐涂料

2. 保温、隔热、防腐工程工程量清单计价规范的内容

(1)保温、隔热。工程量清单项目设置及工程量计算规则应按表 3－90 的规定执行。

表 3－90　保温、隔热　　　　(编码:011001)

项目编码	项目名称	项目特征	计量单位	工程量计算规则	工程内容
011001001	保温隔热屋面	1. 保温隔热材料品种、规格、厚度 2. 隔气层材料品种、厚度 3. 黏结材料种类、做法 4. 防护材料种类、做法	m^2	按设计图示尺寸以面积计算。扣除面积大于 $0.3m^2$ 的孔洞及占位面积	1. 基层清理 2. 刷黏结材料 3. 铺黏保温层 4. 铺、刷(喷)防护材料

（续表）

项目编码	项目名称	项目特征	计量单位	工程量计算规则	工程内容
011001002	保温隔热天棚	1. 保温隔热面层材料品种、规格、性能 2. 保温隔热材料品种、规格及厚度 3. 黏结材料种类及做法 4. 防护材料种类及做法	m^2	按设计图示尺寸以面积计算。扣除面积大于0.3 m^2 的上柱、垛、孔洞所占面积，与天棚相连的梁按展开面积，计算并入天棚工程量内	1. 基层清理 2. 刷黏结材料 3. 铺黏保温层 4. 铺、刷（喷）防护材料
011001003	保温隔热墙面	1. 保温隔热部位 2. 保温隔热方式 3. 踢脚线、勒脚线保温做法 4. 龙骨材料品种、规格 5. 保温隔热面层材料品种、规格、性能 6. 保温隔热材料品种、规格及厚度 7. 增强网及抗裂防水砂浆种类 8. 黏结材料种类及做法 9. 防护材料种类及做法		按设计图示尺寸以面积计算。扣除门窗洞口面积大于0.3 m^2 的梁、孔洞所占面积；门窗洞口侧壁以及与墙相连的柱，并入保温墙体工程量内	
011001004	保温柱、梁			按设计图示尺寸以面积计算 1. 柱按设计图示柱断面保温层中心线展开长度乘保温层高度以面积计算，扣除面积大于0.3 m^2 的梁所占面积 2. 梁按设计图示梁断面保温层中心线展开长度乘保温层长度以面积计算	1. 基层清理 2. 刷界面剂 3. 安装龙骨 4. 填贴保温材料 5. 保温板安装 6. 粘贴面层 7. 铺设增强格网、抹抗裂、防水砂浆面层 8. 嵌缝 9. 铺、刷（喷）防护
011001005	保温隔热楼地面	1. 保温隔热部位 2. 保温隔热材料品种、规格、厚度 3. 隔气层材料品种、厚度 4. 黏结材料种类、做法 5. 防护材料种类、做法		按设计图示尺寸以面积计算。扣除面积大于0.3 m^2 的柱、垛、孔洞等所占面积。门洞、空圈、暖气包槽、壁龛的开口部分不增加面积	1. 基层清理 2. 刷黏结材料 3. 铺黏保温层 4. 铺、刷（喷）防护材料

保温隔热防腐工程量清单的编制

（续表）

项目编码	项目名称	项目特征	计量单位	工程量计算规则	工程内容
011001006	其他保温隔热	1. 保温隔热部位 2. 保温隔热方式 3. 隔气层材料品种、厚度 4. 保温隔热面层材料品种、规格、性能 5. 保温隔热材料品种、规格及厚度 6. 黏结材料种类及做法 7. 增强网及抗裂防水砂浆种类 8. 防护材料种类及做法	m^2	按设计图示尺寸以展开面积计算。扣除面积大于 $0.3m^2$ 的孔洞及占位面积	1. 基层清理 2. 刷界面剂 3. 安装龙骨 4. 填贴保温材料 5. 保温板安装 6. 粘贴面层 7. 铺设增强格网、抹抗裂防水砂浆面层 8. 嵌缝 9. 铺、刷（喷）防护材料
注：(1)保温隔热装饰面层，按本规范附录 L、M、N、P、Q 中相关项目编码列项；仅做找平层按本规范附录 L 楼地面装饰工程“平面砂浆找平层”或附录 M 墙、柱面装饰与隔断、幕墙工程“立面砂浆找平层”项目编码列项。 (2)柱帽保温隔热应并入天棚保温隔热工程量内。 (3)池槽保温隔热应按其他保温隔热项目编码列项。 (4)保温隔热方式：内保温、外保温、夹心保温。 (5)保温柱、梁适用于不与墙、天棚相连的独立柱、梁。					

(2)防腐面层。工程量清单项目设置及工程量计算规则应按表 3－91 的规定执行。

表 3－91　防腐面层　　(编码:011002)

项目编码	项目名称	项目特征	计量单位	工程量计算规则	工程内容
011002001	防腐混凝土面层	1. 防腐部位 2. 面层厚度 3. 混凝土种类 4. 胶泥种类、配合比	m^2	按设计图示尺寸以面积计算 1. 平面防腐：扣除凸出地面的构筑物、设备基础等以及面积大于 $0.3m^2$ 的孔洞、柱、垛等所占面积，门洞、空圈、暖气包槽、壁龛的开口部分不增加面积 2. 立面防腐：扣除门、窗、洞口以及面积大于 $0.3m^2$ 的孔洞、梁所占面积，门、窗、洞口侧壁、垛突出部分按展开面积并入墙面积内	1. 基层清理 2. 基层刷稀胶泥 3. 混凝土制作、运输、摊铺、养护

（续表）

项目编码	项目名称	项目特征	计量单位	工程量计算规则	工程内容
011002002	防腐砂浆面层	1. 防腐部位 2. 面层厚度 3. 砂浆、胶泥种类、配合比	m^2	按设计图示尺寸以面积计算 1. 平面防腐：扣除凸出地面的构筑物、设备基础等以及面积大于 $0.3m^2$ 的孔洞、柱、垛等所占面积，门洞、空圈、暖气包槽、壁龛的开口部分不增加面积 2. 立面防腐：扣除门、窗、洞口以及面积大于 $0.3m^2$ 的孔洞、梁所占面积，门、窗、洞口侧壁、垛突出部分按展开面积并入墙面积内	1. 基层清理 2. 基层刷稀胶泥 3. 砂浆制作、运输、摊铺、养护
011002003	防腐胶泥面层	1. 防腐部位 2. 面层厚度 3. 胶泥种类、配合比			1. 基层清理 2. 胶泥调制、摊铺
011002004	玻璃钢防腐面层	1. 防腐部位 2. 玻璃钢种类 3. 贴布材料的种类、层数 4. 面层材料品种			1. 基层清理 2. 刷底漆、刮腻子 3. 胶浆配制、涂刷 4. 粘布、涂刷面层
011002005	聚氯乙烯板面层	1. 防腐部位 2. 面层材料品种、厚度 3. 黏结材料种类			1. 基层清理 2. 配料、涂胶 3. 聚氯乙烯板铺设
011002006	块料防腐面层	1. 防腐部位 2. 块料品种、规格 3. 黏结材料种类 4. 勾缝材料种类			1. 基层清理 2. 铺贴块料 3. 胶泥调制、勾缝
011002007	池、槽块料防腐面层	1. 防腐池、槽名称、代号 2. 块料品种、规格 3. 黏结材料种类 4. 勾缝材料种类		按设计图示尺寸以展开面积计算	1. 基层清理 2. 铺贴块料 3. 胶泥调制、勾缝
注：防腐踢脚线，应按本规范附录 L 楼地面装饰工程“踢脚线”项目编码列项。					

(3)其他防腐。工程量清单项目设置及工程量计算规则应按表 3－92 的规定执行。

表 3－92　其他防腐　　　　（编码:011003）

项目编码	项目名称	项目特征	计量单位	工程量计算规则	工程内容
011003001	隔离层	1. 隔离层部位 2. 隔离层材料品种 3. 隔离层做法 4. 黏贴材料种类	m^2	按设计图示尺寸以面积计算。 1. 平面防腐:扣除凸出地面的构筑物、设备基础等以及面积大于 $0.3m^2$ 的孔洞、柱、垛等所占面积,门洞、空圈、暖气包槽、壁龛的开口部分不增加面积 2. 立面防腐:扣除门、窗、洞口以及面积大于 $0.3m^2$ 的孔洞、梁所占面积,门、窗、洞口侧壁、垛突出部分按展开面积并入墙面积内	1. 基层清理、刷油 2. 煮沥青 3. 胶泥调制 4. 隔离层铺设
011003002	砌筑沥青浸渍砖	1. 砌筑部位 2. 浸渍砖规格 3. 胶泥种类 4. 浸渍砖砌法(平砌、立砌)	m^3	按设计图示尺寸以体积计算	1. 基层清理 2. 胶泥调制 3. 浸渍砖铺砌
011003003	防腐涂料	1. 涂刷部位 2. 基层材料类型 3. 刮腻子的种类遍数 4. 涂料品种、刷涂遍数	m^2	按设计图示尺寸以面积计算 1. 平面防腐:扣除凸出地面的构筑物、设备基础等以及面积大于 $0.3m^2$ 的孔洞、柱、垛等所占面积,门洞、空圈、暖气包槽、壁龛的开口部分不增加面积 2. 立面防腐:扣除门、窗、洞口以及面积大于 $0.3m^2$ 的孔洞、梁所占面积,门、窗、洞口侧壁、垛突出部分按展开面积并入墙面积内	1. 基层清理 2. 刮腻子 3. 刷涂料
注:浸渍砖砌法指平砌、立砌。					

(十一)楼地面装饰工程

1. 楼地面工程的项目组成

楼地面工程的工程量清单分八节共四十三个清单项目,见表 3－93。

表 3－93　楼地面工程项目组成表

章	L　楼地面工程							
节	L. 1 整体面层 及找平层	L. 2 块料 面层	L. 3 橡塑面层	L. 4 其他材料 面层	L. 5 踢脚线	l. 6 楼梯 面层	L7 台阶 装饰	L. 8 零星 装饰 项目
项目	水泥砂浆楼地面 现浇水磨石楼地面 细石混凝土楼地面 菱苦土楼地面 自流平楼地面 平面砂浆找平层	块料楼地面 碎石材楼地面 石材楼地面	橡胶板楼地面 橡胶卷材楼地面 塑料板楼地面 塑料卷材楼地面	地毯楼地面 竹木复合地板 金属复合地板 防静电活动地板	水泥砂浆踢脚线 石材踢脚线 块料踢脚线 塑料板踢脚线 木质踢脚线 金属踢脚线 防静电踢脚线	石材楼梯面层 块料楼梯面层 碎拼块料面层 水泥砂浆面层 现浇水磨石楼梯面 地毯楼梯面 木板楼梯面 橡胶板楼梯面层 塑料板楼梯面层	石材台节面 块料台节面 拼碎块台阶面 水泥砂浆台阶面 现浇水磨石台阶面 剁假石台阶面	石材零星项目 碎拼石材零星项目 块料零星项目 水泥砂浆零星项目

2. 楼地面工程工程量清单计价规范的内容

(1)整体面层及找平层。工程量清单项目设置及工程量计算规则应按表 3－94 的规定执行。

楼地面装饰工程量清单的编制(一)

表 3－94　整体面层及找平层　　　　(编码:011101)

项目编码	项目名称	项目特征	计量单位	工程量计算规则	工程内容
011101001	水泥砂浆楼地面	1. 找平层厚度、砂浆配合比 2. 素水泥浆遍数 3. 面层厚度、砂浆配合比 4. 面层做法要求	m^2	按设计图示尺寸以面积计算。扣除凸出地面构筑物、设备基础、室内铁道、地沟等所占面积,不扣除间壁墙及不超过 0.3m^2 的柱、垛、附墙烟囱及孔洞所占面积。门洞、空圈、暖气包槽、壁龛的开口部分不增加面积	1. 基层清理 2. 抹找平层 3. 抹面层 4. 材料运输

（续表）

项目编码	项目名称	项目特征	计量单位	工程量计算规则	工程内容
011101002	现浇水磨石楼地面	1. 找平层厚度、砂浆配合比 2. 面层厚度、水泥石子浆配合比 3. 嵌条材料种类、规格 4. 石子种类、规格、颜色 5. 颜料种类、颜色 6. 图案要求 7. 磨光、酸洗、打蜡要求	m^2	按设计图示尺寸以面积计算。扣除凸出地面构筑物、设备基础、室内铁道、地沟等所占面积，不扣除间壁墙及小于 $0.3m^2$ 的柱、垛、附墙烟囱及孔洞所占面积。门洞、空圈、暖气包槽、壁龛的开口部分不增加面积	1. 基层清理 2. 抹找平层 3. 面层铺设 4. 嵌缝条安装 5. 磨光、酸洗打蜡 6. 材料运输
011101003	细石混凝土楼地面	1. 找平层厚度、砂浆配合比 2. 面层厚度、混凝土强度等级	m^2	按设计图示尺寸以面积计算。扣除凸出地面构筑物、设备基础、室内铁道、地沟等所占面积，不扣除间壁墙及小于 $0.3m^2$ 的柱、垛、附墙烟囱及孔洞所占面积。门洞、空圈、暖气包槽、壁龛的开口部分不增加面积	1. 基层清理 2. 抹找平层 3. 面层铺设 4. 材料运输
011101004	菱苦土楼地面	1. 找平层厚度、砂浆配合比 2. 面层厚度 3. 打蜡要求	m^2	按设计图示尺寸以面积计算。扣除凸出地面构筑物、设备基础、室内铁道、地沟等所占面积，不扣除间壁墙及小于 $0.3m^2$ 的柱、垛、附墙烟囱及孔洞所占面积。门洞、空圈、暖气包槽、壁龛的开口部分不增加面积	1. 基层清理 2. 抹找平层 3. 面层铺设 4. 打蜡 5. 材料运输
011101005	自流坪楼地面	1. 找平层砂浆配合比、厚度 2. 界面剂材料种类 3. 中层漆材料种类、厚度 4. 面漆材料种类、厚度 5. 面层材料种类	m^2	按设计图示尺寸以面积计算。扣除凸出地面构筑物、设备基础、室内铁道、地沟等所占面积，不扣除间壁墙及不超琮 $0.3m^2$ 的柱、垛、附墙烟囱及孔洞所占面积。门洞、空圈、暖气包槽、壁龛的开口部分不增加面积	1. 基层处理 2. 抹找平层 3. 涂界面剂 4. 涂刷中层漆 5. 打磨、吸尘 6. 镘自流平面漆(浆) 7. 拌和自流平浆料 8. 铺面层
011101006	平面砂浆找平层	找平层厚度、砂浆配合比	m^2	按设计图示尺寸以面积计算	1. 基层清理 2. 抹找平层 3. 材料运输

（续表）

项目编码	项目名称	项目特征	计量单位	工程量计算规则	工程内容
注：(1)水泥砂浆面层处理是拉毛还是提浆压光应在面层做法要求中描述。 (2)平面砂浆找平层只适用于仅做找平层的平面抹灰。 (3)间壁墙指墙厚不超过 120mm 的墙。 (4)楼地面混凝土垫层另按附录 E.1 垫层项目编码列项，除混凝土外的其他材料垫层按本规范表 D.4 垫层项目编码列项。					

(2)块料面层。工程量清单项目设置及工程量计算规则应按表 3－95 的规定执行。

楼地面装饰工程量清单的编制(二)

表 3－95　块料面层　　　　（编码:011102）

项目编码	项目名称	项目特征	计量单位	工程量计算规则	工程内容
011102001	石材楼地面	1. 找平层厚度、砂浆配合比 2. 结合层厚度、砂浆配合比 3. 面层材料品种、规格、品牌、颜色 4. 嵌缝材料种类 5. 防护层材料种类 6. 酸洗、打蜡要求	m^2	按设计图示尺寸以面积计算。门洞、空圈、暖气包槽、壁龛的开口部分并入相应的工程量内	1. 基层清理 2. 抹找平层 3. 面层铺设、磨边 4. 嵌缝 5. 刷防护材料 6. 酸洗、打蜡 7. 材料运输
011102002	碎石材楼地面				
011102003	块料楼地面				

(3)橡塑面层。工程量清单项目设置及工程量计算规则应按表 3－96 的规定执行。

表 3－96　橡塑面层　　　　（编码:011103）

项目编码	项目名称	项目特征	计量单位	工程量计算规则	工程内容
011103001	橡胶板楼地面	1. 黏结层厚度、材料种类 2. 面层材料品种、规格、品牌、颜色 3. 压线条种类	m^2	按设计图示尺寸以面积计算。门洞、空圈、暖气包槽、壁龛的开口部分并入相应的工程量内	1. 基层清理 2 面层铺贴 3. 压缝条装钉 4. 材料运输
011103002	橡胶卷材楼地面				
011103003	塑料板楼地面				
011103004	塑料卷材楼地面				
注：本表项目中如涉及找平层，另按本附录表 L.1 找平层项目编码列项。					

(4)其他材料面层。工程量清单项目设置及工程量计算规则应按表3－97的规定执行。

表3－97 其他材料面层 (编码:011104)

项目编码	项目名称	项目特征	计量单位	工程量计算规则	工程内容
011104001	地毯楼地面	1. 面层材料品种、规格、颜色 2. 防护材料种类 3. 黏结材料种类 4. 压线条种类	m^2	按设计图示尺寸以面积计算。门洞、空圈、暖气包槽、壁龛的开口部分并入相应的工程量内	1. 基层清理 2. 铺贴面层 3. 刷防护材料 4. 装钉压条 5. 材料运输
011104002	竹、木(复合)地板	1. 龙骨材料种类、规格、铺设间距 2. 基层材料种类、规格 3. 面层材料品种、规格、颜色 4. 防护材料种类			1. 基层清理 2. 龙骨铺设 3. 基层铺设 4. 面层铺贴 5. 刷防护材料 6. 材料运输
011104003	金属复合地板				
011104004	防静电活动地板	1. 支架高度、材料种类 2. 面层材料品种、规格、颜色 3. 防护材料种类			1. 基层清理 2. 固定支架安装 3. 活动面层安装 4. 刷防护材料 5. 材料运输

(5)踢脚线。工程量清单项目设置及工程量计算规则应按表3－98的规定执行。

表3－98 踢脚线 (编码:011105)

项目编码	项目名称	项目特征	计量单位	工程量计算规则	工程内容
011105001	水泥砂浆踢脚线	1. 踢脚线高度 2. 底层厚度、砂浆配合比 3. 面层厚度、砂浆配合比	1. m^2 2. m	1. 以平方米计量，按设计图示长度乘高度以面积计算 2. 以米计量，按延长米计算	1. 基层清理 2. 底层和面层抹灰 3. 材料运输

(续表)

项目编码	项目名称	项目特征	计量单位	工程量计算规则	工程内容
011105002	石材踢脚线	1. 踢脚线高度 2. 黏贴层厚度、材料种类 3. 面层材料品种、规格、颜色 4. 防护材料种类	1. m^2 2. m	1. 以平方米计量，按设计图示长度乘高度以面积计算 2. 以米计量，按延长米计算	1. 基层清理 2. 底层抹灰 3. 面层铺贴、磨边 4. 擦缝 5. 磨光、酸洗、打蜡 6. 刷防护材料 7. 材料运输
011105003	块料踢脚线				
011105004	塑料板踢脚线	1. 踢脚线高度 2. 黏结层厚度、材料种类 3. 面层材料种类、规格、颜色			1. 基层清理 2. 基层铺贴 3. 面层铺贴 4. 材料运输
011105005	木质踢脚线	1. 踢脚线高度 2. 基层材料种类、规格 3. 面层材料品种、规格、颜色			
011105006	金属踢脚线				
011105007	防静电踢脚线				
注：石材、块料与黏结材料的结合面刷防渗材料的种类在防护材料种类中描述。					

(6)楼梯面层。工程量清单项目设置及工程量计算规则应按表3－99的规定执行。

表3－99　楼梯面层　　　　(编码:011106)

项目编码	项目名称	项目特征	计量单位	工程量计算规则	工程内容
011106001	石材楼梯面层	1. 找平层厚度、砂浆配合比 2. 黏结层厚度、材料种类 3. 面层材料品种、规格、颜色 4. 防滑条材料种类、规格 5. 勾缝材料种类 6. 防护材料种类 7. 酸洗、打蜡要求	m^2	按设计图示尺寸以楼梯(包括踏步、休息平台及不超过500mm的楼梯井)水平投影面积计算。楼梯与楼地面相连时，算至梯口梁内侧边沿；无梯口梁者，算至最上一层踏步边沿加300mm	1. 基层清理 2. 抹找平层 3. 面层铺贴、磨边 4. 贴嵌防滑条 5. 勾缝 6. 刷防护材料 7. 酸洗、打蜡 8. 材料运输
011106002	块料楼梯面层				
011106003	碎拼块料面层				

（续表）

项目编码	项目名称	项目特征	计量单位	工程量计算规则	工程内容
011106004	水泥砂浆楼梯面层	1. 找平层厚度、砂浆配合比 2. 面层厚度、砂浆配合比 3. 防滑条材料种类、规格	m^2	按设计图示尺寸以楼梯（包括踏步、休息平台及不超过500mm的楼梯井）水平投影面积计算。楼梯与楼地面相连时，算至梯口梁内侧边沿；无梯口梁者，算至最上一层踏步边沿加300mm	1. 基层清理 2. 抹找平层 3. 抹面层 4. 抹防滑条 5. 材料运输
011106005	现浇水磨石楼梯面层	1. 找平层厚度、砂浆配合比 2. 面层厚度、水泥石子浆配合比 3. 防滑条材料种类、规格 4. 石子种类、规格、颜色 5. 颜料种类、颜色 6. 磨光、酸洗打蜡要求			1. 基层清理 2. 抹找平层 3. 抹面层 4. 贴嵌防滑条 5. 磨光、酸洗、打蜡 6. 材料运输
011106006	地毯楼梯面	1. 基层种类 2. 面层材料品种、规格、颜色 3. 防护材料种类 4. 黏结材料种类 5. 固定配件材料种类、规格			1. 基层清理 2. 铺贴面层 3. 固定配件安装 4. 刷防护材料 5. 材料运输
011106007	木板楼梯面	1. 基层材料种类、规格 2. 面层材料品种、规格、颜色 3. 黏结材料种类 4. 防护材料种类			1. 基层清理 2. 基层铺贴 3. 面层铺贴 4. 刷防护材料 5. 材料运输
011106008	橡胶板楼梯面层	1. 黏结层厚度、材料种类 2. 面层材料品种、规格、颜色 3. 压线条种类			1. 基层清理 2. 面层铺贴 3. 压缝条装钉 4. 材料运输
011106009	塑料板楼梯面层				

注：(1)在描述碎石材项目的面层材料特征时可不用描述规格、颜色。
(2)石材、块料与黏结材料的结合面刷防渗材料的种类在防护材料种类中描述。

(7)台阶装饰。工程量清单项目设置及工程量计算规则应按表 3－100 的规定执行。

表 3－100　台阶装饰　　　　　（编码:011107）

<table>
<tr><th>项目编码</th><th>项目名称</th><th>项目特征</th><th>计量单位</th><th>工程量计算规则</th><th>工程内容</th></tr>
<tr><td>011107001</td><td>石材台阶面</td><td rowspan="3">1. 找平层厚度、砂浆配合比
2. 黏结材料种类
3. 面层材料品种、规格、颜色
4. 勾缝材料种类
5. 防滑条材料种类、规格
6. 防护材料种类</td><td rowspan="5">m^2</td><td rowspan="5">按设计图示尺寸以台阶(包括最上层踏步沿加 300mm)水平投影面积计算</td><td rowspan="3">1. 基层清理
2. 抹找平
3. 面层铺贴
4. 贴嵌防滑条
5. 勾缝层
6. 刷防护材料
7. 材料运输</td></tr>
<tr><td>011107002</td><td>块料台阶面</td></tr>
<tr><td>011107003</td><td>拼碎块料台阶面</td></tr>
<tr><td>011107004</td><td>水泥砂浆台阶面</td><td>1. 找平层厚度、砂浆配合比
2. 面层厚度、砂浆配合比
3. 防滑条材料种类</td><td>1. 基层清理
2. 抹找平层
3. 抹面层
4. 抹防滑条
5. 材料运输</td></tr>
<tr><td>011107005</td><td>现浇水磨石台阶面</td><td>1. 找平层厚度、砂浆配合比
2. 面层厚度、水泥石子浆配合比
3. 防滑条材料种类、规格
4. 石子种类、规格、颜色
5. 颜料种类、颜色
6. 磨光、酸洗、打蜡要求</td><td>1. 清理基层
2. 抹找平层
3. 抹面层
4. 贴嵌防滑条
5. 打磨、酸洗、打蜡
6. 材料运输</td></tr>
<tr><td>011107006</td><td>剁假石台阶面</td><td>1. 找平层厚度、砂浆配合比
2. 面层厚度、砂浆配合比
3. 剁假石要求</td><td></td><td></td><td>1. 清理基层
2. 抹找平层
3. 抹面层
4. 剁假石
5. 材料运输</td></tr>
<tr><td colspan="6">注:(1)在描述碎石材项目的面层材料特征时可不用描述规格、颜色。
(2)石材、块料与黏结材料的结合面刷防渗材料的种类在防护材料种类中描述。</td></tr>
</table>

(8)零星装饰项目。工程量清单项目设置及工程量计算规则应按表3-101的规定执行。

表3-101 零星装饰项目 **(编码:011108)**

项目编码	项目名称	项目特征	计量单位	工程量计算规则	工程内容
011108001	石材零星项目	1. 工程部位 2. 找平层厚度、砂浆配合比 3. 贴结合层厚度、材料种类 4. 面层材料品种、规格、品牌、颜色 5. 勾缝材料种类 6. 防护材料种类 7. 酸洗、打蜡要求	m^2	按设计图示尺寸以面积计算	1. 清理基层 2. 抹找平层 3. 面层铺贴、磨边 4. 勾缝 5. 刷防护材料 6. 酸洗、打蜡 7. 材料运输
011108002	碎拼石材零星项目				
011108003	块料零星项目				
011108004	水泥砂浆零星项目	1. 工程部位 2. 找平层厚度、砂浆配合比 3. 面层厚度、砂浆厚度			1. 清理基层 2. 抹找平层 3. 抹面层 4. 材料运输

注:(1)楼梯、台阶牵边和侧面镶贴块料面层,不大于$0.5m^2$的少量分散的楼地面镶贴块料面层,应按本表执行。

(2)石材、块料与黏结材料的结合面刷防渗材料的种类在防护材料种类中描述。

【实践训练】

某超市平面如图3-28所示,地面、平台及台阶均粘贴镜面同质地砖,其设计的地面构造为:素水泥浆一道;15mm厚1∶3水泥砂浆找平层;8mm厚1∶2水泥砂浆粘贴500mm×500mm×5mm镜面同质地砖;踢脚线高150mm;台阶及平台侧面不贴同质地砖,粉刷15mm厚底层,5mm面层。同质砖面层进行酸洗打蜡。计算该楼地面工程的工程量清单。

解:(1)清单项目设置

依据工程量计算规范,清单项目为:块料楼地面(011102003001)、块料踢脚线(011105003001)、块料台阶面(011107002001)。

(2)清单工程量计算

块料楼地面(应包括超市地面及平台的面积之和):

$$S_1=(9.00-0.24)\times(6.00-0.24)+(9.00+0.24)\times(2.0-0.12-0.3)+2.4\times0.24\times2\approx66.21(m^2)$$

块料踢脚线:

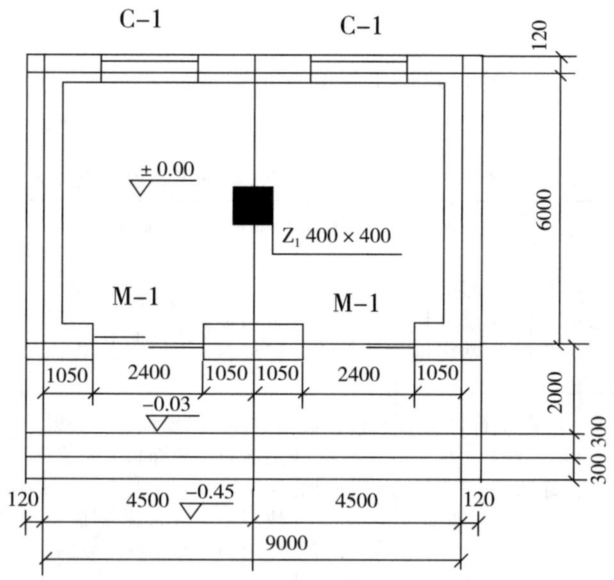

图 3-28

$$S_2=\{[(9.00-0.24)+(6.00-0.24)]\times 2-2\times 2.4+0.24\times 4\}\times 0.15=3.78(m^2)$$

块料台阶面：

$$S_3=0.9\times(9+0.24)\approx 8.32(m^2)$$

(3)填写工程量清单(表 3-102)

表 3-102　工程量清单

序号	项目编码	项目名称	项目特征	计量单位	工程数量
1	011102003001	镜面地砖地面	找平层:15mm 厚 1∶3 水泥砂浆 结合层:8mm 厚 1∶2 水泥砂浆 面层:500mm×500mm 镜面同质地砖 酸洗打蜡、成品保护	m^2	66.21
2	011105003001	镜面地砖踢脚线	找平层:15mm 厚 1∶3 水泥砂浆 结合层:8mm 厚 1∶2 水泥砂浆 面层:500mm×500mm 镜面同质地砖 踢脚线高度:150mm 酸洗打蜡	m^2	3.78
3	011107002001	镜面地砖台阶面	找平层:15mm 厚 1∶3 水泥砂浆 结合层:8mm 厚 1∶2 水泥砂浆 面层:500mm×500mm 镜面同质地砖 酸洗打蜡、成品保护	m^2	8.32

(十二)墙、柱面装饰与隔断、幕墙工程

1. 墙、柱面装饰与隔断、幕墙工程的项目组成

墙柱面工程的工程量清单分十节共三十五个清单项目,见表 3－103。

表 3－103　墙、柱面装饰与隔断、幕墙工程项目组成表

章	M 墙、柱面装饰与隔断、幕墙工程									
节	M. 1 墙面抹灰	M. 2 柱(梁)面抹灰	M. 3 零星抹灰	M. 4 墙面块料面层	M. 5 柱(梁)面镶贴块料	M. 6 镶贴零星块料	M. 7 墙饰面	M. 8 柱(梁)饰面	M. 9 幕墙	M. 10 隔断
项目	墙面一般抹灰 墙面装饰抹灰 墙面勾缝 立面砂浆找平层	柱、梁面一般抹灰 柱、梁面装饰抹灰 柱、梁面砂浆找平 柱面勾缝	零星项目一般抹灰 零星项目装饰抹灰 零星项目砂浆找平	石材墙面 块料墙面 碎拼石材墙面 干挂石材钢骨架	石材柱面 块料柱面 拼碎石材柱面 石材梁面 块料梁面	石材零星项目 块料零星项目 拼碎石材零星项目	墙面装饰板 墙面装饰浮雕	柱(梁)面装饰 成品装饰柱	带骨架幕墙 全玻幕(无框玻璃)墙	木隔断 金属隔断 玻璃隔断 塑料隔断 成品隔断 其他隔断

2. 墙、柱面装饰与隔断、幕墙工程工程量清单计价规范的内容

(1)墙面抹灰。工程量清单项目设置及工程量计算规则应按表 3－104 的规定执行。

表 3－104　墙面抹灰　　(编码:011201)

项目编码	项目名称	项目特征	计量单位	工程量计算规则	工程内容
011201001	墙面一般抹灰	1. 墙体类型 2. 底层厚度、砂浆配合比 3. 面层厚度、砂浆配合比 4. 装饰面材料种类 5. 分格缝宽度、材料种类	m^2	按设计图示尺寸以面积计算。扣除墙裙、门窗洞口及单个大于 $0.3m^2$ 的孔洞面积,不扣除踢脚线、挂镜线和墙与构件交接处的面积,门窗洞口和孔洞的侧壁及顶面不增加面积。附墙柱、梁、垛、烟囱侧壁并入相应的墙面面积内	1. 基层清理 2. 砂浆制作、运输 3. 底层抹灰 4. 抹面层 5. 抹装饰面 6. 勾分格缝
011201002	墙面装饰抹灰				

（续表）

<table>
<tr><th>项目编码</th><th>项目名称</th><th>项目特征</th><th>计量单位</th><th>工程量计算规则</th><th>工程内容</th></tr>
<tr><td>011201003</td><td>墙面勾缝</td><td>1. 勾缝类型
2. 勾缝材料种类</td><td rowspan="2">m^2</td><td rowspan="2">1. 外墙抹灰面积按外墙垂直投影面积计算
2. 外墙裙抹灰面积按其长度乘以高度计算
3. 内墙抹灰面积按主墙间的净长乘以高度计算
(1)无墙裙的，高度按室内楼地面至天棚底面计算
(2)有墙裙的，高度按墙裙顶至天棚底面计算
(3)有吊顶天棚抹灰，高度算至天棚底
4. 内墙裙抹灰面按内墙净长乘以高度计算</td><td>1. 基层清理
2. 砂浆制作、运输
3. 勾缝</td></tr>
<tr><td>011201004</td><td>立面砂浆找平层</td><td>1. 基层类型
2. 找平层砂浆厚度、配合比</td><td>1. 基层清理
2. 砂浆制作、运输
3. 抹灰找平</td></tr>
<tr><td colspan="6">注：(1)立面砂浆找平项目适用于仅做找平层的立面抹灰。
(2)墙面抹石灰砂浆、水泥砂浆、混合砂浆、聚合物水泥砂浆、麻刀石灰浆、石膏灰浆等按本表中墙面一般抹灰列项；墙面水刷石、斩假石、干黏石、假面砖等按本表中墙面装饰抹灰列项。
(3)飘窗凸出外墙面增加的抹灰并入外墙工程量内。
(4)有吊顶天棚的内墙面抹灰，抹至吊顶以上部分在综合单价中考虑。</td></tr>
</table>

墙柱面装饰工程量清单的编制

(2)柱(梁)面抹灰。工程量清单项目设置及工程量计算规则，应按表3-105的规定执行。

表3-105　柱(梁)面抹灰　　(编码:011202)

<table>
<tr><th>项目编码</th><th>项目名称</th><th>项目特征</th><th>计量单位</th><th>工程量计算规则</th><th>工程内容</th></tr>
<tr><td>011202001</td><td>柱、梁面一般抹灰</td><td rowspan="2">1. 柱（梁）体类型
2. 底层厚度、砂浆配合比
3. 面层厚度、砂浆配合比
4. 装饰面材料种类
5. 分格缝宽度、材料种类</td><td rowspan="2">m^2</td><td rowspan="2">1. 柱面抹灰：按设计图示柱断面周长乘高度以面积计算
2. 梁面抹灰：按设计图示梁断面周长乘长度以面积计算</td><td rowspan="2">1. 基层清理
2. 砂浆制作、运输
3. 底层抹灰
4. 抹面层
5. 勾分格缝</td></tr>
<tr><td>011202002</td><td>柱、梁面装饰抹灰</td></tr>
</table>

（续表）

<table>
<tr><th>项目编码</th><th>项目名称</th><th>项目特征</th><th>计量单位</th><th>工程量计算规则</th><th>工程内容</th></tr>
<tr><td>011202003</td><td>柱、梁面砂浆找平</td><td>1. 柱（梁）体类型
2. 找平的砂浆厚度、配合比</td><td rowspan="2">m^2</td><td>1. 柱面抹灰：按设计图示柱断面周长乘高度以面积计算
2. 梁面抹灰：按设计图示梁断面周长乘长度以面积计算</td><td>1. 基层清理
2. 砂浆制作、运输
3. 抹灰找平</td></tr>
<tr><td>011202004</td><td>柱面勾缝</td><td>1. 勾缝类型
2. 勾缝材料种类</td><td>按设计图示柱断面周长乘高度以面积计算</td><td>1. 基层清理
2. 砂浆制作、运输
3. 勾缝</td></tr>
<tr><td colspan="6">注：(1)砂浆找平项目适用于仅做找平层的柱（梁）面抹灰。
(2)柱（梁）面抹石灰砂浆、水泥砂浆、混合砂浆、聚合物水泥砂浆、麻刀石灰浆、石膏灰浆等按本表中柱（梁）面一般抹灰编码列项；柱（梁）面水刷石、斩假石、干黏石、假面砖等按本表中柱（梁）面装饰抹灰项目编码列项。</td></tr>
</table>

(3)零星抹灰。工程量清单项目设置及工程量计算规则应按表 3-106 的规定执行。

表 3-106　零星抹灰　　　　(编码:011203)

<table>
<tr><th>项目编码</th><th>项目名称</th><th>项目特征</th><th>计量单位</th><th>工程量计算规则</th><th>工程内容</th></tr>
<tr><td>011203001</td><td>零星项目一般抹灰</td><td rowspan="2">1. 基层类型、部位
2. 底层厚度、砂浆配合比
3. 面层厚度、砂浆配合比
4. 装饰面材料种类
5. 分格缝宽度、材料种类</td><td rowspan="3">m^2</td><td rowspan="3">按设计图示尺寸以面积计算</td><td rowspan="2">1. 基层清理
2. 砂浆制作、运输
3. 底层抹灰
4. 抹面层
5. 抹装饰面
6. 勾分格缝</td></tr>
<tr><td>011203002</td><td>零星项目装饰抹灰</td></tr>
<tr><td>011203003</td><td>零星项目砂浆找平</td><td>1. 基层类型、部位
2. 找平的砂浆厚度、配合比</td><td>1. 基层清理
2. 砂浆制作、运输
3. 抹灰找平</td></tr>
<tr><td colspan="6">注：(1)零星项目抹石灰砂浆、水泥砂浆、混合砂浆、聚合物水泥砂浆、麻刀石灰浆、石膏灰浆等按本表中零星项目一般抹灰编码列项，水刷石、斩假石、干黏石、假面砖等按本表中零星项目装饰抹灰编码列项。
(2)墙、柱（梁）面不超过 $0.5m^2$ 的少量分散的抹灰按本表中零星抹灰项目编码列项。</td></tr>
</table>

(4)墙面块料面层。工程量清单项目设置及工程量计算规则应按表3－107的规定执行。

表3－107　墙面块料面层　　　　(编码:011204)

项目编码	项目名称	项目特征	计量单位	工程量计算规则	工程内容
011204001	石材墙面	1. 墙体类型 2. 安装方式 3. 面层材料品种、规格、颜色 4. 缝宽、嵌缝材料种类 5. 防护材料种类 6. 磨光、酸洗、打蜡要求	m^2	按镶贴表面积计算	1. 基层清理 2. 砂浆制作、运输 3. 黏结层铺贴 4. 面层安装 5. 嵌缝 6. 刷防护材料 7. 磨光、酸洗、打蜡
011204002	碎拼石材墙面				
011204003	块料墙面				
011204004	干挂石材钢骨架	1. 骨架种类、规格 2. 防锈漆品种、遍数	t	按设计图示以质量计算	1. 骨架制作、运输、安装 2. 刷漆

注:(1)在描述碎块项目的面层材料特征时可不用描述规格、颜色。
(2)石块、材料与黏结材料的结合面刷防渗材料的种类在防护层材料种类中描述。
(3)安装方式和可描述为砂浆或黏结剂粘贴、挂贴、干挂等,不论哪种安装方式,都要详细描述与组价相关的内容。

(5)柱(梁)面镶贴块料。工程量清单项目设置及工程量计算规则应按表3－108的规定执行。

表3－108　柱(梁)面镶贴块料　　　　(编码:011205)

项目编码	项目名称	项目特征	计量单位	工程量计算规则	工程内容
011205001	石材柱面	1. 柱截面类型、尺寸 2. 安装方式 3. 面层材料品种、规格、颜色 4. 缝宽 5. 防护材料种类 6. 磨光、酸洗、打蜡要求嵌缝材料种类	m^2	按镶贴表面积计算	1. 基层清理 2. 砂浆制作、运输 3. 黏结层铺贴 4. 面层安装 5. 嵌缝 6. 刷防护材料 7. 磨光、酸洗、打蜡
011205002	块料柱面				
011205003	拼碎石材柱面				

（续表）

项目编码	项目名称	项目特征	计量单位	工程量计算规则	工程内容
011205004	石材梁面	1. 安装方式 2. 面层材料品种、规格、颜色缝宽、嵌缝材料 4. 防护材料种类 5. 磨光、酸洗、打蜡要求种类	m^2	按镶贴表面积计算	1. 基层清理 2. 砂浆制作、运输 3. 黏结层铺贴 4. 面层安装 5. 嵌缝 6. 刷防护材料 7. 磨光、酸洗、打蜡
011205005	块料梁面				

注：(1)在描述碎块项目的面层材料特征时可不用描述规格、颜色。

(2)石材、块料与黏结材料的结合面刷防渗材料的种类在防护层材料种类中描述。

(3)柱梁面干挂石材的钢骨架按表 M.4 相应项目编码列项。

(6)镶贴零星块料。工程量清单项目设置及工程量计算规则应按表 3－109 的规定执行。

表 3－109　镶贴零星块料　　(编码:011206)

项目编码	项目名称	项目特征	计量单位	工程量计算规则	工程内容
011206001	石材零星项目	1. 基层类型、部位 2. 安装方式 3. 面层材料品种、规格、颜色 4. 缝宽、嵌缝材料种类 5. 防护材料种类 6. 磨光、酸洗、打蜡要求	m^2	按镶贴表面积计算	1. 基层清理 2. 砂浆制作、运输 3. 面层安装 4. 嵌缝 5. 刷防护材料 6. 磨光、酸洗、打蜡
011206002	块料零星项目				
011206003	拼碎块零星项目				

注：(1)在描述碎块项目的面层材料特征时可不用描述规格、颜色。

(2)石材、块料与黏结材料的结合面刷防渗材料的种类在防护材料种类中描述。

(3)零星项目干挂石材的钢骨架按本附录表 M.4 相应项目编码列项。

(4)墙柱面不超过 $0.5m^2$ 的少量分散的镶贴块料面层按本表中零星项目执行。

(7)墙饰面。工程量清单项目设置及工程量计算规则应按表 3－110 的规定执行。

表 3－110　墙饰面　　　　　(编码:011207)

项目编码	项目名称	项目特征	计量单位	工程量计算规则	工程内容
011207001	墙面装饰板	1. 龙骨材料种类、规格、中距 2. 隔离层材料种类、规格 3. 基层材料种类、规格 4. 面层材料品种、规格、颜色 5. 压条材料种类、规格	m^2	按设计图示墙净长乘净高以面积计算。扣除门窗洞口及单个大于 $0.3m^2$ 的孔洞所占面积	1. 基层清理 2. 龙骨制作、运输、安装 3. 钉隔离层 4. 基层铺钉 5. 面层铺贴
011207002	墙面装饰浮雕	1. 基层类型墙面装饰 2. 浮雕材料种类浮雕 3. 浮雕样式		按设计图示尺寸以面积计算	1. 基层清理 2. 材料制作、运输 3. 安装成型

(8)柱(梁)饰面。工程量清单项目设置及工程量计算规则应按表 3－111 的规定执行。

表 3－111　柱(梁)饰面　　　　　(编码:011208)

项目编码	项目名称	项目特征	计量单位	工程量计算规则	工程内容
011208001	柱(梁)面装饰	1. 龙骨材料种类、规格、中距 2. 隔离层材料种类 3. 基层材料种类、规格 4. 面层材料品种、规格、颜色 5. 压条材料种类、规格	m^2	按设计图示饰面外围尺寸以面积计算。柱帽、柱墩并入相应柱饰面工程量内	1. 清理基层 2. 龙骨制作、运输、安装 3. 钉隔离层 4. 基层铺钉 5. 面层铺贴
011208002	成品装饰柱	1. 柱截面、高度尺寸 2. 柱材质	1. 根 2. m	1. 以根计量,按设计数量计算 2. 以米计量,按设计长度计算	柱运输、固定、安装

(9)幕墙。工程量清单项目设置及工程量计算规则应按表 3－112 的规定执行。

表 3－112　幕墙　　　　(编码:011209)

项目编码	项目名称	项目特征	计量单位	工程量计算规则	工程内容
011209001	带骨架幕墙	1. 骨架材料种类、规格、中距 2. 面层材料品种、规格、颜色 3. 面层固定方式 4. 隔离带、框边封闭材料品种、规格 5. 嵌缝、塞口材料种类	m^2	按设计图示框外围尺寸以面积计算。与幕墙同种材质的窗所占面积不扣除	1. 骨架制作、运输、安装 2. 面层安装 3. 隔离带、框边封闭 4. 嵌缝、塞口 5. 清洗
011209002	全玻(无框玻璃)幕墙	1. 玻璃品种、规格、品牌、颜色 2. 黏结塞口材料种类 3. 固定方式		按设计图示尺寸以面积计算。带肋全玻幕墙按展开面积计算	1. 幕墙安装 2. 嵌缝、塞口 3. 清洗
注:幕墙钢骨架按本附录表 M.4 干挂石材钢骨架编码列项。					

(10)隔断。工程量清单项目设置及工程量计算规则应按表 3－113 的规定执行。

表 3－113　隔断　　　　(编码:011210)

项目编码	项目名称	项目特征	计量单位	工程量计算规则	工程内容
011210001	木隔断	1. 骨架、边框材料种类、规格 2. 隔板材料品种、规格、品牌、颜色 3. 嵌缝、塞口材料品种 4. 压条材料种类	m^2	按设计图示框外围尺寸以面积计算。不扣除单个面积不超过 0.3 m^2 的孔洞所占面积;浴厕侧门的材质与隔断相同时,门的面积并入隔断面积内	1. 骨架及边框制作、运输、安装 2. 隔板制作、运输、安装 3. 嵌缝、塞口 4. 装钉压条

（续表）

项目编码	项目名称	项目特征	计量单位	工程量计算规则	工程内容
011210002	金属隔断	1. 骨架、边框材料种类、规格 2. 隔板材料品种、规格、颜色 3. 嵌缝、塞口材料品种	m^2	按设计图示框外围尺寸以面积计算。不扣除单个面积不超过0.3 m^2的孔洞所占面积；浴厕侧门的材质与隔断相同时，门的面积并入隔断面积内	1. 骨架及边框制作、运输、安装 2. 隔板制作、运输、安装 3. 嵌缝、塞口
011210003	玻璃隔断	1. 边框材料种类、规格 2. 玻璃品种、规格、颜色 3. 嵌缝、塞口材料品种		按设计图示框外围尺寸以面积计算。不扣除单个面积不超过0.3 m^2的孔洞所占面积	1. 边框制作、运输、安装 2. 玻璃制作、运输、安装 3. 嵌缝、塞口
011210004	塑料隔断	1. 边框材料种类、规格 2. 隔板材料品种、规格、颜色 3. 嵌缝、塞口材料品种			1. 骨架及边框制作、运输、安装 2. 隔板制作、运输、安装 3. 嵌缝、塞口
011210005	成品隔断	1. 隔断材料品种、规格、颜色 2. 配件品种、规格	1. m^2 2. 间	1. 以平方米计量，按设计图示框外围尺寸以面积计算 2. 以间计量，按设计间的数量计算	1. 隔断运输、安装 2. 嵌缝、塞口
011210006	其他隔断	1. 骨架、边框材料种类、规格 2. 隔板材料品种、规格、颜色 3. 嵌缝、塞口材料品种	m^2	按设计图示框外围尺寸以面积计算。不扣除单个面积不超过0.3 m^2的孔洞所占面积	1. 骨架及边框安装 2. 隔板安装 3. 嵌缝、塞口

3. 编制墙、柱面装饰与隔断、幕墙工程工程量清单应注意的相关问题

(1)石灰砂浆、水泥砂浆、水泥混合砂浆、聚合物水泥砂浆、麻刀石灰、纸筋石灰、石灰膏等的抹灰应按墙面抹灰中一般抹灰项目编码列项；水刷石、斩假石、干黏石、饰面砖等的抹灰应按墙面抹灰中装饰抹灰项目编码列项。

(2)柱面抹灰项目、石材柱面项目、块料柱面项目适用于矩形柱、异形柱(包括圆柱形、半圆柱形等)。

(3)0.5m^2 以内少量分散的抹灰和镶贴块料面层,应按墙面零星抹灰和零星镶贴块料中相关项目列项。

(4)设置在隔断、幕墙上的门窗,可包括在隔断、幕墙项目报价内,也可单独编码列项,并在清单项目中进行描述。

【实践训练】

某一层建筑如图 3-29 所示,室内净高 3.6m,M-1 洞口尺寸为 2400 mm×3000mm,C-1 洞口尺寸为 1500 mm×1800 mm,室内墙面和柱面均采用湿挂花岗岩(采用 1∶2.5 水泥砂浆灌缝 50mm 厚,花岗岩板 25mm 厚,石材面进行酸洗打蜡(门窗洞口不考虑装饰)。计算墙、柱面工程的工程量清单。

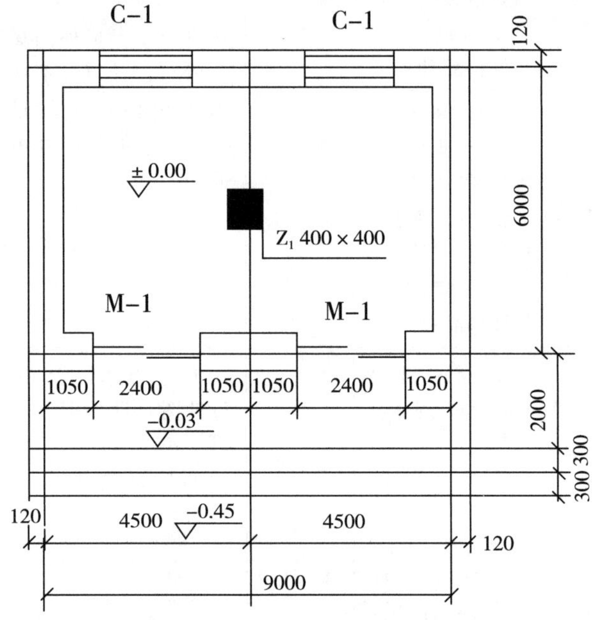

图 3-29　某一层建筑平面图

解:(1)清单项目设置

依据工程量计算规范,清单项目为:花岗岩墙面(011204001001)、花岗岩柱面(011205001001)。

(2)清单工程量计算

花岗岩墙面:

$$S_1 = [(9.00-0.24)+(6.00-0.24)]\times 2\times 3.60-1.50\times 1.80\times 2-2.40\times 3.00\times 2=84.74(m^2)$$

花岗岩柱面:

$$S_2=0.4\times4\times3.6=5.76(m^2)$$

(3)填写工程量清单(表 3－114)

表 3－114　工程量清单

序号	项目编码	项目名称	项　目　特　征	计量单位	工程数量
1	011204001001	花岗岩墙面	采用 1∶2.5 水泥砂浆灌缝 50mm 厚,湿挂花岗岩,面层酸洗打蜡	m^2	84.744
2	011205001001	花岗岩柱面	采用 1∶2.5 水泥砂浆灌缝 50mm 厚,湿挂花岗岩,面层酸洗打蜡	m^2	5.76

(十三)天棚工程

1. 天棚工程的项目组成

天棚工程的工程量清单分四节共十个清单项目,见表 3－115。

表 3－115　天棚工程项目组成表

章	N　天棚工程			
节	N.1　天棚抹灰	N.2　天棚吊顶	N.3　采光天棚	N.4　天棚其他装饰
项目	天棚抹灰	吊顶天棚 格栅吊顶 吊筒吊顶 藤条造型悬挂吊顶 织物软雕吊顶 装饰网架吊顶	采光天棚	灯带(槽) 送风口、回风口

2. 天棚工程工程量清单计价规范的内容

(1)天棚抹灰。工程量清单项目设置及工程量计算规则,应按表 3－116 的规定执行。

天棚工程量清单的编制

表 3－116　顶棚抹灰　　　　(编码:011301)

项目编码	项目名称	项目特征	计量单位	工程量计算规则	工程内容
011301001	天棚抹灰	1. 基层类型 2. 抹灰厚度、材料种类 3. 砂浆配合比	m^2	按设计图示尺寸以水平投影面积计算。不扣除间壁墙、垛、柱、附墙烟囱、检查口和管道所占的面积,带梁顶棚,梁两侧抹灰面积并入顶棚面积内,板式楼梯底面抹灰按斜面积计算,锯齿形楼梯底板抹灰按展开面积计算	1. 基层清理 2. 底层抹灰 3. 抹面层

(2)天棚吊顶。工程量清单项目设置及工程量计算规则应按表 3－117 的规定执行。

表 3－117 天棚吊顶 （编码:011302）

<table>
<tr><th>项目编码</th><th>项目名称</th><th>项目特征</th><th>计量单位</th><th>工程量计算规则</th><th>工程内容</th></tr>
<tr><td>011302001</td><td>吊顶天棚</td><td>1. 吊顶形式、吊杆规格、高度
2. 龙骨材料种类、规格、中距
3. 基层材料种类、规格
4. 面层材料品种、规格
5. 压条材料种类、规格
6. 嵌缝材料种类
7. 防护材料种类</td><td rowspan="6">m^2</td><td>按设计图示尺寸以水平投影面积计算。天棚面中的灯槽及跌级、锯齿形、吊挂式、藻井式天棚面积不展开计算。不扣除间壁墙、检查口、附墙烟囱、柱垛和管道所占面积，扣除单个大于 $0.3m^2$ 的孔洞、独立柱及与天棚相连的窗帘盒所占的面积</td><td>1. 基层清理、吊杆安装
2. 龙骨安装
3. 基层板铺贴
4. 面层铺贴
5. 嵌缝
6. 刷防护材料</td></tr>
<tr><td>011302002</td><td>格栅吊顶</td><td>1. 龙骨材料种类、规格、中距
2. 基层材料种类、规格
3. 面层材料品种、规格、品牌、颜色
4. 防护材料种类</td><td rowspan="5">按设计图示尺寸以水平投影面积计算</td><td>1. 基层清理
2. 安装龙骨
3. 基层板铺贴
4. 面层铺贴
5. 刷防护材料</td></tr>
<tr><td>011302003</td><td>吊筒吊顶</td><td>1. 吊筒形状、规格
2. 吊筒材料种类
3. 防护材料种类</td><td>1. 基层清理
2. 吊筒制作安装
3. 刷防护材料</td></tr>
<tr><td>011302004</td><td>藤条造型悬挂吊顶</td><td rowspan="2">1. 骨架材料种类、规格
2. 面层材料品种、规格</td><td rowspan="2">1. 基层清理
2. 龙骨安装
3. 铺贴面层</td></tr>
<tr><td>011302005</td><td>织物软雕吊顶</td></tr>
<tr><td>011302006</td><td>装饰网架吊顶</td><td>网架材料品种、规格</td><td>1. 基层清理
2. 网架制作安装</td></tr>
</table>

(3)采光天棚。工程量清单项目设置及工程量计算规则应按表 3－118 的规定执行。

表 3－118　采光天棚　　　　　　(编码:011303)

项目编码	项目名称	项目特征	计量单位	工程量计算规则	工程内容
011303001	采光天棚	1. 骨架类型 2. 固定类型、固定材料品种、规格 3. 面层材料品种、规格 4. 嵌缝、塞口材料种类	m^2	按框外围展开面积计算	1. 清理基层 2. 面层制安 3. 嵌缝、塞口 4. 清洗
注:采光天棚骨架不包括在本节中,应单独按本规范附录 F 相关项目编码列项。					

(4)天棚其他装饰。工程量清单项目设置及工程量计算规则应按表 3－119 的规定执行。

表 3－119　天棚其他装饰　　　　　　(编码:011304)

项目编码	项目名称	项目特征	计量单位	工程量计算规则	工程内容
011304001	灯带(槽)	1. 灯带型式、尺寸 2. 格栅片材料品种、规格 3. 安装固定方式	m^2	按设计图示尺寸以框外围面积计算	安装、固定
011304002	送风口、回风口	1. 送回风口材料品种、规格 2. 安装固定方式 3. 防护材料种类	个	按设计图示数量计算	1. 安装、固定 2. 刷防护材料

3. 编制天棚工程工程量清单应注意的相关问题

(1)采光天棚和天棚设保温隔热吸音层时,应按建筑工程中防腐、隔热、保温工程相关项目编码列项。

(2)天棚的检查孔、天棚内的检修走道、灯槽等应包括在报价内。

(3)天棚吊顶的平面、跌级、锯齿形、阶梯形、吊挂式、藻井式以及矩形、弧形拱形等应在清单项目中进行描述。

【实践训练】

如图 3-30 所示，某房屋天棚为不上人型轻钢龙骨石膏板吊顶，龙骨间距为 400mm×400mm，吊筋用ϕ6，面层用纸面石膏板，地面至天棚面层净高为 3m，天棚面的阴、阳角暂不考虑。计算天棚工程的工程量清单。

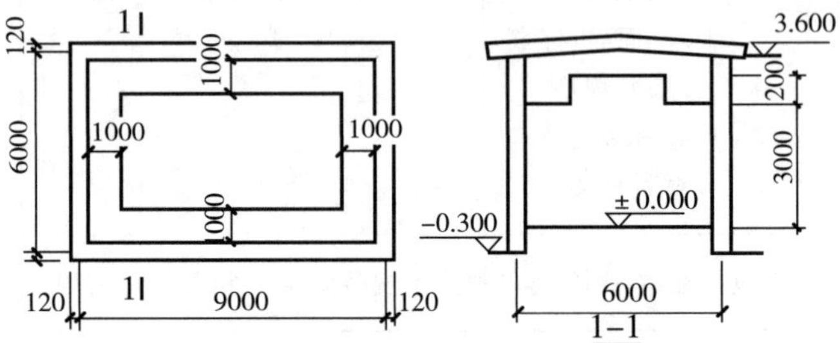

图 3-30　某房屋天棚平面图和剖面图

解：(1)清单项目设置

依据工程量计算规范，清单项目为：吊顶天棚(011302001001)。

(2)清单工程量计算

$$天棚吊顶：S_1=(45-0.24)\times(15-0.24)=50.458(m^2)$$

注意：凹凸顶天棚工程量按其水平投影面积计算，凹凸处高差应在项目特征处说明。

(3)填写工程量清单(表 3-120)

表 3-120　工程量清单

序号	项目编码	项目名称	项　目　特　征	计量单位	工程数量
1	011302001001	吊顶天棚	天棚吊顶：ϕ6mm，板底净高 3m 复杂龙骨：不上人型轻钢龙骨 400mm×400mm 凹凸面层：纸面石膏板，凹凸处高差 200mm	m^2	50.458

(十四)油漆、涂料、裱糊工程

1. 油漆、涂料、裱糊工程的项目组成

油漆、涂料、裱糊工程的工程量清单分八节，共三十六个清单项目，见表3-121。

表 3-121 油漆、涂料、裱糊工程项目组成表

章	P 油漆、涂料、裱糊工程							
节	P.1 门油漆	P.2 窗油漆	P.3 木扶手及其他板条线条油漆	P.4 木材面油漆	P.5 金属面油漆	P.6 抹灰面油漆	P.7 喷刷涂料	P.8 裱糊
项目	木门油漆 金属门油漆	木窗油漆 金属窗油漆	木扶手油漆 窗帘盒油漆 封檐板、顺水板油漆 挂衣板、黑板框油漆 挂镜线、窗帘棍、单独木线油漆	木护墙、木墙裙油漆 窗台板、筒子板、盖板、门窗套、踢脚线油漆 清水板条天棚、檐口油漆 木方格吊顶天棚油漆 吸音板墙面、天棚面油漆 暖气罩油漆 其他木材面 木间壁、木隔断油漆 玻璃间壁露明墙筋油漆 木栅栏、木栏杆(带扶手)油漆 衣柜、壁柜油漆 梁柱饰面油漆; 零星木装修油漆 木地板油漆 木地板烫硬蜡面	金属面油漆	抹灰面油漆 抹灰线条油漆 满刮腻子	墙面刷喷涂料 天棚喷刷涂料 空花格、栏杆刷涂料 线条刷涂料 金属构件刷防火涂料 木材构件喷刷火涂料	墙纸裱糊 织锦缎裱糊

2. 油漆、涂料、裱糊工程工程量清单计价规范的内容

(1)门油漆。工程量清单项目设置及工程量计算规则应按表 3-122 的规定执行。

表 3 - 122　门油漆　　　　　(编码:011401)

项目编码	项目名称	项目特征	计量单位	工程量计算规则	工程内容
011401001	木门油漆	1. 门类型 2. 门代号及洞口尺寸 3. 腻子种类 4. 刮腻子遍数 5. 防护材料种类 6. 油漆品种、刷漆遍数	1. 樘 2. m^2	1. 以樘计量,按设计图示数量计量 2. 以平方米计量,按设计图示洞口尺寸以面积计算	1. 基层清理 2. 刮腻子 3. 刷防护材料、油漆
011401002	金属门油漆				1. 除锈、基层清理 2. 刮腻子 3. 刷防护材料、油漆

注:(1)木门油漆应区分木大门、单层木门、双层(一玻一纱)木门、双层(单裁口)木门、全玻自由门、半玻自由门、装饰门及有框门或无框门等项目,分别编码列项。

(2)金属门油漆应区分平开门、推拉门、钢制防火门等项目,分别编码列项。

(3)以平方米计量,项目特征可不必描述洞口尺寸。

(2)窗油漆。工程量清单项目设置及工程量计算规则应按表 3 - 123 的规定执行。

表 3 - 123　窗油漆　　　　　(编码:011402)

项目编码	项目名称	项目特征	计量单位	工程量计算规则	工程内容
011402001	木窗油漆	1. 窗类型 2. 窗代号及洞口尺寸 3. 腻子种类 4. 刮腻子遍数 5. 防护材料种类 6. 油漆品种、刷漆遍数	1. 樘 2. m^2	1. 以樘计量,按设计图示数量计量 2. 以平方米计量,按设计图示洞口尺寸以面积计算	1. 基层清理 2. 刮腻子 3. 刷防护材料、油漆
011402002	金属窗油漆				1. 除锈、基层清理 2. 刮腻子 3. 刷防护材料、油漆

注:(1)木窗油漆应区分单层木门、双层(一玻一纱)木窗、双层框扇(单裁口)木窗、双层框三层(二玻一纱)木窗、单层组合窗、双层组合窗、木百叶窗、木推拉窗等项目,分别编码列项。

(2)金属窗油漆应区分平开窗、推拉窗、固定窗、组合窗、金属隔栅窗等项目,分别编码列项。

(3)以平方米计量,项目特征可不必描述洞口尺寸。

(3)木扶手及其他板条线条油漆。工程量清单项目设置及工程量计算规则应按表 3 - 124 的规定执行。

表 3－124　木扶手及其他板条线条油漆　　（编码:011403）

项目编码	项目名称	项目特征	计量单位	工程量计算规则	工程内容
011403001	木扶手油漆	1. 断面尺寸 2. 腻子种类 3. 刮腻子遍数 4. 防护材料种类 5. 油漆品种、刷漆遍数	m	按设计图示以长度计算	1. 基层清理 2. 刮腻子 3. 刷防护材料、油漆
011403002	窗帘盒油漆				
011403003	封檐板、顺水板油漆				
011403004	挂衣板、黑板框油漆				
011403005	挂镜线、窗帘棍、单独木线油漆				
注:木扶手应区分带托板与不带托板,分别编码列项,若是木栏杆带扶手,木扶手不应单独列项,应包含在木栏杆油漆中。					

(4)木材面油漆。工程量清单项目设置及工程量计算规则应按表 3－125 的规定执行。

表 3－125　木材面油漆　　（编码:011404）

项目编码	项目名称	项目特征	计量单位	工程量计算规则	工程内容
011404001	木护墙、木墙裙油漆	1. 腻子种类 2. 刮腻子遍数 3. 防护材料种类 4. 油漆品种、刷漆遍数	m^2	按设计图示尺寸以面积计算	1. 基层清理 2. 刮腻子 3. 刷防护材料、油漆
011404002	窗台板、筒子板、盖板、门窗套、踢脚线油漆				
011404003	清水板条天棚、檐口油漆				
011404004	木方格吊顶天棚油漆				
011404005	吸音板墙面、天棚面油漆				
011404006	暖气罩油漆				
011404007	其他木材面				
011404008	木间壁、木隔断油漆			按设计图示尺寸以单面外围面积计算	
011404009	玻璃间壁露明墙筋油漆				
011404010	木栅栏、木栏杆(带扶手)油漆				

（续表）

项目编码	项目名称	项目特征	计量单位	工程量计算规则	工程内容
011404011	衣柜、壁柜油漆	1. 腻子种类 2. 刮腻子遍数 3. 防护材料种类 4. 油漆品种、刷漆遍数	m^2	按设计图示尺寸以油漆部分展开面积计算	1. 基层清理 2. 刮腻子 3. 刷防护材料、油漆
011404012	梁柱饰面油漆				
011404013	零星木装修油漆				
011404014	木地板油漆			按设计图示尺寸以面积计算。空洞、空圈、暖气包槽、壁龛的开口部分并入相应的工程量内	
011404015	木地板烫硬蜡面	1. 硬蜡品种 2. 面层处理要求			1. 基层清理 2. 烫蜡

(5)金属面油漆。工程量清单项目设置及工程量计算规则应按表 3－126 的规定执行。

表 3－126　金属面油漆　　　　(编码:011405)

项目编码	项目名称	项目特征	计量单位	工程量计算规则	工程内容
011405001	金属面油漆	1. 构件名称 2. 腻子种类 3. 刮腻子要求 4. 防护材料种类 5. 油漆品种、刷漆遍数	1. t 2. m^2	1. 以吨计量，按设计图示尺寸以质量计算 2. 以平方米计量，按设计展开面积计算	1. 基层清理 2. 刮腻子 3. 刷防护材料、油漆

(6)抹灰面油漆。工程量清单项目设置及工程量计算规则，应按表 3－127 的规定执行。

表 3－127　抹灰面油漆　　　　(编码:011406)

项目编码	项目名称	项目特征	计量单位	工程量计算规则	工程内容
011406001	抹灰面油漆	1. 基层类型 2. 腻子种类 3. 刮腻子遍数 4. 防护材料种类 5. 油漆品种、刷漆遍数 6. 部位	m^2	按设计图示尺寸以面积计算	1. 基层清理 2. 刮腻子 3. 刷防护材料、油漆

（续表）

项目编码	项目名称	项目特征	计量单位	工程量计算规则	工程内容
011406002	抹灰线条油漆	1. 线条宽度、道数 2. 腻子种类 3. 刮腻子遍数 4. 防护材料种类 5. 油漆品种、刷漆遍	m^2	按设计图示尺寸以长度计算	1. 基层清理 2. 刮腻子 3. 刷防护材料、油漆
011406003	满刮腻子	1. 基层类型 2. 腻子种类 3. 刮腻子遍数	m	按设计图示尺寸以面积计算	1. 基层清理 2. 刮腻子

(7)喷刷涂料。工程量清单项目设置及工程量计算规则应按表 3－128 的规定执行。

表 3－128　喷刷涂料　　　　(编码:011407)

<table>
<tr><th>项目编码</th><th>项目名称</th><th>项目特征</th><th>计量单位</th><th>工程量计算规则</th><th>工程内容</th></tr>
<tr><td>011407001</td><td>墙面喷刷涂料</td><td rowspan="2">1. 基层类型
2. 喷刷涂料部位
3. 腻子种类
4. 刮腻子要求
5. 涂料品种、喷刷遍数</td><td rowspan="3">m^2</td><td rowspan="2">按设计图示尺寸以面积计算</td><td rowspan="4">1. 基层清理
2. 刮腻子
3. 刷喷涂料</td></tr>
<tr><td>011407002</td><td>天棚喷刷涂料</td></tr>
<tr><td>011407003</td><td>空花格、栏杆刷涂料</td><td>1. 腻子种类
2. 刮腻子遍数
3. 涂料品种、刷喷遍数</td><td>按设计图示尺寸以单面外围面积计算</td></tr>
<tr><td>011407004</td><td>线条刷涂料</td><td>1. 基层清理
2. 线条宽度
3. 刮腻子遍数
4. 刷防护材料、油漆</td><td>m</td><td>按设计图示尺寸以长度计算</td></tr>
</table>

（续表）

项目编码	项目名称	项目特征	计量单位	工程量计算规则	工程内容
011407005	金属构件刷防火涂料	1. 喷刷防火涂料构件名称 2. 防火等级要求 3. 涂料品种、喷刷遍数	1. t 2. m^2	1. 以吨计量，按设计图示尺寸以质量计算 2. 以平方米计量，按设计展开面积计算	1. 基层清理 2. 刷防护材料、油漆
011407006	木材构件喷刷防火涂料		m^2	以平方米计量，按设计展开面积计算	1. 基层处理 2. 刷防火材料

(8)裱糊。工程量清单项目设置及工程量计算规则应按表3－129的规定执行。

表3－129　裱糊　　　　（编码:011408）

项目编码	项目名称	项目特征	计量单位	工程量计算规则	工程内容
011408001	墙纸裱糊	1. 基层类型 2. 裱糊部位 3. 腻子种类 4. 刮腻子遍数 5. 黏结材料种类 6. 防护材料种类 7. 面层材料品种、规格、颜色	m^2	按设计图示尺寸以面积计算	1. 基层清理 2. 刮腻子 3. 面层铺粘 4. 刷防护材料
011408002	织锦缎裱糊				

3. 编制油漆、涂料、裱糊工程工程量清单应注意的相关问题

油漆、涂料、裱糊工程清单项目必须按设计图纸注明：装饰位置、腻子、防护材料名称及材质，油漆、涂料品种刷涂遍数等内容，并根据每个项目可能包含的工程内容进行组合，构成各个清单项目，编制各分部分项工程项目清单时应注意以下问题：

(1)有关项目中已包括油漆、涂料的不再单独按本章列项。

(2)连窗门可按门油漆项目编码列项。

(3)门油漆区分单层木门、双层（一玻一纱）木门、双层（单裁口）木门、全玻自由门、装饰门及有框门或无框门等，分别编码列项。

(4)窗油漆区分单层玻璃窗、双层（一玻一纱）木窗、双层框扇（单裁口）木窗、双层框三层（二玻一纱）木窗、单层组合窗、双层组合窗、木百叶窗、木推拉窗等，分别编码列项。

(5)木扶手应区分带托板与不带托板，分别编码列项。

(6)梯木扶手工程量按中心线斜长计算，弯头长度应计算在扶手长度内。

(7)木板、纤维板、胶合板油漆、单面油漆按单面面积计算，双面油漆按双面

面积计算。

(8)台板、筒子板、盖板、门窗套、踢脚线油漆按水平或垂直投影面积(门窗套的贴脸板和筒子板垂直投影面积合并)计算。

(9)清水板条天棚、檐口油漆、木方格吊顶天棚油漆以水平投影面积计算,不扣除空洞面积。

(10)工程量以面积计算的油漆、涂料项目,线脚、线条、压条等不展开。

【实践训练】

如图 3-31 所示,方木骨架胶合板面层天棚,骨架基层刷防火漆两遍,面层刷胶砂涂料,计算天棚油漆工程工程量清单。

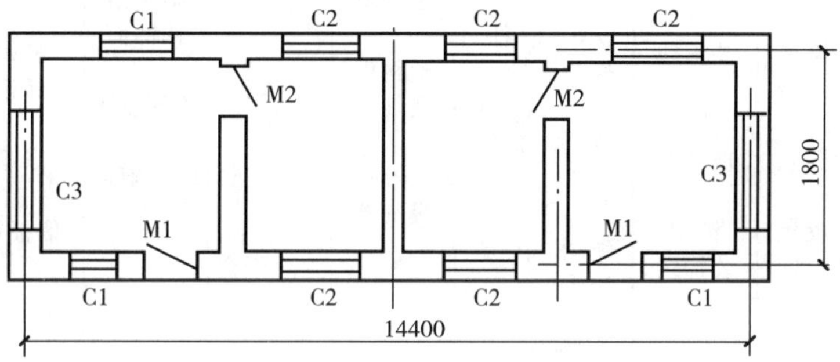

图 3-31　某天棚平面图

解:(1)清单项目设置

依据计价规范,清单项目为:木方格吊顶天棚油漆(011404004001)、天棚面层胶砂涂料(011407002001)。

(2)清单工程量计算

均为按设计图示尺寸以面积计算。

木方格吊顶天棚油漆:$S_1=(14.4-0.24\times4)\times(4.8-0.24)\approx61.29(\mathrm{m}^2)$;

天棚面层胶砂涂料:$S_2=(14.4-0.24\times4)\times(4.8-0.24)\approx61.29(\mathrm{m}^2)$。

(3)填写工程量清单(表 3-130)

表 3-130　工程量清单

序号	项目编码	项目名称	项　目　特　征	计量单位	工程数量
1	011404004001	木方格吊顶天棚油漆	木方格吊顶天棚骨架刷防火漆两遍	m^2	61.29
2	011407002001	天棚面层胶砂涂料	天棚胶合板面层刷胶砂涂料	m^2	61.29

(十五)其他装饰工程

1. 其他装饰工程的项目组成

其他装饰工程的工程量清单分八节,共六十二个清单项目,见表 3-131。

表 3－131 其他装饰工程项目组成表

章	Q 其他装饰工程							
节	Q.1 柜类、货架	Q.2 压条、装饰线	Q.3 扶手、栏杆、栏板装饰	Q.4 暖气罩	Q.5 浴厕配件	Q.6 雨篷、旗杆	Q.7 招牌、灯箱	Q.8 美术字
项目	柜台 酒柜 衣柜 存包柜 鞋柜 书柜 厨房壁柜 木壁柜 厨房低柜 厨房吊柜 矮柜 吧台背柜 酒吧吊柜、酒吧台 展台 收银台 试衣间 货架、 书架 服务台	金属装饰线 木质装饰线 石材装饰线 石膏装饰线 镜面玻璃线 铝塑装饰线 塑料装饰线 GRC装饰线条	金属扶手、栏杆、栏板 硬木扶手、栏杆、栏板 塑料扶手、栏杆、栏板 GRC栏杆、扶手 金属靠墙扶手 硬木靠墙扶手 塑料靠墙扶手 玻璃栏板	饰面板暖气罩 塑料板暖气罩 金属暖气罩	洗漱台 晒衣架 帘子杆 浴缸拉手 卫生间扶手 毛巾杆（架） 毛巾环 卫生纸盒 肥皂盒 镜面玻璃 镜箱	雨篷吊挂饰面 金属旗杆 玻璃雨篷	平面、箱式招牌 竖式标箱 灯箱 信报箱	泡沫塑料字 有机玻璃字 木质字 金属字 吸塑字

2. 其他装饰工程工程量清单计价规范的内容

(1)柜类、货架。工程量清单项目设置及工程量计算规则应按表 3－132 的规定执行。

表 3－132 柜类、货架 （编码:011501）

项目编码	项目名称	项目特征	计量单位	工程量计算规则	工程内容
011501001	柜台	1. 台柜规格 2. 材料种类、规格 3. 五金种类、规格 4. 防护材料种类 5. 油漆品种、刷漆遍数	1. 个 2. m 3. m^3	1. 以个计量，按设计图示数量计量 2. 以米计量，按设计图示尺寸以延长米计算 3. 以立方米计量，按设计图示尺寸以体积计算	1. 台柜制作、运输、安装（安放） 2. 刷防护材料、油漆 3. 五金件安装
011501002	酒柜				
011501003	衣柜				
011501004	存包柜				
011501005	鞋柜				
011501006	书柜				
011501007	厨房壁柜				
011501008	木壁柜				
011501009	厨房低柜				
011501010	厨房吊柜				
011501011	矮柜				

（续表）

项目编码	项目名称	项目特征	计量单位	工程量计算规则	工程内容
011501012	吧台背柜	1. 台柜规格 2. 材料种类、规格 3. 五金种类、规格 4. 防护材料种类 5. 油漆品种、刷漆遍数	1. 个 2. m 3. m^3	1. 以个计量，按设计图示数量计量 2. 以米计量，按设计图示尺寸以延长米计算 3. 以立方米计量，按设计图示尺寸以体积计算	1. 台柜制作、运输、安装（安放） 2. 刷防护材料、油漆 3. 五金件安装
011501013	酒吧吊柜				
011501014	酒吧台				
011501015	展台				
011501016	收银台				
011501017	试衣间				
01 1501018	货架				
011501019	书架				
011501020	服务台				

（2）压条、装饰线。工程量清单项目设置及工程量计算规则应按表 3－133 的规定执行。

表 3－133　压条、装饰线　　　　（编码：011502）

项目编码	项目名称	项目特征	计量单位	工程量计算规则	工程内容
011502001	金属装饰线	1. 基层类型 2. 线条材料品种、规格、颜色 3. 防护材料种类	m	按设计图示以长度计算	1. 线条制作、安装 2. 刷防护材料、油漆
011502002	木质装饰线				
011502003	石材装饰线				
011502004	石膏装饰线				
011502005	镜面玻璃线				
011502006	铝塑装饰线				
011502007	塑料装饰线				
011502008	GRC 装饰线条	1. 基层类型 2. 线条规格 3. 线条安装部位 4. 填充材料种类			线条制作安装

（3）扶手、栏杆、栏板装饰。工程量清单项目设置及工程量计算规则应按表 3－134的规定执行。

表 3 - 134　扶手、栏杆、栏板装饰　　(编码:011503)

项目编码	项目名称	项目特征	计量单位	工程量计算规则	工程内容
011503001	金属扶手、栏杆、栏板	1. 扶手材料种类、规格 2. 栏杆材料种类、规格 3. 栏板材料种类、规格、颜色 4. 固定配件种类 5. 防护材料种类	m	按设计图示以扶手中心线长度(包括弯头长度)计算	1. 制作 2. 运输 3. 安装 4. 刷防护材料
011503002	硬木扶手、栏杆、栏板				
011503003	塑料扶手、栏杆、栏板				
011503004	GRC 栏杆、扶手	1. 栏杆的规格 2. 安装间距 3. 扶手类型规格 4. 填充材料种类			
011503005	金属靠墙扶手	1. 扶手材料种类、规格 2. 固定配件种类 3. 防护材料种类			
011503006	硬木靠墙扶手				
011503007	塑料靠墙扶手				
011503008	玻璃栏杆	1. 栏杆玻璃的种类、规格、颜色 2. 固定方式 3. 固定配件种类			

(4)暖气罩。工程量清单项目设置及工程量计算规则应按表 3 - 135 的规定执行。

表 3 - 135　暖气罩　　(编码:011504)

项目编码	项目名称	项目特征	计量单位	工程量计算规则	工程内容
011504001	饰面板暖气罩	1. 暖气罩材质 2. 防护材料种类	m^2	按设计图示尺寸以垂直投影面积(不展开)计算	1. 暖气罩制作、运输、安装 2. 刷防护材料
011504002	塑料板暖气罩				
011504003	金属暖气罩				

(5)浴厕配件。工程量清单项目设置及工程量计算规则应按表 3－136 的规定执行。

表 3－136　浴厕配件　　　　　（编码:011505）

<table>
<tr><th>项目编码</th><th>项目名称</th><th>项目特征</th><th>计量单位</th><th>工程量计算规则</th><th>工程内容</th></tr>
<tr><td>011505001</td><td>洗漱台</td><td rowspan="9">1. 材料品种、规格、颜色
2. 支架、配件品种、规格</td><td>1. m^2
2. 个</td><td>1. 以平方米计量，按设计图示尺寸以台面外接矩形面积计算。不扣除孔洞、挖弯、削角所占面积，挡板、吊沿板面积并入台面面积内
2. 以个计量，按设计图示数量计算</td><td rowspan="4">1. 台面及支架制作、运输、安装
2. 杆、环、盒、配件安装
3. 刷油漆</td></tr>
<tr><td>011505002</td><td>晒衣架</td><td rowspan="4">个</td><td rowspan="8">按设计图示数量计算</td></tr>
<tr><td>011505003</td><td>帘子杆</td></tr>
<tr><td>011505004</td><td>浴缸拉手</td></tr>
<tr><td>011505005</td><td>卫生间扶手</td><td rowspan="5">1. 台面及支架制作、运输、安装
2. 杆、环、盒、配件安装
3. 刷油漆</td></tr>
<tr><td>011505006</td><td>毛巾杆(架)</td><td>套</td></tr>
<tr><td>011505007</td><td>毛巾环</td><td>副</td></tr>
<tr><td>011505008</td><td>卫生纸盒</td><td rowspan="2">个</td></tr>
<tr><td>011505009</td><td>肥皂盒</td></tr>
<tr><td>011505010</td><td>镜面玻璃</td><td>1. 镜面玻璃品种、规格
2. 框材质、断面尺寸
3. 基层材料种类
4. 防护材料种类</td><td>m^2</td><td>按设计图示尺寸以边框外围面积计算</td><td>1. 基层安装
2. 玻璃及框制作、运输、安装</td></tr>
<tr><td>011505011</td><td>镜箱</td><td>1. 箱体材质、规格
2. 玻璃品种、规格
3. 基层材料种类
4. 防护材料种类
5. 油漆品种、刷漆遍数</td><td>个</td><td>按设计图示数量计算</td><td>1. 基层安装
2. 箱体制作、运输、安装
3. 玻璃安装
4. 刷防护材料、油漆</td></tr>
</table>

(6)雨篷、旗杆。工程量清单项目设置及工程量计算规则应按表3－137的规定执行。

表3－137 雨篷、旗杆 (编码:011506)

项目编码	项目名称	项目特征	计量单位	工程量计算规则	工程内容
011506001	雨篷吊挂饰面	1. 基层类型 2. 龙骨材料种类、规格、中距 3. 面层材料品种、规格、品牌 4. 吊顶（天棚）材料品种、规格 5. 嵌缝材料种类 6. 防护材料种类	m^2	按设计图示尺寸以水平投影面积计算	1. 底层抹灰 2. 龙骨基层安装 3. 面层安装 4. 刷防护材料、油漆
011506002	金属旗杆	1. 旗杆材料、种类、规格 2. 旗杆高度 3. 基础材料种类 4. 基座材料种类 5. 基座面层材料、种类、规格	根	按设计图示数量计算	1. 土石挖、填、运 2. 基础混凝土浇注 3. 旗杆制作、安装 4. 旗杆台座制作、饰面
011506003	玻璃雨篷	1. 玻璃雨篷固定方式 2. 龙骨材料种类、规格、中距 3. 玻璃材料品种、规格 4. 嵌缝材料种类 5. 防护材料种类	m^2	按设计图示尺寸以水平投影面积计算	1. 龙骨基层安装 2. 面层安装 3. 刷防护材料、油漆

(7)招牌、灯箱。工程量清单项目设置及工程量计算规则应按表3-138的规定执行。

表3-138 招牌、灯箱 （编码:011507）

<table>
<tr><th>项目编码</th><th>项目名称</th><th>项目特征</th><th>计量单位</th><th>工程量计算规则</th><th>工程内容</th></tr>
<tr><td>011507001</td><td>平面、箱式招牌</td><td rowspan="3">1. 箱体规格
2. 基层材料种类
3. 面层材料种类
4. 防护材料种类</td><td>m²</td><td>按设计图示尺寸以正立面边框外围面积计算。复杂形的凸凹造型部分不增加面积</td><td rowspan="4">1. 基层安装
2. 箱体及支架制作、运输、安装
3. 面层制作、安装
4. 刷防护材料、油漆</td></tr>
<tr><td>011507002</td><td>竖式标箱</td><td rowspan="3">个</td><td rowspan="3">按设计图示数量计算</td></tr>
<tr><td>011507003</td><td>灯箱</td></tr>
<tr><td>011507004</td><td>信报箱</td><td></td></tr>
</table>

(8)美术字。工程量清单项目设置及工程量计算规则应按表3-139的规定执行。

表3-139 美术字 （编码:011508）

<table>
<tr><th>项目编码</th><th>项目名称</th><th>项目特征</th><th>计量单位</th><th>工程量计算规则</th><th>工程内容</th></tr>
<tr><td>011508001</td><td>泡沫塑料字</td><td rowspan="5">1. 基层类型
2. 镌字材料品种、颜色
3. 字体规格
4. 固定方式
5. 油漆品种、刷漆遍数</td><td rowspan="5">个</td><td rowspan="5">按设计图示数量计算</td><td rowspan="5">1. 字制作、运输、安装
2. 刷油漆</td></tr>
<tr><td>011508002</td><td>有机玻璃字</td></tr>
<tr><td>011508003</td><td>木质字</td></tr>
<tr><td>011508004</td><td>金属字</td></tr>
<tr><td>011508005</td><td>吸塑字</td></tr>
</table>

3. 编制其他工程工程量清单应注意的相关问题

其他工程工程清单项目一般必须按设计图纸注明：材料种类、规格、油漆品种、刷漆遍数等内容，并根据每个项目可能包含的工程内容合成各个清单项目。编制各分部分项工程项目清单时应注意下列问题：

(1)厨房壁柜和厨房吊柜以嵌入墙内为壁柜，以支架固定在墙上的为吊柜。

(2)压条、装饰线项目已包括在门扇、墙柱面、天棚等项目内的，不再单独列项。

(3)洗漱台项目适用于石质(天然石材、人造石材等)、玻璃等。

(4)美术字不分字体，按大小规格分类。

【实践训练】

如图3-32所示，天棚与墙相接处采用60mm×60mm红松阴角线条，凹凸处阴角采用 15mm×15mm 红松阴角线条，线条均为成品，安装完成采用清漆油漆两遍。计算该线条的工程量清单。

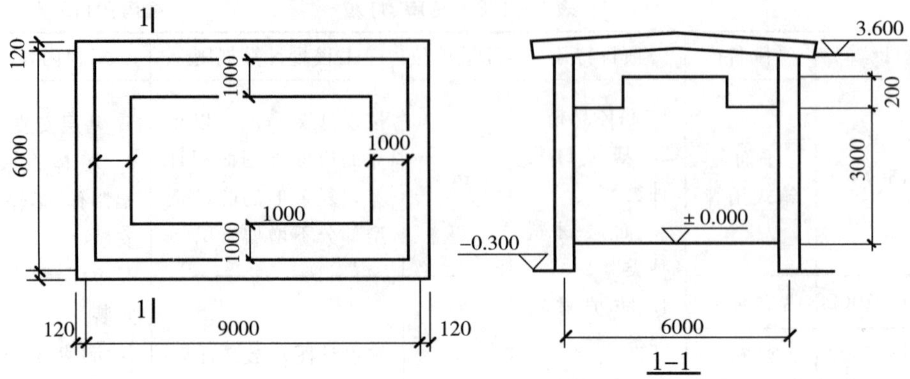

图 3－32　某工程平面图、剖面图

解：(1)清单项目设置

依据工程量计算规范，清单项目为：

木质装饰线—红松阴角线条 60mm×60mm(011502002001)；

木质装饰线—红松阴角线条 15mm×15mm(011502002002)。

(2)清单工程量计算

按设计图示尺寸以长度计算。

红松阴角线条 60mm×60mm：L_1＝[(9.00－0.24)＋(8.00－0.24)]×2＝33.04(m)；

红松阴角线条 15mm×15mm：L_2＝[(9.00－0.24－2.00)＋(6.00－0.24－2.0)]×2＝21.04(m)。

(3)填写工程量清单(表 3－140)

表 3－140　工程量清单

序号	项目编码	项目名称	项　目　特　征	计量单位	工程数量
1	011502002001	红松阴角线条	成品红松阴角线条 规格：60mm×60mm 油漆：刷底油、色油、清漆两遍	m	33.04
2	011502002002	红松阴角线条	成品红松阴角线条 规格：15mm×15mm 油漆：刷底油、色油、清漆两遍	m	21.04

(十六)拆除工程

1. 拆除工程的项目组成

拆除工程的工程量清单分十五节，共三十七个清单项目，见表 3－141。

表 3－141　拆除工程项目组成表

章	R　拆除工程							
节	R.1 砖砌体拆除	R.2 混凝土及钢筋混凝土构件拆除	R.3 木构件拆除	R.4 抹灰层拆除	R.5 块料面层拆除	R.6 龙骨及饰面拆除	R.7 屋面拆除	R.8 ……
项目	砖砌体拆除	混凝土构件拆除； 钢筋混凝土构件拆除	木构件拆除	平面抹灰层拆除 立面抹灰层拆除 天棚抹灰面拆除	平面块料拆除 立面块料拆除	楼地面龙骨及饰面拆除 墙柱面龙骨及饰面拆除 天棚面龙骨及饰面拆除	刚性屋面拆除 防水层拆除	……

2. 拆除工程工程量清单计价规范的内容

(1)砖砌体拆除。工程量清单项目设置及工程量计算规则应按表 3－142 的规定执行。

表 3－142　砖砌体拆除　　　　(编码:011601)

项目编码	项目名称	项目特征	计量单位	工程量计算规则	工程内容
011601001	砖砌体拆除	1. 砌体名称 2. 砌体材质 3. 拆除高度 4. 拆除砌体的截面尺寸 5. 砌体表面的附着物种类	1. m^3 2. m	1. 以立方米计量，按拆除的体积计算 2. 以米计量，按拆除的延长米计算	1. 拆除 2. 控制扬尘 3. 清理 4. 建渣场内、外运输
注：(1)砌体名称指墙、柱、水池等。 (2)砌体表面的附着物种类指抹灰层、块料层、龙骨及装饰面层等。 (3)以米计量，如砖地沟、砖明沟等必须描述拆除部位的截面尺寸；以立方米计量，截面尺寸则不必描述。					

(2)混凝土及钢筋混凝土构件拆除。工程量清单项目设置及工程量计算规则应按表 3－143 的规定执行。

表 3－143　混凝土及钢筋混凝土构件拆除　　　　(编码:011602)

项目编码	项目名称	项目特征	计量单位	工程量计算规则	工程内容
011602001	混凝土构件拆除	1. 构件名称 2. 拆除构件的厚度或规格尺寸 3. 构件表面的附着物种类	1. m^3 2. m^2 3. m	1. 以立方米计量,按拆除构件的混凝土体积计算 2. 以平方米计量,按拆除部位的面积计算 3. 以米计量,按拆除部位的延长米计算	1. 拆除 2. 控制扬尘 3. 清理 4. 建渣场内、外运输
011602002	钢筋混凝土构件拆除				
注:(1)以立方米作为计量单位时,可不描述构件的规格尺寸;以平方米作为计量单位时,则应描述构件的厚度;以米作为计量单位时,则必须描述构件的规格尺寸。 (2)构件表面的附着物种类指抹灰层、块料层、龙骨及装饰面层等。					

(3)木构件拆除。工程量清单项目设置及工程量计算规则应按表 3－144 的规定执行。

表 3－144　木构件拆除　　　　(编码:011603)

项目编码	项目名称	项目特征	计量单位	工程量计算规则	工程内容
011603001	木构件拆除	1. 构件名称 2. 拆除构件的厚度或规格尺寸 3. 构件表面的附着物种类	1. m^3 2. m^2 3. m	1. 以立方米计量,按拆除的体积计算 2. 以平方米计量,按拆除面积计算 3. 以米计量,按拆除的延长米计算	1. 拆除 2. 控制扬尘 3. 清理 4. 建渣场内、外运输
注:(1)拆除木构件应按木梁、木柱、木楼梯、木屋架、承重木楼梯板等分别在构件名称中描述。 (2)以立方米作为计量单位时,可不描述构件的规格尺寸;以平方米为计量单位时,则应描述构件的厚度;以米作为计量单位时,则必须描述构件的规格尺寸。 (3)构件表面的附着物种类指抹灰层、块料层、龙骨及装饰面层等。					

(4)抹灰层拆除。工程量清单项目设置及工程量计算规则应按表 3－145 的规定执行。

表 3－145　抹灰层拆除　　　　(编码:011604)

项目编码	项目名称	项目特征	计量单位	工程量计算规则	工程内容
011604001	平面抹灰层拆除	1. 拆除部位 2. 抹灰层种类	m^2	按拆除部位面积计算	1. 拆除 2. 控制扬尘 3. 清理 4. 建渣场内、外运输
011604002	立面抹灰层拆除				
011604003	天棚抹灰面拆除				
注:(1)单独拆除抹灰层应按本表中的项目编码列项。 (2)抹灰层种类可描述为一般抹灰或装饰抹灰。					

(5)块料面层拆除。工程量清单项目设置及工程量计算规则应按表 3-146 的规定执行。

表 3-146　块料面层拆除　　　　(编码:011605)

项目编码	项目名称	项目特征	计量单位	工程量计算规则	工程内容
011605001	平面块料拆除	1. 拆除的基层类型 2. 饰面材料种类	m^2	按拆除面积计算	1. 拆除 2. 控制扬尘 3. 清理 4. 建渣场内、外运输
011605002	立面块料拆除				
注:(1)如仅拆除块料层,拆除的基层类型不用描述。 (2)拆除的基层类型的描述指砂浆层、防水层、干挂或挂贴所采用的钢骨架层等。					

(6)龙骨及饰面拆除。工程量清单项目设置及工程量计算规则应按表 3-147的规定执行。

表 3-147　龙骨及饰面拆除　　　　(编码:011606)

项目编码	项目名称	项目特征	计量单位	工程量计算规则	工程内容
011606001	楼地面龙骨及饰面拆除	1. 拆除的基层类型 2. 龙骨及饰面种类	m^2	按拆除面积计算	1. 拆除 2. 控制扬尘 3. 清理 4. 建渣场内、外运输
011606002	墙柱面龙骨及饰面拆除				
011606003	天棚面龙骨及饰面拆除				
注:(1)基层类型的描述指砂浆层、防水层等。 (2)如仅拆除龙骨及饰面,拆除的基层类型不用描述。 (3)如只拆除饰面,不用描述龙骨材料种类。					

(7)屋面拆除。工程量清单项目设置及工程量计算规则应按表 3-148 的规定执行。

表 3-148　屋面拆除　　　　(编码:011607)

项目编码	项目名称	项目特征	计量单位	工程量计算规则	工程内容
011607001	刚性层拆除	刚性层厚度	m^2	按铲除部位的面积计算	1. 铲除 2. 控制扬尘 3. 清理 4. 建渣场内、外运输
011607002	防水层拆除	防水层种类			

(8)铲除油漆涂料裱糊面。工程量清单项目设置及工程量计算规则应按表 3-149的规定执行。

表 3-149　铲除油漆涂料裱糊面　　（编码：011608）

项目编码	项目名称	项目特征	计量单位	工程量计算规则	工程内容
011608001	铲除油漆面	1. 铲除部位名称 2. 铲除部位的截面积	1. m^2 2. m	1. 以平方米计量，按铲除部位的面积计算 2. 以米计量，按铲除部位的延长米计算	1. 铲除 2. 控制扬尘 3. 清理 4. 建渣场内、外运输
011608002	铲除涂料面				
011608003	铲除裱糊面				
注：(1)单独铲除油漆涂料裱糊面的工程按本表中的项目编码列项。 (2)铲除部位名称的描述指墙面、柱面、天棚、门窗等。 (3)按米计量，必须描述铲除部位的截面尺寸；以平方米计量时，则不用描述铲除部位的截面尺寸。					

(9)栏杆栏板、轻质隔断隔墙拆除。工程量清单项目设置及工程量计算规则应按表 3-150 的规定执行。

表 3-150　栏杆栏板、轻质隔断隔墙拆除　　（编码：011609）

项目编码	项目名称	项目特征	计量单位	工程量计算规则	工程内容
011609001	栏杆、栏板拆除	1. 栏杆（板）的高度 2. 栏杆、栏板种类	1. m^2 2. m	1. 以平方米计量，按拆除部位的面积计算 2. 以米计量，按拆除的延长米计算	1. 拆除 2. 控制扬尘 3. 清理 4. 建渣场内、外运输
011609002	隔断隔墙拆除	1. 拆除隔墙的骨架种类 2. 拆除隔墙的饰面种类	m^2	按拆除部位的面积计算	
注：以平方米计量，不用描述栏杆(板)的高度。					

(10)门窗拆除。工程量清单项目设置及工程量计算规则应按表 3-151 的规定执行。

表 3-151　门窗拆除　　（编码：011610）

项目编码	项目名称	项目特征	计量单位	工程量计算规则	工程内容
011610001	木门窗拆除	室内高度 门窗洞口尺寸	1. m^2 2. 樘	1. 以平方米计量，按拆除面积计算 2. 以樘计量，按拆除樘数计算	1. 拆除 2. 控制扬尘 3. 清理 4. 建渣场内、外运输
011610002	金属门窗拆除				
注：门窗拆除以平方米计量，不用描述门窗的洞口尺寸。室内高度指室内楼地面至门窗的上边框。					

(11)金属构件拆除。工程量清单项目设置及工程量计算规则应按表3－152的规定执行。

表3－152　金属构件拆除　　　　(编码:011611)

<table>
<tr><th>项目编码</th><th>项目名称</th><th>项目特征</th><th>计量单位</th><th>工程量计算规则</th><th>工程内容</th></tr>
<tr><td>011611001</td><td>钢梁拆除</td><td rowspan="5">1. 构件名称
2. 拆除构件的规格尺寸</td><td rowspan="2">1. t
2. m</td><td rowspan="2">1. 以吨计量,按拆除构件的质量计算
2. 以米计量,按拆除延长米计算</td><td rowspan="5">1. 铲除
2. 控制扬尘
3. 清理
4. 建渣场内、外运输</td></tr>
<tr><td>011611002</td><td>钢柱拆除</td></tr>
<tr><td>011611003</td><td>钢网架拆除</td><td>t</td><td>按拆除构件的质量计算</td></tr>
<tr><td>011611004</td><td>钢支撑、钢墙架拆除</td><td rowspan="2">1. t
2. m</td><td rowspan="2">1. 以吨计量,按拆除构件的质量计算
2. 以米计量,按拆除延长米计算</td></tr>
<tr><td>011611005</td><td>其他金属构件拆除</td></tr>
</table>

(12)管道及卫生洁具拆除。工程量清单项目设置及工程量计算规则应按表3－153的规定执行。

表3－153　管道及卫生洁具拆除　　　　(编码:011612)

<table>
<tr><th>项目编码</th><th>项目名称</th><th>项目特征</th><th>计量单位</th><th>工程量计算规则</th><th>工程内容</th></tr>
<tr><td>011612001</td><td>管道拆除</td><td>1. 管道种类、材质
2. 管道上的附着物种类</td><td>m</td><td>按拆除管道的延长米计算</td><td rowspan="2">1. 拆除
2. 控制扬尘
3. 清理
4. 建渣场内、外运输</td></tr>
<tr><td>011612002</td><td>卫生洁具拆除</td><td>卫生洁具种类</td><td>1. 套
2. 个</td><td>按拆除的数量计算</td></tr>
</table>

(13)灯具、玻璃拆除。工程量清单项目设置及工程量计算规则应按表3－154的规定执行。

表3－154　灯具、玻璃拆除　　　　(编码:011613)

<table>
<tr><th>项目编码</th><th>项目名称</th><th>项目特征</th><th>计量单位</th><th>工程量计算规则</th><th>工程内容</th></tr>
<tr><td>011613001</td><td>灯具拆除</td><td>1. 拆除灯具高度
2. 灯具种类</td><td>套</td><td>按拆除的数量计算</td><td rowspan="2">1. 拆除
2. 控制扬尘
3. 清理
4. 建渣场内、外运输</td></tr>
<tr><td>011613002</td><td>玻璃拆除</td><td>1. 玻璃厚度
2. 拆除部位</td><td>m^2</td><td>按拆除的面积计算</td></tr>
<tr><td colspan="6">注:拆除部位的描述指门窗玻璃、隔断玻璃、墙玻璃、家具玻璃等。</td></tr>
</table>

(14)其他构件拆除。工程量清单项目设置及工程量计算规则应按表3－155的规定执行。

表 3－155 其他构件拆除 （编码:011614）

项目编码	项目名称	项目特征	计量单位	工程量计算规则	工程内容
011614001	暖气罩拆除	暖气罩材质	1. 个 2. m	1. 以个为单位计量，按拆除个数计算 2. 以米为单位计量，按拆除延长米计算	1. 拆除 2. 控制扬尘 3. 清理 4. 建渣场内、外运输
011614002	柜体拆除	1. 柜体材质 2. 柜体尺寸：长、宽、高			
011614003	窗台板拆除	窗台板平面尺寸	1. 块 2. m	1. 以块计量，按拆除数量计算 2. 以米计量，按拆除的延长米计算	
011614004	筒子板拆除	筒子板的平面尺寸			
011614005	窗帘盒拆除	窗帘盒的平面尺寸	m	按拆除的延长米计算	
011614006	窗帘轨拆除	窗帘轨的材质			
注：双轨窗帘轨拆除按双轨长度分别计算工程量。					

（15）开孔（打洞）。工程量清单项目设置及工程量计算规则应按表 3－156 的规定执行。

表 3－156 开孔（打洞） （编码:011615）

项目编码	项目名称	项目特征	计量单位	工程量计算规则	工程内容
011615001	开孔（打洞）	1. 部位 2. 打洞部位材质 3. 洞尺寸	个	按数量计算	1. 拆除 2. 控制扬尘 3. 清理 4. 建渣场内、外运输
注：（1）部位可描述为墙面或楼板。 （2）打洞部位材质可描述为页岩砖或空心砖或钢筋混凝土等。					

第五节　措施项目和其他项目清单编制

一、措施项目清单的编制

措施项目是为完成工程项目施工，发生于该工程施工前和施工过程中技术、生活、安全等方面的非工程实体项目。措施项目虽然不是直接凝固到产品上的直接资源消耗项目，但都是为了完成分部分项工程必需发生的生产活动和资源耗用的保障项目，从施工技术措施、设备设置、施工必需的各种保障措施，到包括环保、安全和文明施工等项目的设置，措施项目的内涵十分广泛。

措施项目一般包括两类：一类是单价措施项目，是可以计算工程量的项目，如脚手架、混凝土模板及支架、垂直运输、超高施工增加、大型机械设备进出场及安拆和施工降水排水；另一类是总价项目，是不能计算工程量的措施项目，如安全文明施工，夜间施工，非夜间施工照明，二次搬运，冬雨季施工，地上、地下设施，建筑物的临时保护设施，以及已完工程及设备保护等。

在《房屋建筑与装饰工程工程量计算规范》(GB 50854—2013)中附录S为措施项目清单，具体见表3-157～表3-163所示。

措施项目清单的编制一

1. 脚手架工程

表3-157　脚手架工程　　　(编码:011701)

项目编码	项目名称	项目特征	计量单位	工程量计算规则	工程内容
011701001	综合脚手架	1. 建筑结构形式 2. 檐口高度	m^2	按建筑面积计算	1. 场内、场外材料搬运 2. 搭、拆脚手架、斜道、上料平台 3. 安全网的铺设 4. 选择附墙点与主体连接 5. 测试电动装置、安全锁 6. 拆除脚手架后材料的堆放
011701002	外脚手架	1. 搭设方式 2. 搭设高度 3. 脚手架材质		按所服务对象的垂直投影面积计算	1. 场内、场外材料搬运 2. 搭、拆脚手架、斜道、上料平台 3. 安全网的铺设 4. 拆除脚手架后材料的堆放
011701003	里脚手架				
011701004	悬空脚手架	1. 搭设方式 2. 悬挑宽度 3. 脚手架材质		按搭设的水平投影面积计算	
011701005	挑脚手架		m	按搭设长度乘以搭设层数以延长米计算	
011701006	满堂脚手架	1. 搭设方式 2. 搭设高度 3. 脚手架材质	m^2	按搭设的水平投影面积计算	

（续表）

项目编码	项目名称	项目特征	计量单位	工程量计算规则	工程内容
011701007	整体提升架	1. 搭设方式及启动装置 2. 搭设高度	m^2	按所服务对象的垂直投影面积计算	1. 场内、场外材料搬运 2. 选择附墙点与主体连接 3. 搭、拆脚手架、斜道、上料平台 4. 安全网的铺设 5. 测试电动装置、安全锁等 6. 拆除脚手架后材料的堆放
011701008	外装饰吊篮	1. 升降方式及启动装置 2. 搭设高度及吊篮型号	m^2	按所服务对象的垂直投影面积计算	1. 场内、场外材料搬运 2. 吊篮的安装 3. 测试电动装置、安全锁、平衡控制器等 4. 吊篮的拆卸

注：(1)使用综合脚手架时，不再使用外脚手架、里脚手架等单项脚手架；综合脚手架适用于能够按“建筑面积计算规则”计算建筑面积的建筑工程脚手架，不适用于房屋加层、构筑物及附属工程脚手架。

(2)同一建筑物有不同檐高时，按建筑物竖向切面分别按不同檐高编列清单项目。

(3)整体提升架已包括 2m 高的防护架体设施。

(4)脚手架材质可以不描述，但应注明由投标人根据工程实际情况按照国家现行标准《建筑施工扣件式钢管脚手架安全技术规范》(JGJ 130—2011)、《建筑施工附着升降脚手架管理暂行规定》(建〔2000〕230 号)等规范自行确定。

2. 混凝土模板及支架工程

表 3－158　混凝土模板及支架工程　　　　（编码:011702）

项目编码	项目名称	项目特征	计量单位	工程量计算规则	工程内容
011702001	基础	基础类型	m^2	按模板与现浇混凝土构件的接触面积计算 1. 现浇钢筋混凝土墙、板单孔面积不超过 $0.3m^2$ 的孔洞不予扣除，洞侧壁模板亦不增加；单孔面积大于 $0.3m^2$ 时应予扣除，洞侧壁模板面积并入墙、板工程量内计算 2. 现浇框架分别按梁、板、柱有关规定计算；附墙柱、暗梁、暗柱并入墙内工程量内计算 3. 柱、梁、墙、板相互连接的重叠部分，均不计算模板面积 4. 构造柱按图示外露部分计算模板面积	1. 模板制作 2. 模板安装、拆除、整理堆放及场内外运输 3. 清理模板黏结物及模内杂物、刷隔离剂等
011702002	矩形柱				
011702003	构造柱				
011702004	异形柱	柱截面形状			
011702005	基础梁	梁截面形状			
011702006	矩形梁	支撑高度			
011702007	异形梁	1. 梁截面形状 2. 支撑高度			
011702008	圈梁				
011702009	过梁				
011702010	弧形、拱形梁	1. 梁截面形状 2. 支撑高度			
011702011	直形墙				
011702012	弧形墙				
011702013	短肢剪力墙、电梯井壁				
011702014	有梁板	支撑高度			
011702015	无梁板				
011702016	平板				
011702017	拱板				
011702018	薄壳板				
011702019	空心板				
011702020	其他板				
011702021	栏板				
011702022	天沟、檐沟	构件类型		按模板与现浇混凝土构件的接触面积计算	
011702023	雨篷、悬挑板、阳台板	1. 构件类型 2. 板厚度		按图示外挑部分尺寸的水平投影面积计算，挑出墙外的悬臂梁及板边不另计算	
011702024	楼梯	类型		按楼梯（包括休息平台、平台梁、斜梁和楼层板的连接梁）的水平投影面积计算，不扣除宽度不超过 500mm 的楼梯井所占面积，楼梯踏步、踏步板、平台梁等侧面模板不另计算，伸入墙内部分亦不增加	

（续表）

<table>
<tr><th>项目编码</th><th>项目名称</th><th>项目特征</th><th>计量单位</th><th>工程量计算规则</th><th>工程内容</th></tr>
<tr><td>011702025</td><td>其他现浇构件</td><td>构件类型</td><td rowspan="4">m^2</td><td>按模板与现浇混凝土构件的接触面积计算</td><td rowspan="4">1. 模板制作
2. 模板安装、拆除、整理堆放及场内外运输
3. 清理模板黏结物及模内杂物、刷隔离剂等</td></tr>
<tr><td>011702026</td><td>电缆沟、地沟</td><td>1. 沟类型
2. 沟截面</td><td>按模板与电缆沟、地沟接触的面积计算</td></tr>
<tr><td>011702027</td><td>台阶</td><td>台阶踏步宽</td><td>按图示台阶水平投影面积计算，台阶端头两侧不另计算模板面积。架空式混凝土台阶，按现浇楼梯计算</td></tr>
<tr><td>011702028</td><td>扶手</td><td>扶手断面尺寸</td><td>按模板与扶手的接触面积计算</td></tr>
<tr><td>011702029</td><td>散水</td><td></td><td rowspan="4">m^2</td><td>按模板与散水的接触面积计算</td><td rowspan="4">1. 模板制作
2. 模板安装、拆除、整理堆放及场内外运输
3. 清理模板黏结物及模内杂物、刷隔离剂等</td></tr>
<tr><td>011702030</td><td>后浇带</td><td>后浇带部位</td><td>按模板与后浇带的接触面积计算</td></tr>
<tr><td>011702031</td><td>化粪池</td><td>1. 化粪池部位
2. 化粪池规格</td><td rowspan="2">按模板与混凝土接触面积计算</td></tr>
<tr><td>011702032</td><td>检查井</td><td>1. 检查井部位
2. 检查井规格</td></tr>
<tr><td colspan="6">注：(1)原槽浇灌的混凝土基础，不计算模板。
(2)混凝土模板及支撑(架)项目，只适用于以平方米计量，按模板与混凝土构件的接触面积计算。以立方米计量的模板及支撑（支架），按混凝土及钢筋混凝土实体项目执行，其综合单价中应包含模板及支撑（支架）。
(3)采用清水模板时，应在特征中注明。
(4)若现浇混凝土梁、板支撑高度超过3.6m时，项目特征应描述支撑高度。</td></tr>
</table>

3. 垂直运输工程

表3－159　垂直运输工程　　　　（编码:011703）

<table>
<tr><th>项目编码</th><th>项目名称</th><th>项目特征</th><th>计量单位</th><th>工程量计算规则</th><th>工程内容</th></tr>
<tr><td>011703001</td><td>垂直运输</td><td>1. 建筑物建筑类型及结构形式
2. 地下室建筑面积
3. 建筑物檐口高度、层数</td><td>1. m^2
2. 天</td><td>1. 按建筑面积计算
2. 按施工工期日历天数计</td><td>1. 垂直运输机械的固定装置、基础制作、安装
2. 行走式垂直运输机械轨道的铺设、拆除、摊销</td></tr>
<tr><td colspan="6">注：(1)建筑物的檐口高度是指设计室外地坪至檐口滴水的高度(平屋顶系指屋面板底高度)，突出主体建筑物屋顶的电梯机房、楼梯出口间、水箱间、瞭望塔、排烟机房等不计入檐口高度。
(2)垂直运输指施工工程在合理工期内所需垂直运输机械。
(3)同一建筑物有不同檐高时，按建筑物的不同檐高做纵向分割，分别计算建筑面积，以不同檐高分别编码列项。</td></tr>
</table>

4. 超高施工增加

表 3－160　超高施工增加　　　　（编码:011704）

项目编码	项目名称	项目特征	计量单位	工程量计算规则	工程内容
011704001	超高施工增加	1. 建筑物建筑类型及结构形式 2. 建筑物檐口高度、层数 3. 单层建筑物檐口高度超过 20m，多层建筑物超过 6 层部分的建筑面积	m^2	按建筑物超高部分的建筑面积计算	1. 建筑物超高引起的人工工效降低以及由于人工工效降低引起的机械降效 2. 高层施工用水加压水泵的安装、拆除及工作台班 3. 通信联络设备的使用及摊销

注:(1)单层建筑物檐口高度超过 20m，多层建筑物超过 6 层时，可按超高部分的建筑面积计算超高施工增加。计算层数时，地下室不计入层数。

(2)同一建筑物有不同檐高时，可按不同高度的建筑面积分别计算建筑面积，以不同檐高分别编码列项。

措施项目清单的编制二

5. 大型机械设备进出场及安拆

表 3－161　大型机械设备进出场及安拆　　　　（编码:011705）

项目编码	项目名称	项目特征	计量单位	工程量计算规则	工程内容
011705001	大型机械设备进出场及安拆	1. 机械设备名称 2. 机械设备规格型号	台次	按使用机械设备的数量计算	1. 安拆费包括施工机械、设备在现场进行安装拆卸所需人工、材料、机械和试运转费用以及机械辅助设施的折旧、搭设、拆除等费用 2. 进出场费包括施工机械、设备整体或分体自停放地点运至施工现场或由一施工地点运至另一施工地点所发生的运输、装卸、辅助材料等费用

6. 施工排水、降水

表 3－162 施工排水、降水 (编码:011706)

项目编码	项目名称	项目特征	计量单位	工程量计算规则	工程内容
011706001	成井	1. 成井方式 2. 地层情况 3. 成井直径 4. 井（滤）管类型、直径	m	按设计图示尺寸以钻孔深度计算	1. 准备钻孔机械、埋设护筒、钻机就位；泥浆制作、固壁；成孔、出渣、清孔等 2. 对接上、下井管（滤管），焊接，安放，下滤料，洗井，连接试抽等
011706002	排水、降水	1. 机械规格型号 2. 降排水管规格	昼夜	按排、降水日历天数计算	1. 管道安装、拆除，场内搬运等 2. 抽水、值班、降水设备维修等
注：相应专项设计不具备时，可按暂估量计算。					

7. 安全文明施工及其他措施项目

表 3－163 安全文明施工及其他措施项目 (编码:011708)

项目编码	项目名称	工作内容及包含范围
011707001	安全文明施工	1. 环境保护：现场施工机械设备降低噪声、防扰民措施；水泥和其他易飞扬细颗粒建筑材料密闭存放或采取覆盖措施等；工程防扬尘洒水；土石方、建渣外运车辆防护措施等；现场污染源的控制、生活垃圾清理外运、场地排水排污措施；其他环境保护措施 2. 文明施工：“五牌一图”；现场围挡的墙面美化（包括内外粉刷、刷白、标语等）、压顶装饰；现场厕所便槽刷白、贴面砖，水泥砂浆地面或地砖，建筑物内临时便溺设施；其他施工现场临时设施的装饰装修、美化措施；现场生活卫生设施；符合卫生要求的饮水设备、淋浴、消毒等设施；生活用洁净燃料；防煤气中毒、防蚊虫叮咬等措施；施工现场操作场地的硬化；现场绿化、治安综合治理；现场配备医药保健器材、物品和急救人员培训；现场工人的防暑降温、电风扇、空调等设备及用电；其他文明施工措施 3. 安全施工：安全资料、特殊作业专项方案的编制，安全施工标志的购置及安全宣传；“三宝”（安全帽、安全带、安全网）、“四口”（楼梯口、电梯井口、通道口、预留洞口）、“五临边”（阳台围边、楼板围边、屋面围边、槽坑围边、卸料平台两侧），水平防护架、垂直防护架、外架封闭等防护；施工安全用电，包括配电箱三级配电、两级保护装置要求、外电防护措施；起重机、塔吊等起重设备（含井架、门架）及外用电梯的安全防护措施（含警示标志）及卸料平台的临边防护、层间安全门、防护棚等设施；建筑工地起重机械的检验检测；施工机具防护棚及其围

（续表）

项目编码	项目名称	工作内容及包含范围
011707001	安全文明施工	栏的安全保护设施；施工安全防护通道；工人的安全防护用品、用具购置；消防设施与消防器材的配置；电气保护、安全照明设施；其他安全防护措施 4. 临时设施：施工现场采用彩色、定型钢板，砖、混凝土砌块等围挡的安砌、维修、拆除；施工现场临时建筑物、构筑物的搭设、维修、拆除，如临时宿舍、办公室，食堂、厨房、厕所、诊疗所、临时文化福利用房、临时仓库、加工场、搅拌台、临时简易水塔、水池等；施工现场临时设施的搭设、维修、拆除，如临时供水管道、临时供电管线、小型临时设施等；施工现场规定范围内临时简易道路铺设，临时排水沟、排水设施安砌、维修、拆除；其他临时设施搭设、维修、拆除
011707002	夜间施工	1. 夜间固定照明灯具和临时可移动照明灯具的设置、拆除 2. 夜间施工时，施工现场交通标志、安全标牌、警示灯等的设置、移动、拆除 3. 包括夜间照明设备及照明用电、施工人员夜班补助、夜间施工劳动效率降低等
011707003	非夜间施工照明	为保证工程施工正常进行，在地下室等特殊施工部位施工时所采用的照明设备的安拆、维护及照明用电等
011707004	二次搬运	由于施工场地条件限制而发生的材料、成品、半成品等一次运输不能到达堆放地点，必须进行的二次或多次搬运
011707005	冬雨季施工	1. 冬雨（风）季施工时增加的临时设施（防寒保温、防雨、防风设施）的搭设、拆除 2. 冬雨（风）季施工时，对砌体、混凝土等采用的特殊加温、保温和养护措施 3. 冬雨（风）季施工时，施工现场的防滑处理、对影响施工的雨雪的清除 4. 包括冬雨（风）季施工时增加的临时设施、施工人员的劳动保护用品、冬雨（风）季施工劳动效率降低等
011707006	地上、地下设施、建筑物的临时保护设施	在工程施工过程中，对已建成的地上、地下设施和建筑物进行的遮盖、封闭、隔离等必要保护措施
011707007	已完工程及设备保护	对已完工程及设备采取的覆盖、包裹、封闭、隔离等必要保护措施
注：本表所列项目应根据工程实际情况计算措施项目费用，需分摊的应合理计算摊销费用。		

二、其他项目清单的编制

其他项目是指除分部分项工程项目、措施项目以外，因招标人的要求而发生的与拟建工程有关的费用项目，其他项目清单宜按照下列内容列项：

(1)暂列金额。指招标人在工程量清单中暂定并包括在合同价款中的一笔款项。用于施工合同签订时尚未确定或者不可预见的所需材料、设备、服务的采购，施工中可能发生的工程变更、合同约定调整因素出现时的工程价款调整以及发生的索赔、现场签证确认等的费用。

(2)暂估价。指招标人在工程量清单中提供的用于支付必然发生但暂时不能确定的材料的单价以及专业工程的金额。包括材料暂估价、专业工程暂估价。

(3)计日工。指在施工过程中，完成发包人提出的施工图纸以外的零星项目或工作，应按合同中约定的综合单价计价。

(4)总承包服务费。指总承包人为配合协调发包人进行的工程分包自行采购的设备、材料等进行管理、服务以及施工现场管理、竣工资料汇总整理等服务所需的费用。

其他项目清单中的暂列金额、暂估价和计日工项目费在投标时计入投标人的报价中，但不视为投标人所有。竣工结算时，应按约定和承包人实际完成的工程内容、工程数量进行结算，剩余部分仍归招标人所有。

显然，其他项目费的多寡与工程建设标准的高低、工程规模的大小、工程技术的复杂程度、工程工期的长短、工程内容的构成、施工现场条件和承发包形式以及工程分包次数等因素直接相关。如果工程规模大、工期长、技术复杂程度高，招标人的暂列金额必然多，费用必然增高。例如，业主的咨询、设计变更、预留设备采购金等项目与费用会增加；承包者的总包服务协调费、计日工也会增加。规范在其他项目清单中的具体内容，仅提供了四个项目(即暂列金额、暂估价、计日工和总承包服务费)作为列项的参考，显然，根据不同情况，很可能超出规定的范围，对此规范特别指出可以增项，但补充项目则应列在清单项目最后，并以“补”字在“序号”栏中示之。

课后练习题(3)

第四章　工程量清单计价编制

【内容要点】

1. 建筑安装工程费用构成。
2. 工程建设定额。
3. 工程量清单计价原理和方法。

【知识链接】

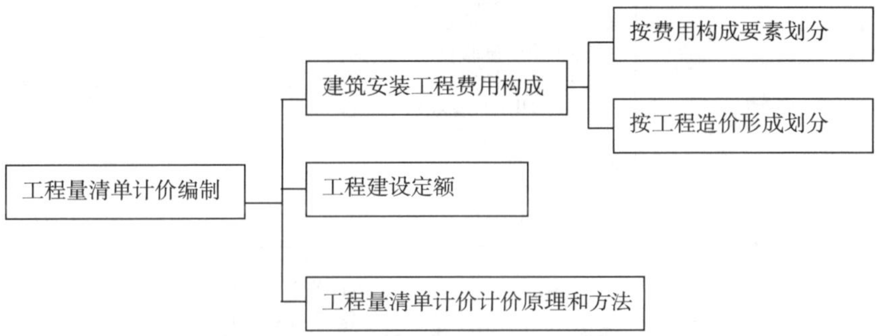

第一节　建筑安装工程费用构成

根据住房和城乡建设部、财政部联合颁布的《建筑安装工程费用项目组成》(建标〔2013〕44 号)文件的规定：建筑安装工程费用按照费用构成要素划分为人工费、材料费、施工机具使用费、企业管理费、利润、规费和税金，如图 4－1 所示。建筑安装工程费用按照工程造价形成划分为：分部分项工程费、措施项目费、其他项目费、规费和税金，如图 4－2 所示。

工程造价的组成

一、建筑安装工程费(按费用构成要素划分)

建筑安装工程费按照费用构成要素划分：由人工费、材料(包含工程设备，下同)费、施工机具使用费、企业管理费、利润、规费和税金组成。其中人工费、材料费、施工机具使用费、企业管理费和利润包含在分部分项工程费、措施项目费、其他项目费中，如图 4－1 所示。

1. 人工费

人工费是指按工资总额构成规定，支付给从事建筑安装工程施工的生产工

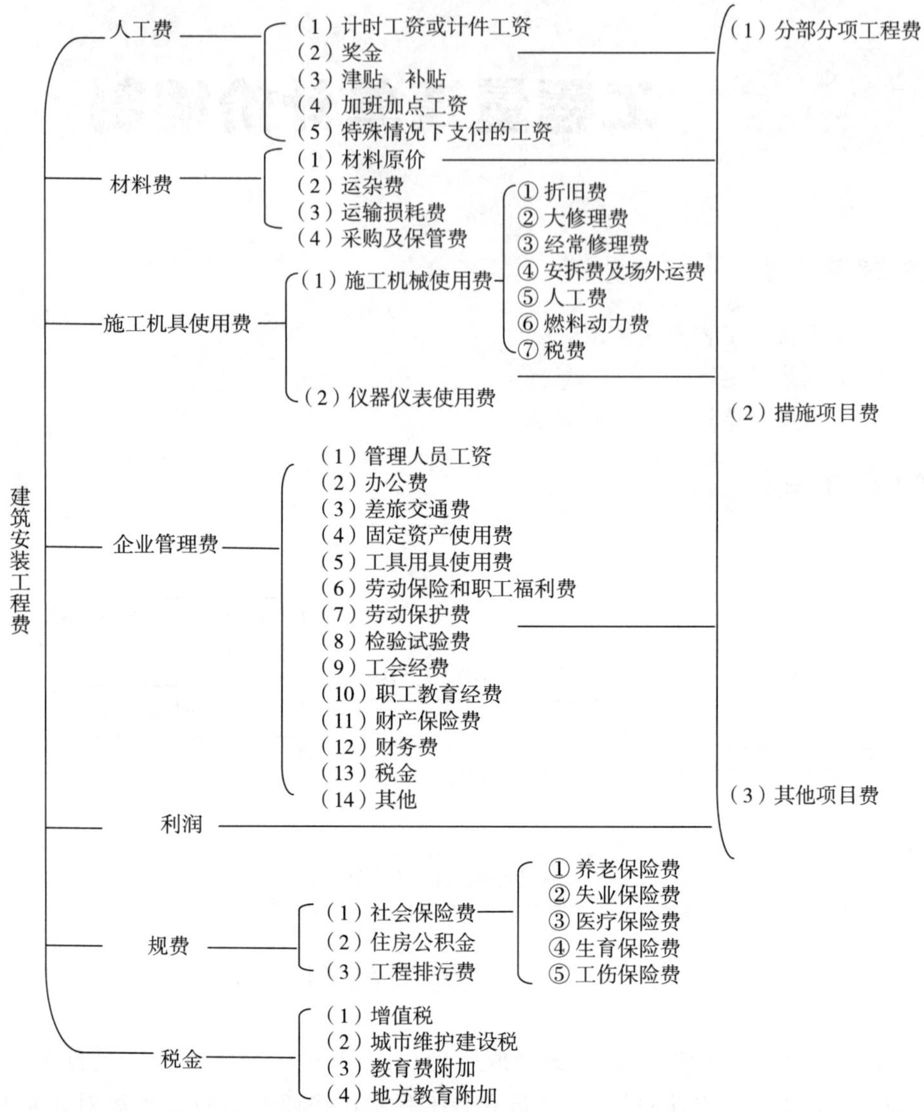

图 4－1　建筑安装工程费用项目组成(按费用构成要素划分)

人和附属生产单位工人的各项费用。内容包括：

(1)计时工资或计件工资：是指按计时工资标准和工作时间或对已做工作按计件单价支付给个人的劳动报酬。

(2)奖金：是指对超额劳动和增收节支支付给个人的劳动报酬。如节约奖、劳动竞赛奖等。

(3)津贴、补贴：是指为了补偿职工特殊或额外的劳动消耗和因其他特殊原因支付给个人的津贴，以及为了保证职工工资水平不受物价影响支付给个人的物价补贴。如流动施工津贴、特殊地区施工津贴、高温(寒)作业临时津贴、高空津贴等。

(4)加班加点工资：是指按规定支付的在法定节假日工作的加班工资和在法定日工作时间外延时工作的加点工资。

(5)特殊情况下支付的工资：是指根据国家法律、法规和政策规定，因病、工伤、产假、计划生育假、婚丧假、事假、探亲假、定期休假、停工学习、执行国家或社会义务等原因按计时工资标准或计时工资标准的一定比例支付的工资。

2. 材料费

材料费是指施工过程中耗费的原材料、辅助材料、构配件、零件、半成品或成品、工程设备的费用。

(1)材料原价：是指材料、工程设备的出厂价格或商家供应价格。

(2)运杂费：是指材料、工程设备自来源地运至工地仓库或指定堆放地点所发生的全部费用。

(3)运输损耗费：是指材料在运输装卸过程中不可避免的损耗。

(4)采购及保管费：是指为组织采购、供应和保管材料、工程设备的过程中所需要的各项费用。包括采购费、仓储费、工地保管费、仓储损耗。

工程设备是指构成或计划构成永久工程一部分的机电设备、金属结构设备、仪器装置及其他类似的设备和装置。

3. 施工机具使用费

施工机具使用费是指施工作业所发生的施工机械、仪器仪表使用费或其租赁费。

(1)施工机械使用费：以施工机械台班耗用量乘以施工机械台班单价表示，施工机械台班单价应由下列七项费用组成：

① 折旧费：指施工机械在规定的使用年限内，陆续收回其原值的费用。

② 大修理费：指施工机械按规定的大修理间隔台班进行必要的大修理，以恢复其正常功能所需的费用。

③ 经常修理费：指施工机械除大修理以外的各级保养和临时故障排除所需的费用。包括为保障机械正常运转所需替换设备与随机配备工具附具的摊销和维护费用，机械运转中日常保养所需润滑与擦拭的材料费用及机械停滞期间的维护和保养费用等。

④ 安拆费及场外运费：安拆费指施工机械(大型机械除外)在现场进行安装与拆卸所需的人工、材料、机械和试运转费用以及机械辅助设施的折旧、搭设、拆除等费用；场外运费指施工机械整体或分体自停放地点运至施工现场或由一施工地点运至另一施工地点的运输、装卸、辅助材料及架线等费用。

⑤ 人工费：指机上司机(司炉)和其他操作人员的人工费。

⑥ 燃料动力费：指施工机械在运转作业中所消耗的各种燃料及水、电等。

⑦ 税费：指施工机械按照国家规定应缴纳的车船使用税、保险费及年检费等。

(2)仪器仪表使用费：是指工程施工所需使用的仪器仪表的摊销及维修费用。

4. 企业管理费

企业管理费是指建筑安装企业组织施工生产和经营管理所需的费用。

(1)管理人员工资:是指按规定支付给管理人员的计时工资、奖金、津贴补贴、加班加点工资及特殊情况下支付的工资等。

(2)办公费:是指企业管理办公用的文具、纸张、账表、印刷、邮电、书报、办公软件、现场监控、会议、水电、烧水和集体取暖降温(包括现场临时宿舍取暖降温)等费用。

(3)差旅交通费:是指职工因公出差、调动工作的差旅费、住勤补助费,市内交通费和误餐补助费,职工探亲路费,劳动力招募费,职工退休、退职一次性路费,工伤人员就医路费,工地转移费以及管理部门使用的交通工具的油料、燃料等费用。

(4)固定资产使用费:是指管理和试验部门及附属生产单位使用的属于固定资产的房屋、设备、仪器等的折旧、大修、维修或租赁费。

(5)工具用具使用费:是指企业施工生产和管理使用的不属于固定资产的工具、器具、家具、交通工具和检验、试验、测绘、消防用具等的购置、维修和摊销费。

(6)劳动保险和职工福利费:是指由企业支付的职工退职金、按规定支付给离休干部的经费、集体福利费、夏季防暑降温、冬季取暖补贴、上下班交通补贴等。

(7)劳动保护费:是企业按规定发放的劳动保护用品的支出。如工作服、手套、防暑降温饮料以及在有碍身体健康的环境中施工的保健费用等。

(8)检验试验费:是指施工企业按照有关标准规定,对建筑以及材料、构件和建筑安装物进行一般鉴定、检查所发生的费用,包括自设试验室进行试验所耗用的材料等费用。不包括新结构、新材料的试验费,对构件做破坏性试验及其他特殊要求检验试验的费用和建设单位委托检测机构进行检测的费用,对此类检测发生的费用,由建设单位在工程建设其他费用中列支。但对施工企业提供的具有合格证明的材料进行检测不合格的,该检测费用由施工企业支付。

(9)工会经费:是指企业按工会法规定的全部职工工资总额比例计提的工会经费。

(10)职工教育经费:是指按职工工资总额的规定比例计提,企业为职工进行专业技术和职业技能培训、专业技术人员继续教育、职工职业技能鉴定、职业资格认定以及根据需要对职工进行各类文化教育所发生的费用。

(11)财产保险费:是指施工管理用财产、车辆等的保险费用。

(12)财务费:是指企业为施工生产筹集资金或提供预付款担保、履约担保、职工工资支付担保等所发生的各种费用。

(13)税金:是指企业按规定缴纳的房产税、车船使用税、土地使用税、印花税等。

(14)其他:包括技术转让费、技术开发费、投标费、业务招待费、绿化费、广告费、公证费、法律顾问费、审计费、咨询费、保险费等。

5. 利润

利润是指施工企业完成所承包工程获得的盈利。

6. 规费

规费是指按国家法律、法规规定,由省级政府和省级有关权力部门规定必须缴纳或计取的费用。

(1)社会保险费:具体包括下列五项费用。

① 养老保险费:是指企业按照规定标准为职工缴纳的基本养老保险费。

② 失业保险费:是指企业按照规定标准为职工缴纳的失业保险费。

③ 医疗保险费:是指企业按照规定标准为职工缴纳的基本医疗保险费。

④ 生育保险费:是指企业按照规定标准为职工缴纳的生育保险费。

⑤ 工伤保险费:是指企业按照规定标准为职工缴纳的工伤保险费。

(2)住房公积金:是指企业按规定标准为职工缴纳的住房公积金。

(3)工程排污费:是指按规定缴纳的施工现场工程排污费。

其他应列而未列入的规费,按实际发生计取。

7. 税金

税金是指国家税法规定的应计入建筑安装工程造价内的增值税、城市维护建设税、教育费附加以及地方教育附加。

二、建筑安装工程费(按工程造价形成划分)

建筑安装工程费按照工程造价形成由分部分项工程费、措施项目费、其他项目费、规费、税金组成,分部分项工程费、措施项目费、其他项目费包含人工费、材料费、施工机具使用费、企业管理费和利润,如图 4－2 所示。

1. 分部分项工程费

分部分项工程费是指各专业工程的分部分项工程应予列支的各项费用。

(1)专业工程:是指按现行国家计量规范划分的房屋建筑与装饰工程、仿古建筑工程、通用安装工程、市政工程、园林绿化工程、矿山工程、构筑物工程、城市轨道交通工程、爆破工程等各类工程。

(2)分部分项工程:指按现行国家计量规范对各专业工程划分的项目。如房屋建筑与装饰工程划分的土石方工程、地基处理与桩基工程、砌筑工程、钢筋及钢筋混凝土工程等。

各类专业工程的分部分项工程划分见现行国家或行业计量规范。

2. 措施项目费

措施项目费是指为完成建设工程施工,发生于该工程施工前和施工过程中的技术、生活、安全、环境保护等方面的费用。

(1)安全文明施工费:具体包括下列四项费用。

① 环境保护费:是指施工现场为达到环保部门要求所需要的各项费用。

② 文明施工费:是指施工现场文明施工所需要的各项费用。

③ 安全施工费:是指施工现场安全施工所需要的各项费用。

④ 临时设施费:是指施工企业为进行建设工程施工所必须搭设的生活和生产用的临时建筑物、构筑物和其他临时设施费用。包括临时设施的搭设、维修、拆除、清理费或摊销费等。

(2)夜间施工增加费:是指因夜间施工所发生的夜班补助费、夜间施工降效、

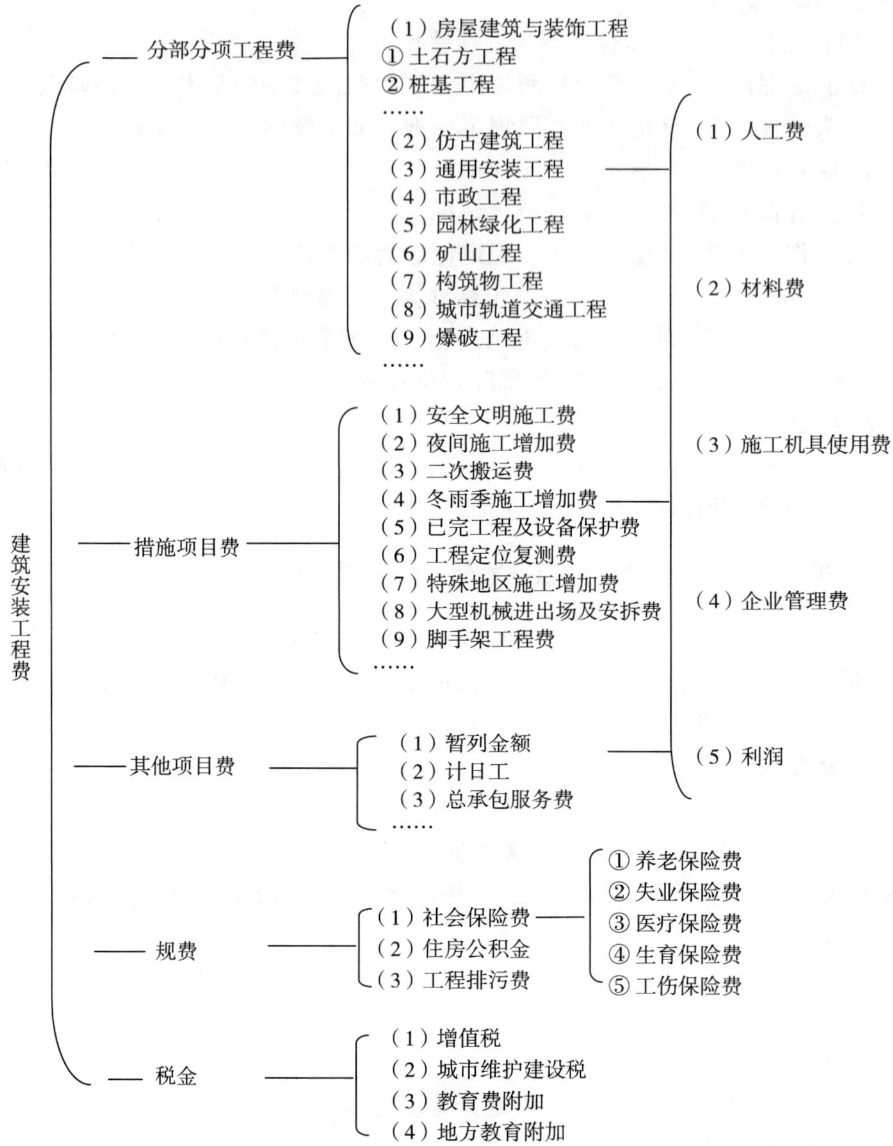

图 4－2　建筑安装工程费用项目组成（按造价形成划分）

夜间施工照明设备摊销及照明用电等费用。

(3)二次搬运费：是指因施工场地条件限制而发生的材料、构配件、半成品等一次运输不能到达堆放地点，必须进行二次或多次搬运所发生的费用。

(4)冬雨季施工增加费：是指在冬季或雨季施工需增加的临时设施、防滑、排除雨雪、人工及施工机械效率降低等费用。

(5)已完工程及设备保护费：是指竣工验收前，对已完工程及设备采取的必要保护措施所发生的费用。

(6)工程定位复测费：是指工程施工过程中进行全部施工测量放线和复测工作的费用。

(7)特殊地区施工增加费：是指工程在沙漠或其边缘地区、高海拔、高寒、原始森林等特殊地区施工增加的费用。

(8)大型机械设备进出场及安拆费：是指机械整体或分体自停放场地运至施工现场或由一个施工地点运至另一个施工地点，所发生的机械进出场运输及转移费用及机械在施工现场进行安装、拆卸所需的人工费、材料费、机械费、试运转费和安装所需的辅助设施的费用。

(9)脚手架工程费：是指施工需要的各种脚手架搭、拆、运输费用以及脚手架购置费的摊销(或租赁)费用。

措施项目及其包含的内容详见各类专业工程的现行国家或行业计量规范。

3. 其他项目费

(1)暂列金额：是指建设单位在工程量清单中暂定并包括在工程合同价款中的一笔款项。用于施工合同签订时尚未确定或者不可预见的所需材料、工程设备、服务的采购，施工中可能发生的工程变更、合同约定调整因素出现时的工程价款调整以及发生的索赔、现场签证确认等的费用。

(2)计日工：是指在施工过程中，施工企业完成建设单位提出的施工图纸以外的零星项目或工作所需的费用。

(3)总承包服务费：是指总承包人为配合、协调建设单位进行的专业工程发包，对建设单位自行采购的材料、工程设备等进行保管以及施工现场管理、竣工资料汇总整理等服务所需的费用。

4. 规费

定义同前，略。

5. 税金

定义同前，略。

第二节　工程建设定额

工程量清单计价模式是由招标人提供工程量清单，投标人自主报价，经评审择优确定中标人的一种计价方式。投标人在自主报价时，应根据招标文件中的工程量清单和有关要求、施工现场实际情况、合理的施工方法，依据企业定额和市场价格信息(或参照建设行政主管部门发布的社会平均消耗量定额及费用定额)编制投标文件。所以，要做好投标报价工作，企业就要逐步建立根据本企业施工技术管理水平制定的企业定额，在无企业定额的情况下，只有参考建设行政主管部门发布的现行施工定额、预算定额及消耗量定额等工程建设定额。

一、工程建设定额的概念

工程建设定额是固定资产再生产过程中的生产消费定额。在建筑安装工程施工生产过程中，为完成某项工程或某项结构构件，都必须消耗一定数量的人工、材料和机械，在一定的社会生产力发展水平条件下，把科学的方法和实践经验相结合，规定生产质量合格的单位工程产品所必需的人工、材料、机械的数量标准，就称为工程建设定额。工程建设定额除了规定有数量标准外，也要规定出它的工作内容、质量标准、生产方法、安全要求和适用的范围等。

二、工程建设定额的分类

工程建设定额是一个综合概念，是工程建设中各类定额的总称，它包括许多种类的定额。为了对工程建设定额体系有一个全面的了解，可以按照不同的原则和不同的方法对它进行科学的分类。

1. 按定额反映的物质消耗内容分类

按定额反映的物质消耗内容分类，也就是按照构成建筑产品的生产要素进行分类，工程建设定额分为劳动消耗定额、机械台班消耗定额和材料消耗定额。

2. 按定额的编制程序和用途分类

按定额编制程序和用途可以把工程建设定额分为施工定额（企业定额）、预算定额、概算定额、概算指标、投资估算指标和工期定额。

3. 按投资的费用性质分类

按建设工程投资的费用性质可以把工程建设定额分为建筑工程定额、设备安装工程定额、建筑安装工程费用定额、工具器具定额以及工程建设其他费用定额等。

4. 按定额主编单位和管理权限分类

按照定额主编单位和管理权限，可以把工程建设定额分为全国统一定额、行业统一定额和地区统一定额、企业定额和补充定额。

5. 按专业性质分类

按照建设工程专业性质，可以把工程建设定额分为通用定额、行业通用定额和专业专用定额。

三、施工定额

（一）施工定额的概念

施工定额是施工企业直接用于建筑工程施工管理的一种定额，属于企业定额的性质。它是以同一性质的施工过程或工序为测定对象，确定建筑工人或工人小组在正常施工条件下，为完成单位合格产品，所需劳动、机械、材料的数量标准。

施工定额由劳动消耗定额、机械台班消耗定额和材料消耗定额三个相对独立的部分组成。

（二）施工定额的作用

1. 施工定额是施工企业编制施工组织设计和施工作业计划的依据

施工组织设计是对拟建工程在人力和物力、时间和空间、技术和组织上对其做出最佳的安排。施工作业计划则是根据企业的施工计划、拟建工程施工组织设计和现场实际情况编制的，它是一个以实现企业施工计划为目的的具体执行计划。

2. 施工定额是组织和指挥施工生产的有效工具

企业组织和指挥施工，是按照施工作业计划通过下达施工任务书和限额领料单来实现的。

施工任务书，既是下达施工任务的技术文件，也是班、组经济核算的原始凭证，它表明了应完成的施工任务，也记录着班、组实际完成任务的情况，并且进行班、组工人的工资结算。施工任务书上的工程计算单位、产量定额和计件单位，均需取自劳动定额，工资结算也要根据劳动定额的完成情况计算。

限额领料单是向施工队签发的领取材料的凭证，这一凭证是根据施工任务和施工的材料定额填写的。其中领料的数量，是班、组为完成规定的工程任务消耗材料的最高限额，这一限额也是评价班、组完成任务情况的一项重要指标。

3. 施工定额是计算工人劳动报酬的依据

施工定额是衡量工人劳动数量和质量，提供成果和效益的标准，所以施工定额是计算工人工资的依据。

4. 施工定额是编制施工预算、加强企业成本管理和经济核算的基础

施工预算以施工定额为基础编制，既要反映设计图纸的要求，也要考虑在现有条件下可能采取的节约人工、材料和降低成本的各项具体措施。严格执行施工定额，不仅可以起到控制消耗、降低成本的作用，同时为贯彻经济核算制、加强班组核算和增加盈利，创造了良好的条件。

5. 施工定额是编制预算定额的依据

预算定额是在施工定额的基础上综合而成的。在施工定额的基础上编制预算定额可以减少现场测定定额的大量繁杂工作，使预算定额更加符合施工生产和管理水平，当施工中采用了新工艺、新结构，这时可以以施工定额为基础进行补充编制。

6. 施工定额有利于推广先进技术

施工定额属于作业性定额，作业性定额建立在已成熟的先进的施工技术的经验之上。工人要达到和超过定额，就必须掌握和运用这些先进技术，注意改进工具和改进技术操作方法，注意原材料的节约，避免浪费。当施工定额明确要求采用某些先进的施工工具和施工方法时，贯彻作业性定额就意味着推广先进技术。

7. 施工定额是投标报价的基础

施工定额作为企业定额的一种，在工程量清单报价中，是确定各资源消耗量的基础，也是投标报价的主要依据之一。

由此可见，施工定额在建筑安装施工企业管理的各个环节中都是不可缺少的，施工定额管理是企业的基础性工作，具有不容忽视的作用。

(三)施工定额的编制

1. 编制原则

(1)平均先进水平原则

所谓平均先进水平原则，是指在正常的条件下，多数施工班、组或生产者经过努力可以达到，少数班、组或生产者可以接近，个别班、组或生产者可以超过的定额水平。通常,它低于先进水平,略高于平均水平。

(2)简明适用原则

所谓简明适用原则,是指定额结构合理,定额步距大小适当,文字通俗易懂,计算方法简便,易为群众掌握运用,具有多方面的适应性,能在较大范围内满足不同情况、不同用途的需要。

① 项目划分合理

定额项目是定额结构形式的主要内容,项目划分合理是指项目齐全,粗细恰当,这是定额结构形式简单适用的核心。定额项目齐全关系到定额的适用范围,项目划分粗细关系到定额的使用价值。

② 步距大小适当

所谓定额步距,是指同类型产品或同类工作过程、相邻定额工作标准之间的水平间距,步距大小与定额的简明适用程度关系很大,步距大,定额项目就少,精确度就会降低;步距小,定额项目增多,精确度就会提高。

(3)以专家为主的原则

定额的编制要求有一支经验丰富、技术与管理知识全面、有一定政策水平的稳定的专家队伍。

(4)独立自主的原则

施工企业作为具有独立法人地位的经济实体,应根据企业的具体情况和要求,结合政府的技术政策和产业导向,以企业盈利为目标,自主地制定施工定额。

企业独立自主地编制定额,主要是自主地确定定额水平,自主地划分定额项目,自主地根据需要增加新的定额项目。但是,施工定额毕竟是一定时期企业生产力水平的反映,它不可能也不应该割断历史。因此,施工定额应是对国家、部门和地区性施工定额的继承和发展。

2. 编制依据

(1)《全国建筑安装工程统一劳动定额》和各省、自治区颁发的补充劳动定额。

(2)国家现行的建筑安装工程施工及验收规范。

(3)国家现行的建筑安装工程安全操作规程。

(4)有关的标准图集和典型的设计图纸。

(5)国家劳动法和有关的方针政策。

(6)有关的现场测定资料等。

(四)施工定额的组成

施工定额由劳动消耗定额、机械台班消耗定额和材料消耗定额三个相对独立的部分组成。

1. 劳动消耗定额

劳动消耗定额简称劳动定额。它是指在一定的生产技术和合理组织施工的条件下,规定完成单位合格产品所必须消耗活劳动的数量标准,或单位活劳动应完成合格产品的数量标准。前者为时间定额,即:工日/单位产品。后者为产量定额，即：产品数量/每工日。所以，劳动定额的表现形式有时间定额和产量定额两种，它们互为倒数，即：时间定额＝1/产量定额，都反映了一定时期建筑工人劳动生产率的平均水平。劳动定额是人工的消耗定额，又称人工定额。劳动定额是施工企业内部组织生产、编制施工作业计划、签发施工任务单、考核工效、计算报酬的依据。

2. 机械台班消耗定额

机械台班消耗定额简称机械定额。它是指在一定的生产技术和合理组织施工的条件下，规定完成单位合格产品所必须消耗机械台班的数量标准，或每个机械台班应完成合格产品的数量标准。前者为机械的时间定额，即：台班/单位产品；后者为机械的产量定额，即：产品数量/台班。与劳动定额一样，机械定额的表现形式也有时间定额和产量定额两种，它们也互为倒数，即：机械时间定额＝1/机械产量定额，都反映了一定时期施工机械化的平均水平。机械台班定额是编制机械作业计划、考核机械效率和签发施工任务书等的重要依据。

机械台班使用定额以台班或工日为计量单位，每一个台班或工日按八小时计算。如两台机械共同工作一个工作班，或者一台机械工作两个工作班，则称为两个台班。

3. 材料消耗定额

在建筑工程中，材料消耗量的多少、节约还是浪费，对产品价格和工程成本有着直接的影响。材料消耗定额在很大程度上影响着材料的合理调配和使用。

材料消耗定额是指在合理使用和节约材料的条件下，生产单位质量合格的建筑产品所必须消耗一定品种、规格的建筑材料、构件、配件、半成品、燃料、水、电、动力以及不可避免的损耗量等资源的数量标准。材料消耗定额是企业推行经济承包、编制材料计划、进行单位工程核算的重要依据，是促进企业合理使用材料、实行限额领料和材料核算、正确核定材料需用量和储备量的基础。

用科学方法正确地确定材料消耗定额和损耗率，对合理使用和节约原材料、减少浪费和积压、降低工程成本和保证施工的正常进行，都有极其重要的意义。

四、预算定额

（一）预算定额的概念

预算定额是确定完成一定计量单位的分项工程或结构构件的人工、材料和机械台班消耗量的数量指标，是计算建筑安装产品价格的基础。

预算定额除表示完成一定计量单位分项工程或结构构件的人工、材料、机械台班消耗量标准外，还规定完成定额所包括的工作内容。

预算定额是在施工定额的基础上适当合并相应施工定额的工序内容，并进行综合扩大而编制成的。例如模板、钢筋、混凝土工程内容，在施工定额中按上述三道工序分别编制三个定额；有的地区在预算定额中将三道工序合并为一个分项工程，即钢筋混凝土分项工程。

预算定额概述

预算定额不同于施工定额。施工定额只适用于施工企业内部作为经营管理的工具，是施工企业内部编制施工预算的依据。而预算定额是用来编制施工图预算、标底、投标报价和对外结算的依据。预算定额反映大多数企业和地区能达到的水平，是社会平均水平，而施工定额反映的是平均先进水平，比预算定额高出10％左右。

预算定额是工程建设中一项重要的技术经济文件，它的各项指标反映了在完成单位分项工程中消耗的活劳动和物化劳动的数量限度，这种限度最终决定单项工程的单位工程成本和造价。

(二)预算定额的作用

(1)预算定额是编制地区单位估价表、确定分项工程直接费、编制施工图预算的依据。

(2)预算定额是对设计方案进行技术经济比较，对新材料、新结构进行技术经济分析的依据。

(3)预算定额是施工企业编制人工、材料、机械台班需要量计划、统计完成工程量、考核工程成本、实行经济核算等技术活动分析的依据。

(4)预算定额是建筑工程招标、投标中确定标底和报价，实行工程招投标制的重要依据。

(5)预算定额是编制概算定额和概算指标的基础资料。

(6)预算定额是建设单位进行建设资金贷款，拨付工程备料款、进度款以及竣工结算的依据。

(三)预算定额的编制原则与依据

1. 预算定额的编制原则

(1)按平均水平确定预算定额的原则

预算定额是确定建筑工程造价的主要依据。它必须遵照价值规律的客观要求，即按建筑产品生产过程中所消耗的社会必要劳动时间、机械台班数量、材料消耗标准确定定额水平。所以，预算定额的平均水平，是在正常的条件、合理的施工组织和工艺条件、平均熟练程度和劳动强度下，完成单位分项工程或结构构件所消耗的劳动时间与材料数量标准。预算定额的水平是以施工定额水平为基础的，但确定它们水平的原则是不同的。施工定额是平均先进水平，而预算定额是平均水平。

(2)简明适用性原则

简明适用性原则是要求定额的应用方面要有多方面的适用性，简单明了，易于掌握和使用。

(3)统一性和差别性相结合的原则

统一性就是由国务院建设行政主管部门归口，负责全国统一定额的制定或修订，颁发有关的管理制度和条例细则等。这样有利于实现建筑安装工程造价的宏观调控。通过编制全国统一定额，使建筑产品具有统一的计价依据，也使考核设计和施工的经济效果具有统一的尺度。差别性就是在统一的基础上，各部门和地区主管部门可以在自己的管辖范围内，结合自身的特点，制定部门和地区性定额、补充性制度和管理办法，以适应我国地区差。

2. 预算定额的编制依据

（1）现行全国统一劳动定额、机械台班使用定额。

（2）现行的设计规范、施工及验收规范、质量评定标准及安全操作规程等技术法规。

（3）通用的标准图集和定型的设计图纸、有代表性的图纸或图集。

（4）现行的地区人工工资标准和材料预算价格等基础资料。

（5）新技术、新工艺、新结构、新材料和先进施工经验的资料。

（6）有关科学试验、技术测定、统计资料。

（四）预算定额的编制步骤

预算定额的编制，大致可分为五个阶段，即准备工作阶段、收集资料阶段、定额编制阶段、报批阶段和修改定稿整理资料阶段。

1. 准备工作阶段

这个阶段的主要任务是拟定编制方案，抽调人员组成专业组。

（1）确定编制定额的目的和任务。

（2）确定定额编制范围及编制内容。

（3）明确定额的编制原则、水平要求、项目划分和表现形式。

（4）定额的编制依据。

（5）提出编制工作的规划及时间安排。

2. 收集资料阶段

这个阶段的主要任务如下：

(1)普遍收集资料

在已确定的编制范围内，采用表格化方式收集基础资料，以统计资料为主，注明所需要的资料内容，填表要求和时间范围。

(2)专题收集资料

主要是邀请建设单位、设计单位、施工单位和管理部门有经验的专业人员，开座谈会，专题收集他们的意见和建议。

(3)现行规定收集

主要是收集现行的法律、法规资料，现行的施工及验收规范、设计标准、质量评定标准、安全操作规程等。

(4)积累资料收集

主要包括以往的预算定额及相关解释，定额管理部门积累的相关资料。

(5)专项查定及科学试验

主要指混凝土配合比和砌筑砂浆试验资料等。

3. 定额编制阶段

这个阶段的主要任务如下：

（1）确定编制细则。

（2）确定项目划分及工程量计算规则。

(3)定额人工、材料、机械台班耗用量的计算、复核和测算。

4. 定额报批阶段

这个阶段的主要任务如下：

(1)审核定稿。

(2)测算总水平。

(3)准备汇报材料。

5. 修改定稿，整理材料阶段

这个阶段的主要任务如下：

(1)印发征求意见稿。

(2)修改整理报批。

(3)撰写编制说明。

(4)立档、成卷。

(五)预算定额消耗量的确定

1. 定额计算单位的确定

预算定额的计量单位，主要是根据分项和结构构件形体特征变化规律而确定的。预算定额的计量单位具有综合的性质，所选择的计量单位要根据工程量计算规则并能确切反映定额项目所包含的内容。一般遵循以下规律：当分项工程或结构构件的三个度量都经常发生变化时，选用“m^3”为计量单位，如土方、砖石、钢筋混凝土工程；当分项工程或结构构件的三个度量中有两个度量经常发生变化时，选用“m^2”为计量单位，如楼地面、屋面、抹灰工程；当分项工程或结构的截面形状基本固定或无规律变化时，选用延长米“m”为计量单位，如管道、木装修、踢脚线工程；当分项工程或结构构件无一定规律，工程量主要取决于设备或材料的质量时，选用“t、kg”为计量单位，如金属结构构件制作、运输、安装工程。

定额计量单位确定后，在预算定额项目表中，一般采用扩大数倍后的原定额单位，以便于定额的编制和适用。

另外，人工以工日为单位，机械以台班为单位，其他材料费和小型机械费以元为单位。

预算定额中的小数位数的取定，主要决定于定额的计算单位和精确度的要求。

2. 按典型工程设计图纸和资料计算工程量

预算定额是在施工定额基础上编制的一种综合性定额。若要利用施工定额编制预算定额，就必须根据选定的典型工程设计图纸，先计算出符合预算定额项目的施工过程的工程量，再分别计算出符合施工定额项目的施工过程的工程量，才能综合每一预算定额项目计量单位的分项工程或结构构件的人工、材料和机械台班消耗指标。

3. 人工消耗指标的确定

预算定额中人工消耗指标是指为完成该定额单位分项工程所需的用工数量，即应包括基本用工和其他用工两部分，人工消耗指标可以以现行的《建筑安装工程统一劳动定额》为基础进行计算。

(1)基本用工

基本用工是指完成某一合格分项工程所必须消耗的技术工程(主要)用工，例如为完成墙体工程的砌砖、调运砂浆、铺砂浆、运砖等所需要的工日数量。基本用工按技术工种相应劳动定额的工时定额计算，以不同工种列出定额工日。其计算式为：

$$相应工序基本用工数量=\sum(某工序工程量\times相应工序的时间定额)$$

(2)其他用工

其他用工是辅助基本用工完成生产任务所耗用的人工，分成三类：

① 辅助用工

是指技术工种劳动定额内不包括但在预算定额内又必须考虑的工时，称为辅助用工(如筛砂、淋灰用工)。其计算式为：

$$辅助用工=\sum(某工序工程数量\times相应时间定额)$$

② 超运距用工

是指预算定额中规定的材料、半成品的平均水平运距超过劳动定额规定运输距离的用工，其计算式为：

$$超运距用工=\sum(超运距运输材料数量\times相应超运距时间定额)$$

$$超运距=(预算定额取定运距-劳动定额已包括的运距)$$

③ 人工幅度差

主要是指预算定额与劳动定额由于定额水平不同而引起的水平差。另外还包括定额中未包括，但在一般施工作业中又不可避免的且无法计量的用工。如各工种间工序搭接、交叉作业时不可避免的停歇工时消耗；施工机械转移以及水电线路移动造成的间歇工时消耗；质量检查影响操作消耗的工时；施工作业中不可避免的其他零星用工等。

其计算采用乘系数的方法，即

$$人工幅度差系数=(基本用工+超运距用工)\times人工幅度差系数$$

人工幅度差系数，一般土建工程为10%，设备安装工程为12%。由此可得：

$$人工消耗指标=基本用工数量+其他用工数量$$

式中

$$其他用工数量=辅助用工数量+超运距用工数量+人工幅度差用工数量$$

4. 材料消耗指标的确定

材料消耗量是指正常施工条件下，完成单位合格产品所必须消耗的材料数量，预算定额的材料消耗指标一般由材料的净用量和损耗量构成。材料按用途划分为以下三种：

(1)主要材料

指直接构成工程实体的材料，其中也包括成品、半成品等。

(2)辅助材料

是构成工程实体除主要材料外的其他材料，如钉子、钢丝等。

(3)周转材料

指脚手架、模板等多次周转使用的不构成工程实体的摊销材料。

5. 机械台班消耗量指标的确定

预算定额中的机械台班消耗量指标，一般按《全国建筑安装工程统一劳动定额》中的机械台班量，并考虑一定的机械幅度差进行计算，即：

分项定额机械台班消耗量＝施工定额中机械台班用量＋机械幅度差

机械幅度差是指施工定额内没有包括，实际中必须增加的机械台班。主要是考虑在合理的施工组织条件下机械的停歇时间。包括以下几项内容：

(1)施工中机械转移工作面及配套机械相互影响损失的时间。

(2)在正常施工条件下机械施工中不可避免的工作间歇时间。

(3)检查工程质量影响机械操作时间。

(4)工程收尾工作不饱满所损失的时间。

(5)临时水电线路移动所发生的不可避免的机械操作间歇时间。

(6)冬雨期施工发动机械的时间。

(7)不同品牌机械的工效差。

(8)配合机械施工的工人劳动定额与预算定额的幅度差。施工机械定额幅度差系数，一般为10%～14%。

(六)人工单价、材料预算价格、机械台班单价的确定

1. 人工单价的组成和确定

人工单价是指一个建筑安装工人一个工作日在预算中应计入的全部人工费用。它基本上反映了建筑安装工人的工资水平和一个工人在一个工作日中可以得到的报酬。人工单价的组成内容在各地区、各部门不完全相同。

影响人工单价的因素很多，主要有以下方面：

(1)社会平均工资水平

社会平均工资水平取决于经济发展水平，建筑安装工人人工单价必须和社会平均工资水平趋同。

(2)生产消费指数

生产消费指数决定着人工单价的提高、维持和下降。

(3)人工单价的组成内容

例如医疗保险、养老保险、住房公积金等列入人工单价，会使人工单价提高。

(4)劳动力市场变化

劳动力市场若需求大于供给，人工单价就会提高；若供给大于需求，市场竞争激烈，人工单价就会下降。

(5)国家政策的变化

如政府推行社会保障和福利政策会引起人工单价的变动。

2. 材料预算价格的组成与确定

材料预算价格是指材料(包括构件、成品及半成品等)从其来源地(或交货地点)到达施工工地仓库后的出库价格。

一般包括材料供应价、包装费、运输费、运输损耗费、采购及保管费等。

(1)供应价

供应价即材料的进价。一般包括原价和供销部门经营费两部分。

材料原价指材料的出厂价、交货地点价格、市场批发价和进口材料货价,当同一种材料其来源地、供应单位、供应渠道和生产厂家不同时,应根据不同来源地的供应数量和各自的单价加权平均计算。

供销部门手续费确定,根据国家现行的供应体制,不能直接向生产单位采购订货,需要委托物资供销商供应时所发生的经营管理费用。其计算公式为:

$$供销部门手续费=材料原价\times手续费率$$

$$材料供应价=原价+供销部门手续费$$

(2)包装费

包装费指为使材料在搬运、保管中不受损失或便于运输而对材料进行包装发生的净费用,但不包括已计入材料原价的包装费。

材料包装费包括包装费和包装品回收值两项内容:

$$包装费=发生包装品数量\times包装品单价$$

$$包装品回收值=材料包装费\times包装品回收率\times包装品残值率$$

(3)运输费

运输费指材料由其来源地运至工地仓库或堆放场地时,全部运输过程中发生的一切费用,包括车、船运输费、调车费、出入仓库费、装卸费和附加工作费等。

材料运输费的确定应按照国家有关部门和地方政府交通运输部门的规定计算,同一品种的材料如有若干个来源地时,可根据每个来源地的运输里程、运输方法和运价标准加权平均确定。

(4)运输损耗费

运输损耗费指材料在装卸和运输过程中所发生的合理损耗。

运输损耗费可计入运输费用,也可单独计算。

$$\begin{aligned}运输损耗费用=&(加权平均原价+装卸费+加权平均运输费\\&+供销部门手续费+包装费)\times材料损耗率\end{aligned}$$

(5)采购及保管费

采购及保管费按规定费率计算。

$$采购及保管费=材料运至工地仓库价格\times采购及保管费率。$$

采购及保管费率一般取定为2.5%左右,各地区可根据不同的情况确定其费率。

以上五项费用合计,得到材料预算价格:

$$材料预算价格=(供应价+包装费+运输费+运输损耗费)\times(1+采购及保管费率)-包装品回收值$$

在我国社会主义市场经济体制下，影响材料预算价格的主要因素有以下几方面：

(1)市场供需变化

材料的原价是预算价格中最基本的组成，它受市场供求规律和价值规律的影响。供求关系的变动影响价格的变动，而价格的变动又影响供求关系的变动。当市场供大于求时价格就会下降，反之，价格就会上升，从而也就会影响材料预算价格的涨落。

(2)材料生产成本的变动

随着生产成本如原材料、劳动力的变动，材料的价格也会随之发生变动。

(3)流通环节的多少和材料供应体制

流通环节多，诸如手续费、保管费就会层层计取，增加材料预算价格。材料的供应体制也影响着材料的预算价格，材料供应部门的手续费包括材料入库、出库、管理、加成和进货运杂费等。当直接向生产厂家采购材料时，就不会发生以上费用。

(4)运输距离和运输方式

材料的运输费用是材料预算价格的重要组成，而运输距离和运输方式决定着运输费用的多少。

3. 机械台班单价的组成和确定方法

机械台班单价是指对于一台施工机械，为使机械正常运转，一个台班所支出和分摊的各种费用之和。

机械台班单价是编制预算定额基价的基础之一，是施工企业对施工机械费用进行成本核算的依据。机械台班单价按有关规定由七项费用构成。这些费用按其性质分类，划分为两类费用：

(1)第一类费用

第一类费用又称为不变费用，包括折旧费、大修理费、经常修理费、安拆费及场外运输费。

(2)第二类费用

第二类费用又称可变费用，包括人工费、燃料动力费、养路费及车船使用税。

(七)定额基价的编制

1. 定额基价的概念

所谓定额基价即指分部分项工程单价。在预算定额手册中，不仅列有预算定额规定的人工、材料、机械台班消耗量，而且列有地区统一的人工费、材料费和机械费，而这三项费用之和就构成了相应分部分项工程的单价。

2. 定额基价的编制方法

预算定额基价是以建筑安装工程预算定额规定的人工、材料和机械台班消耗量指标为依据，根据某一地区的人工单价、材料预算价格、机械台班单价计算的，其定额基价的计算公式如下：

$$分项工程定额基价=分项工程人工费+材料费+机械使用费$$

其中：

$$人工费=\sum(定额工日数\times工日单价)$$

$$材料费=\sum(材料耗用量\times材料预算价格)+检验试验费$$

$$机械使用费=\sum(机械台班使用量\times机械台班单价)$$

(八)预算定额手册的组成

1. 文字说明

(1)预算定额的总说明

预算定额的总说明包括：预算定额的适用范围，定额的编制原则、主要依据，使用本定额所必须遵守的规则及适用范围，允许换算的原则，各分部工程定额的共性问题的有关统一规定及使用方法。

(2)分部工程定额说明

分部工程定额说明主要内容包括：分部工程所包括的定额项目内容、分部工程定额项目工程量的计算方法、分部工程定额内综合的内容及允许换算和不得换算的界限及其他规定、使用本分部工程允许增减系数范围的界定。

2. 分项工程定额项目表

(1)分项工程定额表头说明

在定额项目表表头上方说明分项工程工作内容：本分项工程包括的主要工序及操作方法及相应的计量单位。

(2)定额项目表

定额项目表主要内容包括：

① 分项工程定额编号(子目号)。

② 分项工程定额名称。

③ 人工表现形式。综合工日数量。

④ 材料(含构配件)表现形式。材料栏内列出所使用材料名称及消耗数量。

⑤ 施工机械表现形式。机械栏内列出所使用机械名称、规格及消耗数量。

⑥ 附注。在定额表下方说明应调整、换算的内容和方法。

3. 定额附录

附录放在预算定额的最后，主要内容有：

(1)各种不同强度等级或配合比的砂浆、混凝土等单方材料用量表。

(2)各种材料成品或半成品场内运输及操作损耗系数表。

(3)常用的建筑材料名称及规格容量换算表。

附录的作用是供分析定额、换算定额和补充定额时使用。

(九)预算定额的使用方法

为了熟练、正确地运用预算定额编制工程造价文件，首先要对预算定额的分部、节和项目的划分、总说明、建筑面积的计算规则、分部工程说明和工程量计算规则等有正确的理解并熟记，对常用的分项工程定额项目表中各栏所包括的工作内容、计量单位等，有一个全面的了解，从而达到正确使用定额的要求。

在应用预算定额时，通常会遇到以下四种情况：直接套用定额、套用相应定额、套用换算后的定额和预算定额的补充。

预算定额使用

1. 直接套用定额

直接套用定额即直接使用定额项目中的基价、人工费、材料费、机械费、各种材料用量及各种机械台班耗用量。

当施工图的设计要求与定额的项目内容完全一致时，可以直接套用预算定额。

在编制单位工程施工图预算的过程中，大多数分项工程可以直接套用预算定额。套用预算定额时应注意以下几点：

(1)根据施工图、设计说明、标准图做法说明，选择预算定额项目。

(2)应从工程内容、技术特征和施工方法上仔细核对，才能准确地确定与施工图相应的预算定额项目。

(3)施工图中分项工程的名称、内容和计量单位要与预算定额项目相一致。

2. 套用相应定额

当分项工程设计与定额内容不完全相同，但是定额规定不允许调整，则还应该套用相应定额，而不能对定额做任何的调整来适应分项工程设计。例如，定额砌筑工程说明第一条规定："本分部石材和空心砌块、轻质砌块，是按常用规格编制的，规格不同时不做调整。"楼地面工程说明第一条中规定："整体面层、块料面层的结合层及找平层的砂浆厚度不得换算。"

因此，在定额的使用中，不应想当然地以分项工程设计来调整定额。定额是否允许调整，是以定额的规定为标准的。

3. 套用换算后的定额

当分项工程的设计要求与定额的工作内容、材料规格、施工方法等条件不完全相符时，则不能直接套用定额，必须根据总说明、分项工程说明、附注等有关规定，在定额规定的范围内、用定额规定的方法加以换算。预算定额换算的基本思路是将设计要求的内容加进来，把设计不需要的内容(原来的定额内容)拿出去，从而确定与设计要求一致的分项工程基价，经过换算的子母定额编号应在右下角加一"换"字以示区别。

换算后的定额基价＝原定额基价＋换入的费用－换出的费用

定额换算的类型主要有：①乘系数的换算；②砂浆、混凝土强度等级和配合比的换算；③其他换算。

(1)预算定额乘系数的换算

这类换算是根据定额的分部说明或附注规定，对定额基价或部分内容乘以规定的换算系数，从而得出新的定额基价。在换算时应注意，定额规定的调整系数中已包含定额本身的内容，所以在计算调整值时，应以调整系数减1。其换算公式为：

$$换算后基价=定额基价\times调整系数$$

或
$$换算后基价=定额基价+\sum调整部分金额\times(调整系数-1)$$

(2)砂浆、混凝土强度等级、配合比换算

当工程项目中设计的砂浆、混凝土强度等级、抹灰砂浆及保温材料配合比与定额项目的规定不相符时，可根据定额总说明或分部工程说明进行相应的换算。在进行换算时，应遵循两种材料交换、定额含量不变的原则。其换算公式为：

$$换算后基价=原基价+(换入单价-换出单价)\times定额材料用量$$

(3)其他换算

其他换算是指不属于上述几种换算情况的定额基价换算。通常是对人工、材料、机械部分量进行增减，或利用辅助定额对基本定额进行换算。

4. 预算定额的补充

在预算定额的应用中，除了上述三种定额的应用外，还会遇到预算定额的补充。当分项工程的设计要求与定额条件完全不相符时或者由于设计采用新结构、新材料及新工艺时，预算定额中没有这类项目，也属于定额缺项时，就应编制补充定额。补充定额的编制方法有以下几种：

(1)定额代用法

定额代用法就是利用性质相似、材料大致相同、施工方法又很接近的定额项目，并估算出适当的系数进行使用。采用此类方法编制补充定额一定要在施工实践中进行观察和测定，以便调整系数，保证定额的精确性，也为以后新编定额、补充定额项目做准备。

(2)定额组合法

定额组合法就是尽量利用现行预算定额进行组合。因为一个新定额项目所包含的工艺与消耗往往是现有定额项目的变形与演变。新老定额之间有很多联系，要从中发现这些联系，在补充制定新定额项目时，直接利用现行定额内容的一部分或全部，可以达到事半功倍的效果。

(3)计算补充法

计算补充法就是按照定额编制的方法进行补充计算，是最精确的补充定额编制方法。材料用量按照图纸的构造做法及相应的计算公式计算，并加入规定的损耗率；人工及机械台班使用量可以按劳动定额、机械台班定额计算。编制后的补充定额须报当地工程造价管理部门审核批准及备案。

五、概算定额与概算指标

(一)概算定额

概算定额是指生产一定计量单位的扩大分项工程或结构构件所需要的人

工、材料和机械台班的消耗数量及费用的标准。它是在相应预算定额的基础上，根据有代表性的设计图纸和有关资料，经过适当综合、扩大以及合并而成的，是介于预算定额和概算指标之间的一种定额。

概算定额是初步设计阶段编制概算和技术设计阶段编制修正概算的依据；是设计方案比较的依据；是编制主要材料申请计划的计算基础；是编制概算指标和投资指标的依据；也是工程价款中结算的依据。

(二)概算指标

概算指标比概算定额更为综合和概括。它是对各类建筑物或构筑物以面积或体积为计量单位所统计计算出的人工、主要材料、机械消耗量及费用的指标。

概算指标与概算定额、预算定额一样，都是与各个设计阶段相适应的多次计价的产物，它主要用于投资估价、初步设计阶段。其作用主要有：

(1)作为在初步设计阶段编制设计概算的依据。这是指在不具备计算工程量条件或其他特殊情况下使用。

(2)作为设计单位在建筑方案设计阶段进行设计方案技术经济分析和评价的依据。

(3)作为在建设项目可行性研究阶段编制项目投资估算的依据。

(4)作为在建设项目规划阶段估算投资和计算资源需要量的依据。

六、各种定额间关系比较

施工定额、预算定额、概算定额和概算指标可以用来编制不同建设阶段的工程造价文件，它们之间的关系如表 4-1 所示。

表 4-1 各种定额间关系比较

定额类别	施工定额	预算定额	概算定额	概算指标
对　象	工序	分项工程	扩大的分项工程	建筑物或构筑物
用　途	编制施工预算	编制施工图预算、投标报价	编制概算	编制概算
项目划分	最细	细	较粗	粗
定额水平	平均先进水平	社会平均水平	社会平均水平	社会平均水平
定额性质	生产性定额	计价性定额		

【实践训练】

课目：预算定额的使用

(一)已知条件

某省建筑工程定额中关于砖带型基础的定额项目表如表 4-2 所示，已知 M5 水泥砂浆(425＃水泥)的单价为 91.11 元/m^3，M7.5 水泥砂浆(425＃水泥)

的单价为 104.34 元/m^3，在此基础上来确定定额基价。

(二)问题

(1)试确定 M5 水泥砂浆砌筑 4m 以内砖带型基础的定额基价。

(2)试确定 M7.5 水泥砂浆砌筑 4m 以内砖带型基础的定额基价。

表 4-2　××省建筑工程定额(摘录)

工作内容：略　　　　　　　　　　　　　　　　　　　　　　　　(单位：10m^3)

定额编号				02—167	02—168	02—169	02—170
项　目		单价	单价(元)	砖带形基础		毛石带形基础	
				2m 以内	4m 以内	2m 以内	4m 以内
				数量	数量	数量	数量
基　价		元		1857.16	2630.5	1297.68	1693.9
其中	人工费	元		663.98	1007.94	511.3	647.06
	材料费	元		1157.59	1144	747.65	747.87
	机械费	元		35.59	478.56	38.73	298.97
	综合工日	工日	25.84	25.696	39.007	19.787	25.041
主要材料	普通黏土砖 240×115×53	千块	180	5.105	5.105	—	—
	毛石	t	25	—	—	16.07	16.07
主要机械	履带式推土机(75kW 以内)	台班	510.27	—	0.117	—	0.069
	单斗液压挖掘机 0.6m^3 内	台班	527.32	—	0.061	—	0.035
	单斗液压挖掘机(1m^3 内)	台班	771.14	—	0.051	—	0.032
	夯实机　夯实能力 20～62kgm	台班	24.39	0.559	3.192	0.16	1.676
	自卸汽车(3.5t 以内)	台班	315.36	—	0.764	—	0.446
	洒水车(4000L 以内)	台班	327.57	—	0.022	—	0.013
半成品	M5 水泥砂浆，425＃水泥	m^3	91.11	2.301	2.301	3.789	3.789
	水泥砂浆 1∶2	m^3	184.69	0.121	0.061	—	—

第三节　工程量清单计价原理和方法

一、工程量清单计价的概念

工程量清单计价，是指在建设工程招投标中，招标人自行或委托具有资质的中介机构编制反映工程实体消耗和措施性消耗的工程量清单，并作为招标文件的一部分提供给投标人，由投标人依据工程量清单自主报价的计价方式。在工程招标中采用工程量清单计价是国际上较为通行的做法。

在建设工程招投标中，招标人依据工程施工图纸，按照招标文件的要求，按现行的工程量计算规则为投标人提供实物工程量项目和技术措施项目的数量清单，供投标单位逐项填写单价，并计算出总价，再通过评标，最后确定合同价。工程量清单报价作为一种较为客观合理的计价方式，能够消除以往计价模式的一些弊端。

二、工程量清单计价的方法

(一)工程量清单计价程序

工程量清单计价应包括完成工程量清单所列项目的全部费用，包括分部分项工程费、措施项目费、其他项目费、规费和税金。

工程量清单计价按照工程造价的构成分别计算各类费用，再经过汇总而得。计算方法如下：

工程量清单计价方法

$$建设项目总造价=\sum 单项工程造价$$

$$单项工程造价=\sum 单位工程造价$$

$$单位工程造价=分部分项工程费+措施项目费+其他项目费+规费+税金$$

根据清单规范的规定，单位工程量清单计价程序可用表 4-3 表示。

表 4-3　计价程序

序　号	名　称	计算办法
1	分部分项工程费	$\sum$(分部分项清单工程量×分部分项工程综合单价)
2	措施项目费	$\sum$(单价措施项目工程量×单价措施项目综合单价)+$\sum$总价措施项目费
3	其他项目费	按招标文件规定计算
4	规费	按规定计算
5	税金	按税务部门规定计算
6	含税工程造价	1+2+3+4+5

(二)分部分项工程费计算

分部分项工程费是指完成在工程量清单中列出的各分部分项清单工程量所需的费用。分部分项工程费计价应采用综合单价计价。

$$分部分项工程费=\sum(分部分项工程量\times综合单价)$$

式中，综合单价包括人工费、材料费、施工机具使用费、企业管理费和利润以及一定范围的风险费用。

利用综合单价法计算分部分项工程费需要解决两个核心问题，即确定各分部分项工程的工程量及其综合单价。

1. 分部分项工程量的确定

招标文件中的工程量清单标明的工程量是招标人编制招标控制价和投标人投标报价的共同基础，它是工程量清单编制人按施工图图示尺寸和工程量清单计算规则计算得到的工程净量。但该工程量不能作为承包人在履行合同义务中应予完成的实际和准确的工程量，发承包双方进行工程竣工结算时的工程量应按发承包双方在合同中约定应予计量且实际完成的工程量确定，当然该工程量的计算也应严格遵照工程量清单计算规则，以实体工程量为准。

2. 综合单价的编制

综合单价是指完成一个规定清单项目所需的人工费、材料和工程设备费、施工机具使用费和企业管理费、利润以及一定范围内的风险费用。该定义并不是真正意义上的全费用综合单价，而是一种狭义上的综合单价，规费和税金等不可竞争的费用并不包括在项目单价中。

综合单价
计算方法

综合单价的计算通常采用定额组价的方法，即以计价定额为基础进行组合计算。由于"清单规范"与"定额"中的工程量计算规则、计量单位、工程内容不尽相同，综合单价的计算不是简单地将其所含的各项费用进行汇总，而是要通过具体计算后综合而成。综合单价的计算可以概括为以下步骤：

(1)确定组合定额子目

清单项目一般以一个"综合实体"考虑，包括了较多的工程内容，计价时，可能出现一个清单项目对应多个定额子目的情况。因此计算综合单价的第一步就是将清单项目的工程内容与定额项目的工程内容进行比较，结合清单项目的特征描述，确定拟组价清单项目应该由哪几个定额子目来组合。如"预制预应力C20混凝土空心板"项目，计量规范规定此项目包括制作、运输、吊装及接头灌浆，定额分别列有制作、安装、吊装及接头灌浆，则应用这4个定额子目来组合综合单价；又如"M5水泥砂浆砌砖基础"项目，按计量规范不仅包括主项"砖基础"子目，还包括附项"防潮层铺设"子目。

(2)计算定额子目工程量

由于一个清单项目可能对应几个定额子目，而清单工程量计算的是主项工程量，与各定额子目的工程量可能并不一致；即便一个清单项目对应一个定额子目，也可能由于清单工程量计算规则与所采用的定额工程量计算规则之间的差异，而导致二者的计价单位和计算出来的工程量不一致。因此，清单工程量不能直接用于计价，在计价时必须考虑施工方案等各种影响因素，根据所采用的计价定额及相应的工程量计算规则重新计算各定额子目的施工工程量。定额子目工程量的具体计算方法，应严格按照与所采用的定额相对应的工程量计算规则计算。

(3)测算人、料、机消耗量

人、料、机的消耗量一般参照定额进行确定。在编制招标控制价时一般参照政府颁发的消耗量定额；编制投标报价时一般采用反映企业水平的企业定额，投标企业没有企业定额时可参照消耗量定额进行调整。

(4)确定人、料、机单价

人工单价、材料单价和施工机械台班单价，应根据工程项目的具体情况及市场资源的供求状况进行确定，采用市场价格作为参考，并考虑一定的调价系数。

(5)计算清单项目的人、料、机总费用

按确定的分项工程人工、材料和机械的消耗量及询价获得的人工单价、材料单价、施工机械台班单价，与相应的计价工程量相乘得到各定额子目的人、料、机总费用，将各定额子目的人、料、机总费用汇总后算出清单项目的人、料、机总费用。

$$人、料、机总费用 = \sum 计价工程量 \times (\sum 人工消耗量 \times 人工单价 + \sum 材料消耗量 \times 材料单价 + \sum 台班消耗量 \times 台班单价)$$

(6)计算清单项目的管理费和利润

企业管理费及利润通常根据各地区规定的费率乘以规定的计算基数得出。按照不同的计算基数，通常有以下计算公式：

① 以人工费、材料费、机械费之和为计算基数

$$管理费 = \sum (人工费 + 材料费 + 机械费) \times 管理费费率$$

$$利润 = \sum (人工费 + 材料费 + 机械费) \times 利润率$$

② 以人工费和机械费之和为计算基数

$$管理费 = \sum (人工费 + 机械费) \times 管理费费率$$

$$利润 = \sum (人工费 + 机械费) \times 利润率$$

③ 以人工费为计算基数

$$管理费 = \sum 人工费 \times 管理费费率$$

$$利润 = \sum 人工费 \times 利润率$$

[想一想]

依据工程量清单计价规范，列举出块料楼地面、屋面涂膜防水综合的项目。

(7)计算清单项目的综合单价

将清单项目的人、料、机总费用、管理费及利润汇总得到该清单项目合价，将该清单项目合价除以清单项目的工程量即可得到该清单项目的综合单价。

$$综合单价 = (人工费 + 材料费 + 机械费 + 管理费 + 利润)/清单工程量$$

(三)措施项目费计算

措施项目费是指为完成工程项目施工，而用于发生在该工程施工准备和施

工过程中的技术、生活、安全、环境保护等方面的非工程实体项目所支出的费用。它包括单价措施项目费和总价措施项目费。

单价措施项目是可以计算工程量的措施项目，如脚手架、混凝土模板及支架、垂直运输、超高施工增加、大型机械设备进出场及安拆和施工降水排水。总价措施是不能计算工程量的措施项目，如安全文明施工，夜间施工，非夜间施工照明，二次搬运，冬雨季施工，地上、地下设施，建筑物的临时保护设施，以及已完工程及设备保护等。措施项目清单中的安全文明施工费应按照国家或省级、行业建设主管部门的规定计价，不得作为竞争性费用。

1. 单价措施项目费的计算

单价措施项目费的计算与分部分项工程费的计算方法一样，采用综合单价法，计算公式如下：

$$措施项目费=\sum(单价措施项目工程量\times单价措施项目综合单价)$$

式中，综合单价包括人工费、材料费、施工机具使用费、企业管理费和利润以及一定范围的风险费用。

2. 总价措施项目费的计算

总价措施项目费计算是按一定的计算基础乘系数的方法或自定义公式进行计算。计算公式如下：

(1)安全文明施工费

$$安全文明施工费=计算基数\times安全文明施工费费率$$

计算基数应为定额基价(定额分部分项工程费+定额中可以计量的措施项目费)、定额人工费或(定额人工费+定额机械费)，其费率由工程造价管理机构根据各专业工程的特点综合确定。

(2)夜间施工增加费

$$夜间施工增加费=计算基数\times夜间施工增加费费率$$

(3)二次搬运费

$$二次搬运费=计算基数\times二次搬运费费率$$

(4)冬雨期施工增加费

$$冬雨期施工增加费=计算基数\times冬雨季施工增加费费率$$

(5)已完工程及设备保护费

$$已完工程及设备保护费=计算基数\times已完工程及设备保护费费率$$

上述(2)～(5)项措施项目的计费基数应为定额人工费或(定额人工费＋定额机械费),其费率由工程造价管理机构根据各专业工程特点和调查资料综合分析后确定。

(四)其他项目费计算

其他项目费由暂列金额、暂估价、计日工、总承包服务费等内容构成。

(1)暂列金额由建设单位根据工程特点,按有关计价规定估算,施工过程中由建设单位掌握使用,扣除合同价款调整后如有余额,归建设单位。

(2)计日工由建设单位和施工企业按施工过程中的签证计价。

(3)总承包服务费由建设单位在招标控制价中根据总包服务范围和有关计价规定编制,施工企业投标时自主报价,施工过程中按签约合同价执行。

(4)招标人在工程量清单中提供暂估价的材料、工程设备和专业工程,若属于依法必须招标的,由承包人和招标人共同通过招标确定材料、工程设备单价与专业工程分包价;若材料、工程设备不属于依法必须招标的,经发承包双方协商确认单价后计价;若专业工程不属于依法必须招标的,由发包人、总承包人与分包人按有关计价依据进行计价。

(五)规费与税金的计算

规费是指政府和有关权力部门规定必须缴纳的费用。建筑安装工程税金是指国家税法规定的应计入建筑安装工程造价内的增值税、城市维护建设税、教育费附加及地方教育费附加。如国家税法发生变化或地方政府及税务部门依据职权对税种进行了调整,应对税金项目清单进行相应调整。

建设单位和施工企业均应按照省、自治区、直辖市或行业建设主管部门发布标准计算规费和税金,不得作为竞争性费用。

(六)风险费用的确定

风险是一种客观存在的、可能会带来损失的、不确定的状态,工程风险是指一项工程在设计、施工、设备调试以及移交运行等项目全寿命周期全过程可能发生的风险。这里的风险具体指工程建设施工阶段承发包双方在招投标活动和合同履约及施工中所面临的涉及工程计价方面的风险。建设工程发承包必须在招标文件、合同中明确计价中的风险内容及其范围,不得采用无限风险、所有风险或类似语句规定计价中的风险内容及范围。

[查一查]

依据当地计价规定,规费如何计算?

三、工程量清单计价表

(一)组成

工程量清单计价表格包括投标报价/招标控制价封面、工程计价总说明、投标报价/招标控制价汇总表、分部分项工程和措施项目计价表、综合单价分析表、其他项目清单与计价汇总表、规费、税金项目计价表等。工程量清单计价应采用《建设工程工程量清单计价规范》(GB 508500—2013)提供的相关表格,统一格式,随招标文件发至投标人。

(二)填表须知

工程量清单计价格式的填写应符合下列规定：

(1)工程量清单与计价宜采用统一格式。各省、自治区、直辖市建设行政主管部门和行业建设主管部门可根据本地区、本行业的实际情况，在本规范计价表格的基础上补充完善。

(2)封面应按规定的内容填写、签字、盖章，除承包人自行编制的投标报价和竣工结算外，受委托编制的招标控制价、投标报价、竣工结算若为造价员编制的，应有负责审核的造价工程师签字、盖章以及工程造价咨询人盖章。

(3)总说明应按下列内容填写：

① 工程概况：建设规模、工程特征、计划工期、合同工期、实际工期、施工现场及变化情况、施工组织设计的特点、自然地理条件、环境保护要求等。

② 编制依据等。

(4)投标人应按照招标文件的要求，附工程量清单综合单价分析表。

(5)工程量清单与计价表中列明的所有需要填写的单价和合价，投标人均应填写，未填写单价和合价，视为此项费用已包含在工程量清单的其他单价和合价中。

[想一想]

如果办理结算时承包人发现某项目漏报了综合单价，是否可以重新计算单价，报业主审核？

第四节　工程招标控制价的编制

招标控制价是指招标人根据国家或省级、行业建设主管部门颁发的有关计价依据和办法，以及拟定的招标文件和招标工程量清单，编制的招标工程的最高限价。招标控制价作为工程造价文件，它的编制与核对应由具有资格的工程造价专业人员承担。

一、招标控制价的一般规定

在招标控制价的编制过程中，应遵循以下原则：

(1)国有资金投资的工程建设项目应实行工程量清单招标，招标人应编制招标控制价。

(2)招标控制价超过批准的概算时，招标人应将其报原概算审批部门审核。

(3)投标人的投标报价高于招标控制价的，其投标应予以拒绝。

(4)招标控制价应由具有编制能力的招标人或受其委托具有相应资质的工程造价咨询人编制和复核。

(5)招标控制价应在招标时公布，不应上调或下浮，招标人应将招标控制价及有关资料报送工程所在地工程造价管理机构备查。

二、招标控制价的编制与复核

(一)招标控制价的编制依据

招标控制价应根据下列依据编制与复核：

(1)建设工程工程量清单计量计价规范。

(2)国家或省级、行业建设主管部门颁发的计价定额和计价办法。

(3)建设工程设计文件及相关资料。

(4)拟定的招标文件及招标工程量清单。

(5)与建设项目相关的标准、规范、技术资料。

(6)施工现场情况、工程特点及常规施工方案。

(7)工程造价管理机构发布的工程造价信息;工程造价信息没有发布的,参照市场价。

(8)其他的相关资料。

(二)招标控制价的编制要求

1. 分部分项工程费的编制要求

分部分项工程费应根据拟定的招标文件中的分部分项工程量清单项目的特征描述及有关要求计价,并应符合下列规定:

(1)综合单价中应包括拟定的招标文件中要求投标人承担的风险费用。拟定的招标文件没有明确的,应提请招标人明确。

(2)拟定的招标文件提供了暂估单价的材料和工程设备,按暂估的单价计入综合单价。

2. 措施项目费的编制要求

措施项目费应根据拟定的招标文件中的措施项目清单计价,应符合下列规定:

(1)措施项目清单中可以计算工程量的措施项目费应采用综合单价计价。

(2)措施项目清单中的安全文明施工费应按照国家或省级、行业建设主管部门的规定计价,不得作为竞争性费用。

3. 其他项目费的编制要求

其他项目费应按下列规定计价:

(1)暂列金额应按招标工程量清单中列出的金额填写。

(2)暂估价中的材料、工程设备单价应按招标工程量清单中列出的单价计入综合单价。

(3)暂估价中的专业工程金额应按招标工程量清单中列出的金额填写。

(4)计日工应按招标工程量清单中列出的项目根据工程特点和有关计价依据确定综合单价计算。

(5)总承包服务费应根据招标工程量清单列出的内容和要求估算。

4. 规费和税金的编制要求

规费和税金应按国家或省级、行业建设主管部门的规定计算,不得作为竞争性费用。

三、招标控制价的计价程序

招标控制价的计价程序如表 4-4 所示。

表 4－4　建设单位工程招标控制价计价程序

工程名称：　　　　　　　　　　　　　　　　　　标段：

序号	内　容	计算方法	金　额(元)
1	分部分项工程费	按计价规定计算	
1.1			
1.2			
1.3			
1.4			
1.5			
2	措施项目费	按计价规定计算	
2.1	安全文明施工费	按规定标准计算	
3	其他项目费		
3.1	暂列金额	按计价规定估算	
3.2	专业工程暂估价	按计价规定估算	
3.3	计日工	按计价规定估算	
3.4	总承包服务费	按计价规定估算	
4	规费	按规定标准计算	
5	税金(扣除不列入计税范围的工程设备金额)	(1＋2＋3＋4)×规定税率	
招标控制价合计＝1＋2＋3＋4＋5			

第五节　工程投标价的编制

一、工程投标价的一般规定

(1)投标价应由投标人或受其委托具有相应资质的工程造价咨询人编制。

(2)除本规范强制性规定外，投标人应依据招标文件及其招标工程量清单自主确定报价成本。

(3)投标报价不得低于工程成本。

(4)投标人应按招标工程量清单填报价格。项目编码、项目名称、项目特征、计量单位、工程量必须与招标工程量清单一致。

(5)投标人可根据工程实际情况结合施工组织设计，对招标人所列的措施项目进行增补。

二、工程投标价的编制与复核

(一)工程投标价的编制依据

投标报价应根据下列依据编制和复核：

(1)建设工程工程量清单计量计价规范。

(2)国家或省级、行业建设主管部门颁发的计价办法。

(3)企业定额，国家或省级、行业建设主管部门颁发的计价定额。

(4)招标文件、工程量清单及其补充通知、答疑纪要。

(5)建设工程设计文件及相关资料。

(6)施工现场情况、工程特点及拟定的投标施工组织设计或施工方案。

(7)与建设项目相关的标准、规范等技术资料。

(8)市场价格信息或工程造价管理机构发布的工程造价信息。

(9)其他的相关资料。

(二)工程投标价的编制要求

1. 分部分项工程费的编制要求

分部分项工程费应依据招标文件及其招标工程量清单中分部分项工程量清单项目的特征描述确定综合单价计算，并应符合下列规定：

(1)综合单价中应考虑招标文件中要求投标人承担的风险费用。

(2)招标工程量清单中提供了暂估单价的材料和工程设备，按暂估的单价计入综合单价。

2. 措施项目费的编制要求

(1)可以计算工程量的措施项目费应采用综合单价计价。

(2)措施项目清单中的安全文明施工费应按照国家或省级、行业建设主管部门的规定计价，不得作为竞争性费用。

3. 其他项目费的编制要求

其他项目费应按下列规定报价：

(1)暂列金额应按招标工程量清单中列出的金额填写。

(2)材料、工程设备暂估价应按招标工程量清单中列出的单价计入综合单价。

(3)专业工程暂估价应按招标工程量清单中列出的金额填写。

(4)计日工应按招标工程量清单中列出的项目和数量，自主确定综合单价并计算计日工总额。

(5)总承包服务费应根据招标工程量清单中列出的内容和提出的要求自主确定。

4. 规费和税金的编制要求

规费和税金应按国家或省级、行业建设主管部门的规定计算，不得作为竞争性费用。

5. 其他编制要求

招标工程量清单与计价表中列明的所有需要填写的单价和合价的项目，投标人均应填写且只允许有一个报价。未填写单价和合价的项目，视为此项费用已包含在已标价工程量清单中其他项目的单价和合价之中。竣工结算时，此项目不得重新组价予以调整。另外，投标总价应当与分部分项工程费、措施项目费、其他项目费和规费、税金的合计金额一致。

三、投标报价的计价程序

投标报价的计价程序如表 4－5 所示。

表 4－5　施工企业工程投标报价计价程序

工程名称：　　　　　　　　　　　　　　标段：

序号	内　容	计算方法	金　额(元)
1	分部分项工程费	自主报价	
1.1			
1.2			
1.3			
1.4			
1.5			
2	措施项目费	自主报价	
2.1	安全文明施工费	按规定标准计算	
3	其他项目费		
3.1	暂列金额	按招标文件提供金额计列	
3.2	专业工程暂估价	按招标文件提供金额计列	
3.3	计日工	自主报价	
3.4	总承包服务费	自主报价	
4	规费	按规定标准计算	
5	税金(扣除不列入计税范围的工程设备金额)	(1＋2＋3＋4)×规定税率	
投标报价合计＝1＋2＋3＋4＋5			

【实践训练】

【案例 1】 某基础工程，基础为 C25 砼带形基础，垫层为 C15 砼垫层，垫层底宽度为 1500mm，挖土深度为 2000mm，基础总长为 210m。室外设计地坪以下基础的体积为 230m^3，垫层体积为 30m^3。试用综合单价法计算挖基础土方分项工程的清单项目费。

解：本例土方工程的清单项目有两个：① 挖基础土方，清单编码为 010101003，工程内容包括挖沟槽土方、场内外运输土方；② 土（石）方回填，清单编码为 010103001。

下面计算挖基础土方分项工程的清单项目费。

1. 清单工程量（业主根据施工图计算）

$$基础挖土体积=垫层底面积\times挖土深度$$

$$=1.5\times210\times2.0=630\ (m^3)$$

2. 投标人报价计算

根据地质资料和施工方案，该基础工程土质为三类土，弃土运距为 3km，人工挖土、自卸汽车运卸土方。人工挖沟槽土方根据挖土深度和土壤类别对应的某省建筑工程消耗量定额子目是 A1－11，定额计量单位为 1m^3，自卸汽车运卸土方按运卸方式和运距对应的定额子目是 A1－180，定额计量单位是 1000m^3。

(1)计价工程量

根据施工组织设计要求，需在垫层底面增加工作面，每边 0.3m。且需从垫底面放坡，放坡系数为 0.33。

基础挖土总量：$(1.5+0.3\times2+0.33\times2.0)\times2.0\times210=1159.2(m^3)$。

人工挖土方量为 1159.2m^3，剩余弃土 260m^3，自卸汽车运卸，运距 3km。

(2)综合单价计算

工程量清单计价综合单价模式，即综合了工料机费、管理费和利润和一定范围内的风险费。综合单价中的人工单价、材料单价、机械台班单价，可由企业根据自己的价格资料以及市场价格自主确定，也可参考预算定额或企业定额确定。为计算方便，本例的人工、机械消耗量仍采用消耗量定额中相应项目的消耗量，人工单价取 31 元/工日，自卸汽车（装载质量 8t）台班单价取 455.29 元/台班。管理费按人工费加机械费的 25%计取，利润按人工费加机械费的 15%计取，风险费按人工费加机械费的 10%计取。

① 人工挖基槽 A1－11（三类土，挖深 2m 以内）

人工费：0.53 工日/ m$^3\times$31 元/工日$\times$1159.2m$^3\approx$19045.66（元）。

材料费为 0 元；机械费为 0 元。

合计：19045.66 元。

② 自卸汽车运卸，运距 3km A1－180

人工费：6.0 工日/1000m³×31 元/工日×260m³＝48.36 元。

材料费为 0 元。

机械费：17.597 台班/1000m³×455.29 元/台班×260m³≈2083.05 元。

合计：2131.41 元。

③ 综合

工料机费合计：19045.66＋2131.41＝21177.07(元)；

其中：人工费合计：19045.66＋48.36＝19094.02(元)；

　　材料费合计：0 元；

　　机械费合计：2083.05 元。

管理费：(人工费＋机械费)×25％＝21177.07×25％≈5294.27(元)；

利润：(人工费＋机械费)×15％＝21177.07×15％≈3176.56(元)；

风险费：(人工费＋机械费)×10％＝21177.07×10％≈2117.71(元)；

总计：21177.07＋5294.27＋3176.56＋2117.71≈31765.61(元)；

综合单价：31765.61/630≈50.42(元/m³)。

(3)填写分部分项工程量清单综合单价计算表(表 4－6)

表 4－6　分部分项工程工程量清单综合单价计算表

工程名称：案例 1　　　　计量单位：m³

项目编码：010101003001　　　　工程数量：630 m³

项目名称：挖基础土方　　　　综合单价：50.42 元/m³

序号	定额编号	工程内容	单位	数量	人工费	材料费	机械费	管理费	利润	风险费	小计
1	A1－11	人工挖沟槽，三类土，深度 2m 以内	m³	1159.20	30.23	0	0	7.55	4.53	3.02	45.35
2	A1－180	自卸汽车运土，载重 8t，运距 3km 以内	1000m³	0.26	0.08	0	3.31	0.85	0.51	0.34	5.07
		合　计			30.31	0	3.31	8.40	5.04	3.36	50.42

(4)计算清单项目费(表 4－7)

表 4－7　分部分项工程量清单计价表

工程名称：案例 1

序号	项目编码	项目名称	项目特征描述	计量单位	工程量	金额(元)		
						综合单价	合价	其中：暂估价
1	010101003001	挖基础土方	土壤类别：三类土 基础类型：带形 垫层宽度：1400mm 挖土深度：2000mm 弃土运距：3km	m³	630	50.42	31765.41	

【案例2】 建筑物地面1∶2水泥砂浆铺花岗石(600×600mm);地面找平层1∶3水泥砂浆20mm厚,求该工程清单项目费。

解:依据清单计价规范,清单项目设置为011102001001石材地面1∶3水泥砂浆找平层,厚20mm,1∶2水泥砂浆铺贴花岗石(600×600mm)。

包含工作内容有:①花岗石铺贴;②水泥砂浆找平层铺筑。

1. 计算清单工程量

建筑面积－墙结构面积＋门洞开口部分面积

$=9.24\times6.24-[(9.0+6.0)\times2+(6.0-0.24)+(5.1-0.24)]\times0.24+(1.0+1.2+0.9+1.0)\times0.24\approx48.9(m^2)$

2. 投标人报价计算

根据某省装饰装修工程消耗量定额,花岗岩铺贴对应的定额子目是B1－29,定额计量单位为$100m^2$,水泥砂浆找平层铺筑对应的定额子目是B1－18,定额计量单位是$100m^2$。

(1)计算计价工程量

$$花岗石地面=48.9(m^2)$$

找平层面积＝建筑面积－墙结构面积

$$=9.24\times6.24-[(9.0+6.0)\times2+(6.0-0.24)+(5.1-0.24)]\times0.24\approx47.91(m^2)$$

(2)清单项目综合单价确定

工料机单价:人工单价按31元/工日计算,其他按某省装饰装修工程消耗量定额取价,管理费按人工费加机械费的25%计取,利润按人工费加机械费的15%计取,风险费按人工费加机械费的10%计取。

① 花岗石地面B1－29

人工费:$48.9\ m^2\times24.17$ 工日$/100m^2\times31$ 元/工日≈366.39元。

材料费如下:

花岗石:$48.9m^2\times102m^2/100m^2\times170.94$ 元$/m^2\approx8526.14$ 元;

水泥砂浆1∶1:$48.9m^2\times1.21m^3/100m^2\times212.92$ 元$/m^3\approx125.98$ 元;

水泥砂浆1∶3:$48.9m^2\times2.02m^3/100m^2\times162.47$ 元$/m^3\approx160.48$ 元;

白水泥:$48.9m^2\times10.0kg/100m^2\times0.48$ 元$/kg\approx2.35$ 元;

素水泥浆:$48.9m^2\times0.1m^3/100m^2\times334.41$ 元$/m^3\approx16.35$ 元;

石料切割锯片:$48.9m^2\times0.42$ 片$/100m^2\times47.86$ 元/片≈9.83元;

棉纱头:$48.9m^2\times1kg/100m^2\times3.93$ 元$/kg\approx1.92$ 元;

麻袋:$48.9m^2\times22\ m^2/100m^2\times2.65$ 元$/m^2\approx28.51$ 元;

锯木屑:$48.9m^2\times0.6\ m^3/100m^2\times12.7$ 元$/m^3\approx3.73$ 元;

水：48.9m² × 2.6m³/100m² × 1.29 元/m³ ≈ 1.64 元；

合计：8876.93 元。

机械费：

灰浆搅拌机 200L：48.9m² × 0.54 台班/100m² × 59.43 元/台班 ≈ 15.69 元；

石料切割机：48.9m² × 2.01 台班/100m² × 12.53 元/台班 ≈ 12.32 元；

合计：28.01 元。

人工费、材料费、机械费汇总：9271.33 元。

② 找平层 B1－18

人工费：47.9m² × 7.8 工日/100m² × 31 元/工日 ≈ 115.82 元。

材料费：

水泥砂浆 1∶3：47.9m² × 2.02m³/100m² × 162.47 元/m³ ≈ 157.20 元；

素水泥浆：47.9m² × 0.1m³/100m² × 334.41 元/m³ ≈ 16.02 元；

水：47.9m² × 0.6m³/100m² × 1.29 元/m³ ≈ 0.37 元；

合计：173.59 元。

机械费：

灰浆搅拌机 200L：47.9m² × 0.34 台班/100m² × 59.43 元/台班 = 9.68 元。

人工费、材料费、机械费汇总：299.09 元。

③ 综合

工料机合计：9271.33 + 299.09 = 9570.42(元)；

其中：人工费合计：366.39 + 115.82 = 482.21(元)；

材料费合计：8876.93 + 173.59 = 9050.520(元)；

机械费合计：28.01 + 9.68 = 37.69(元)；

管理费：(482.21 + 37.69) × 25% ≈ 129.98(元)；

利润：(482.21 + 37.69) × 15% ≈ 77.98(元)；

风险费：(482.21 + 37.69) × 10% = 51.99(元)；

总计：9830.38 元；

综合单价：9830.38 元 ÷ 48.9m² ≈ 201.03(元/m²)。

(3)填写分部分项工程量清单综合单价分析表(表 4－8)

表 4－8 分部分项工程工程量清单综合单价计算表

工程名称：案例 2　　　　计量单位：m²

项目编码：011102001001　　　　工程数量：48.9 m²

项目名称：花岗岩地面　　　　综合单价：201.03 元/m²

序号	定额编号	工程内容	单位	数量	人工费	材料费	机械费	管理费	利润	风险费	小计
1	B1－29	花岗岩楼地面	100m²	48.9	7.49	181.53	0.57	2.02	1.21	0.81	193.63
2	B1－16	水泥砂浆找平层	100m²	47.9	2.37	3.55	0.2	0.64	0.39	0.26	7.4
		合　计			9.86	185.08	0.77	2.66	1.59	1.06	201.03

(4)计算清单项目费(表 4－9)

表 4－9　分部分项工程量清单计价表

工程名称:案例 2

序号	项目编码	项目名称	项目特征描述	计量单位	工程量	金额(元)		
						综合单价	合价	其中：暂估价
1	011102001001	花岗石地面	找平层 1∶3 水泥砂浆 20mm 厚 1∶2 水泥砂浆铺花岗石(600600 × 600mm)	m^2	48.9	201.03	9830.37	

课后练习题(4)

第五章 工程量清单计价实例

第一节 工程概况

一、建筑设计说明

本工程系根据建设单位提供的条件进行施工图设计，施工时应配合其他专业图纸进行，并应严格按照国家现行建筑安装施工及验收规范进行施工和验收，建筑物室内外高差为200mm，室内设计标高之±0.000所对应绝对标高详见总平面布置图，建筑物所处平面位置亦详见总平面布置图，本建筑物耐火等级为二级，合理使用年限为50年，建筑面积为143m²，屋面防水等级三级。图纸详见图5-1～图5-6。

(1)墙体：基础和墙体所采用的砖标号、砂浆标号、混凝土标号均详见结施图，墙身防潮层设置室内地坪下一皮砖处，用1∶2水凝砂浆掺5%防水剂粉30mm厚，凡与砖砌体或构件相接处的木构件均刷防腐涂料两道防腐。

(2)地面：地面均为彩色釉面砖地面，卫生间地面为防滑地面砖，并增设一道1∶2防水水泥砂浆抹面且向上翻300高做1%坡向地漏，地漏位置详见水施图。卫生间做1500mm高白瓷砖，做法同地面面层。

(3)门窗：门窗尺寸见表5-1。门窗的高度、抗风性、水密性、平整度等技术要求均达到国家有关规定，所有窗均墙中立樘，门与开启方向墙面平，并按规定予埋木砖或铁件，所有塑钢窗均为乳白色，除卫生间的毛玻璃外，其余为中空玻璃。木门油调和漆一底两道，朝外油灰色，朝内油乳黄色。

(4)外墙粉刷：均采用1∶3水泥砂浆打底12mm厚，1∶2水泥砂浆抹面，乳白色丙烯酸外墙涂料两底两面。

(5)内墙粉刷：混合砂浆打底，刷乳胶漆二道。

(6)天棚粉刷：混合砂浆打底，刷乳胶漆二道。

(7)屋面及其他：屋面防水采用卷材防水，保温隔热，做法详见图注，屋面水落管采用PVC硬塑管(ϕ110mm)，本图标注尺寸以毫米计，标高以米计。

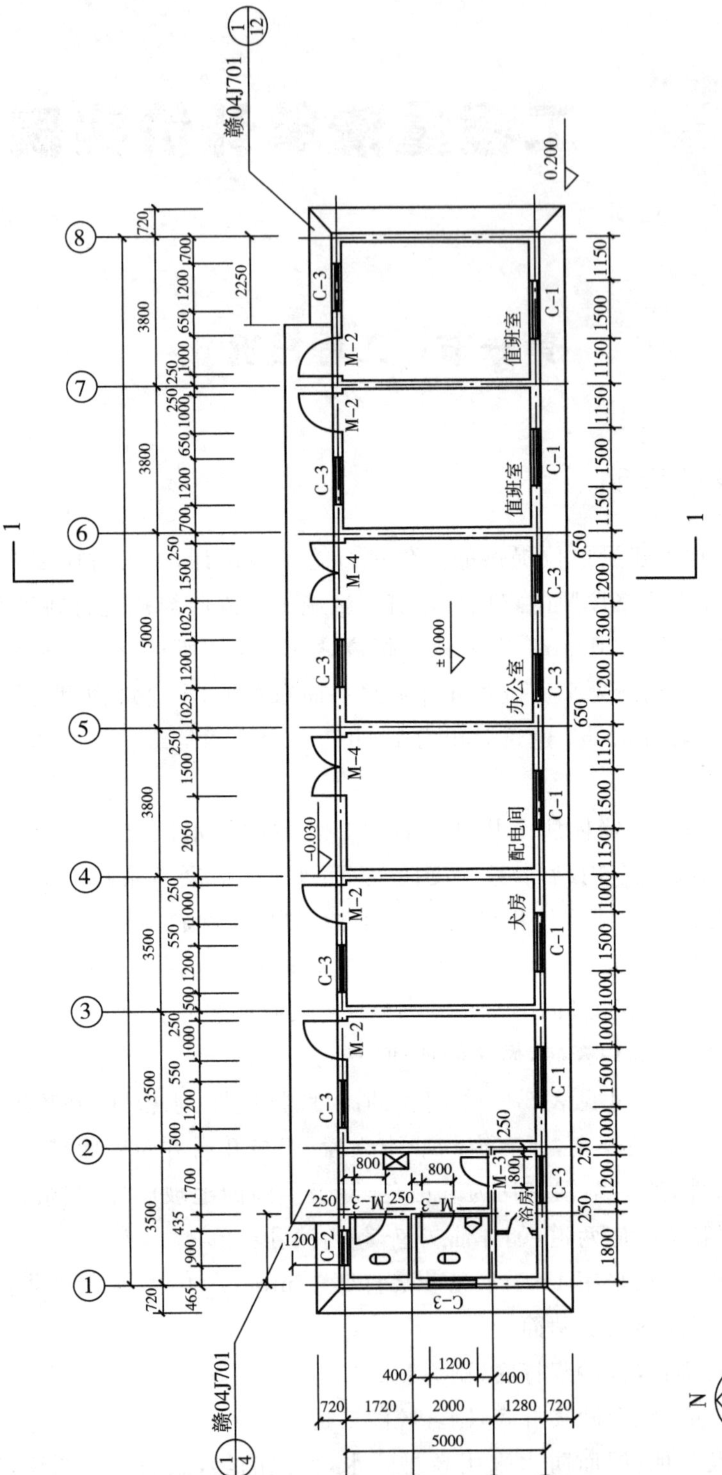

图5-1　0.000平面图（1：100）

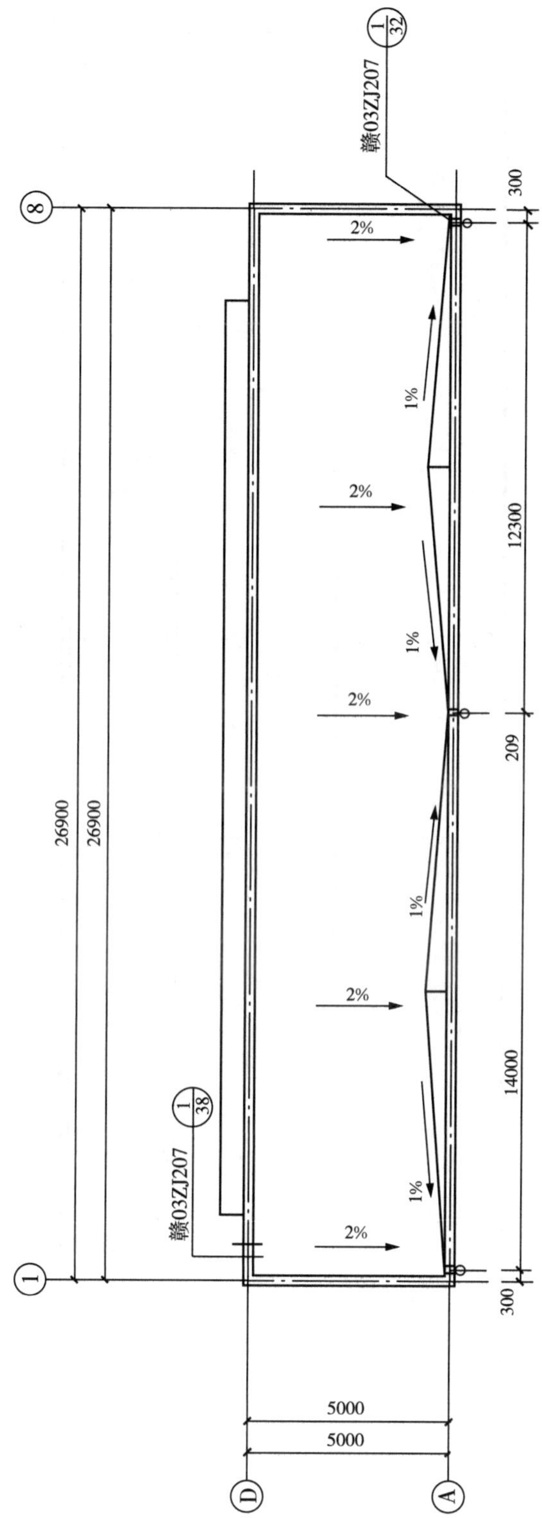

图5-2　屋顶平面图 1：100

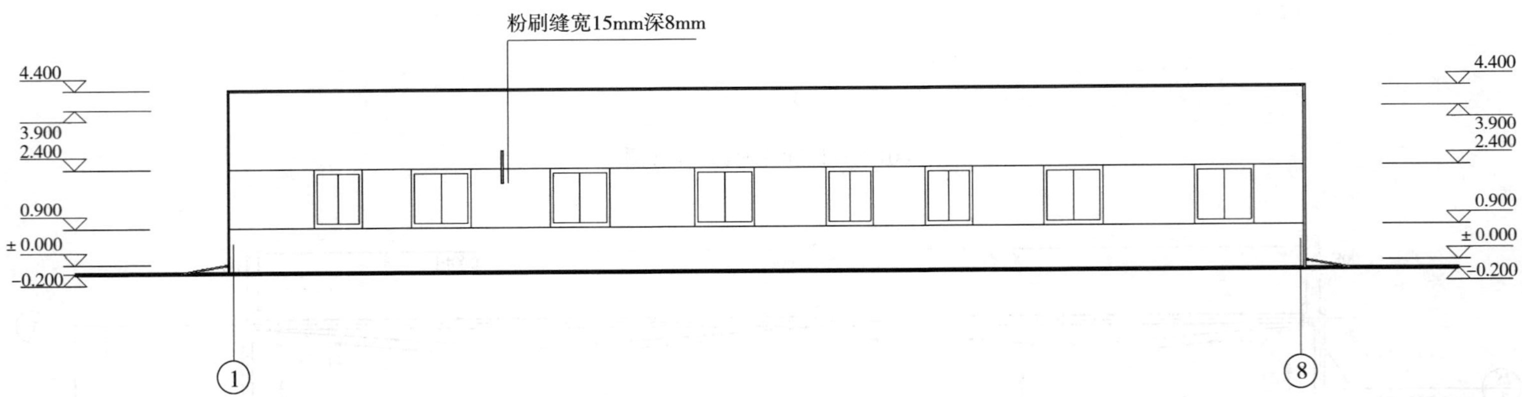

①~⑧立面图（1：100）

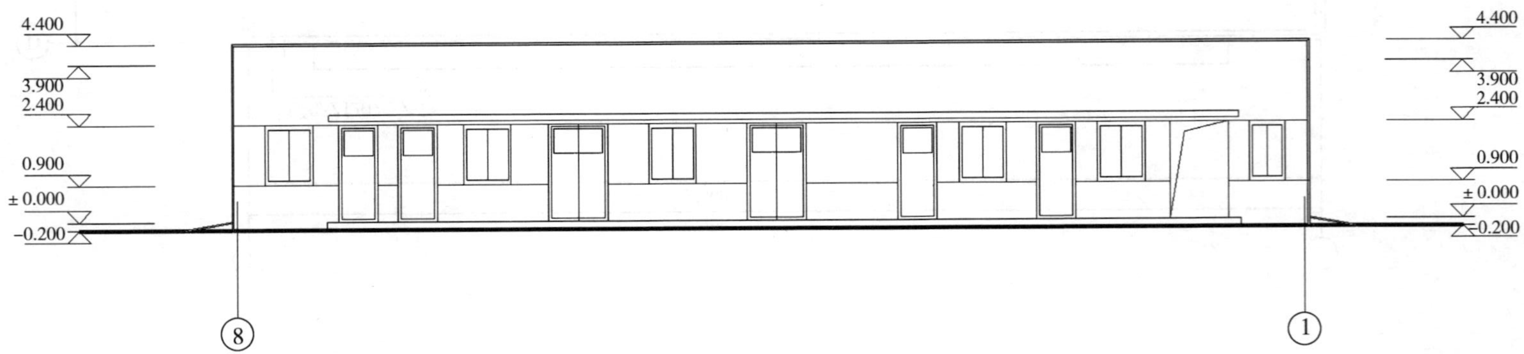

图5-3 ⑧~①立面图（1：100）

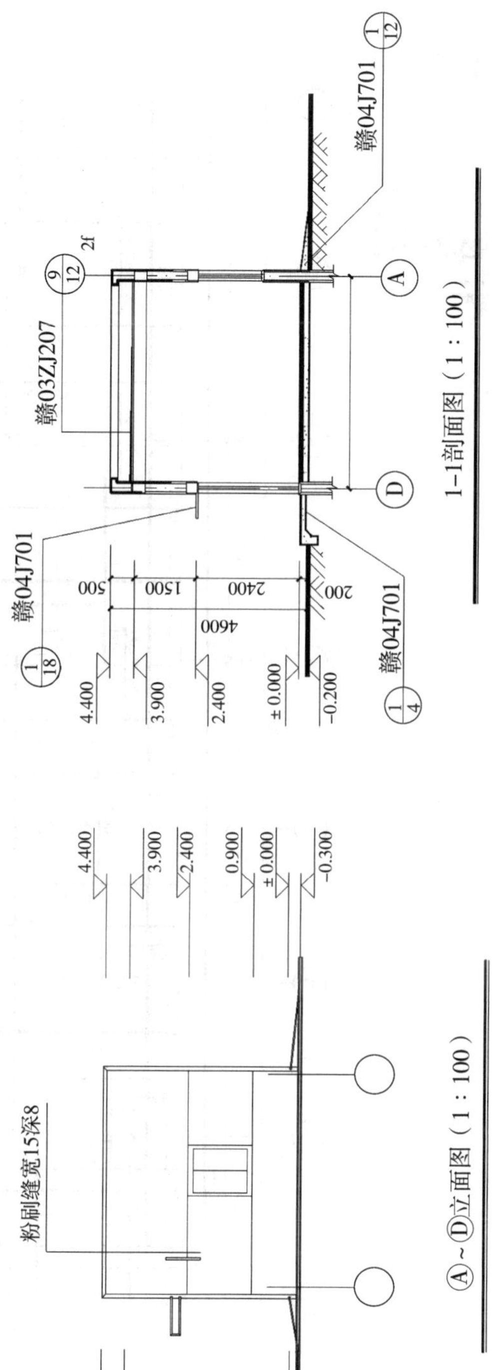

图5-4 相关立面图和剖面图

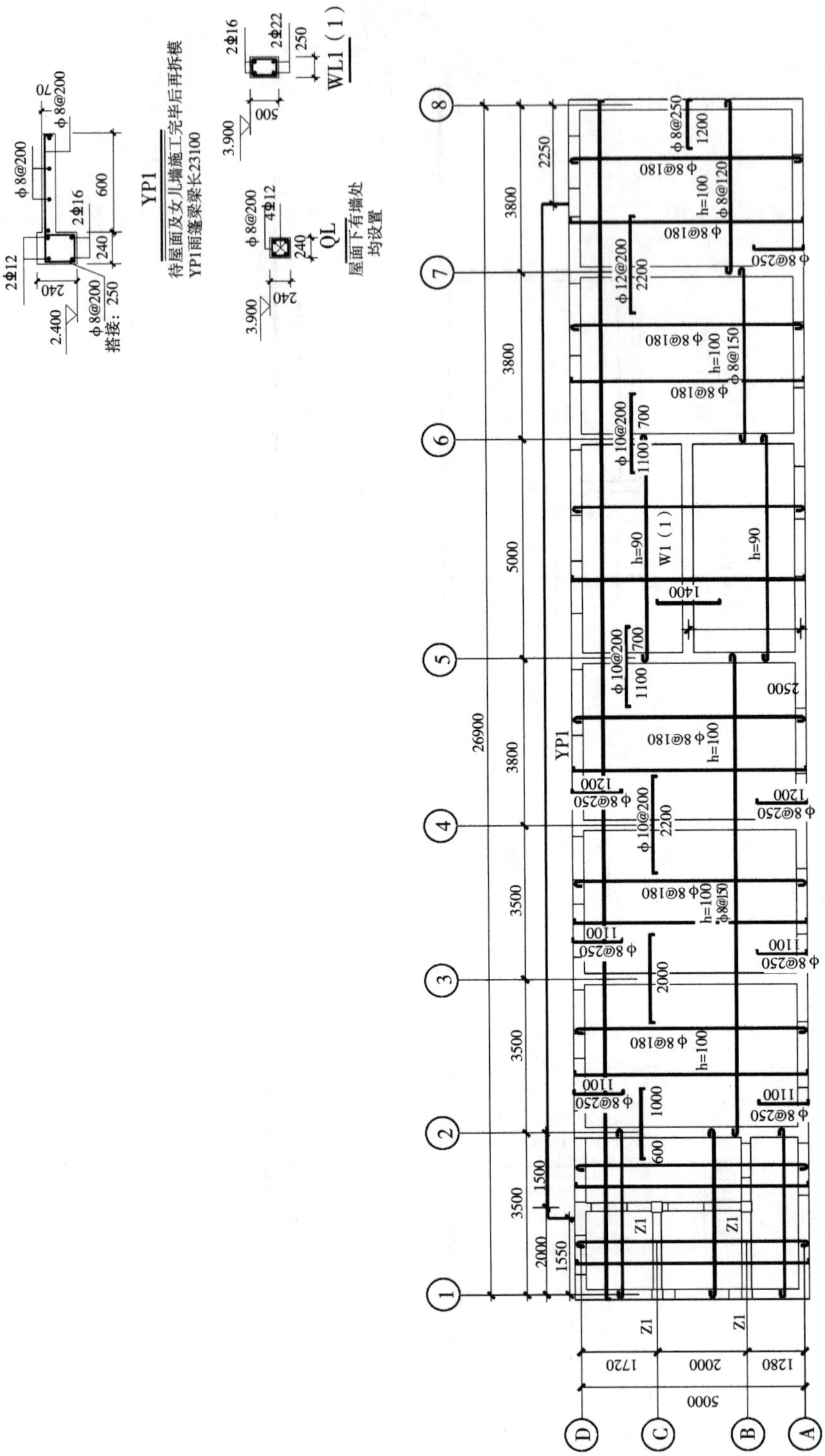

注：（1）未注明板厚均为80mm。
（2）未标注板受力筋与板分布筋均为ф8@200。

图5-5　3.900平面梁板模板配筋图

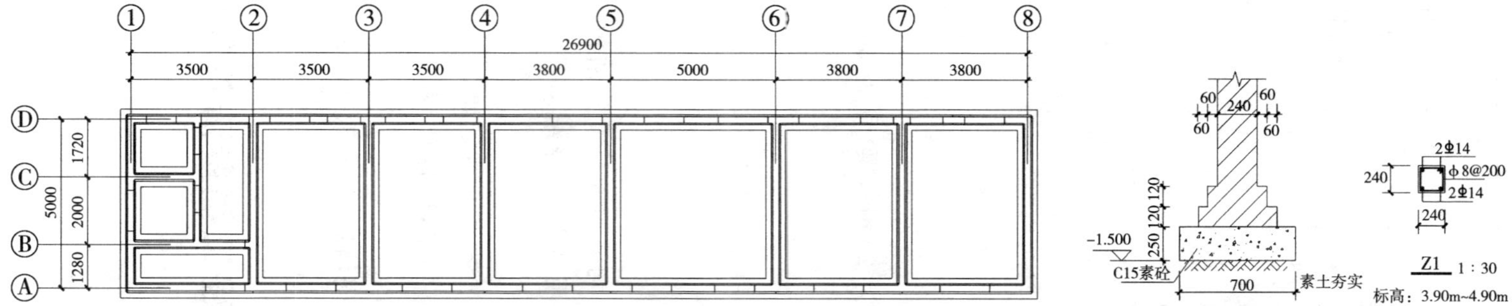

说明：根据甲方提供资料，基础埋在粉质粘土层上且进入该层400mm，地基承载力特征值$f_{ok}>160$kPa，若施工时发现实际地情况与设计不符，请通知设计人员共同研究处理。

图5-6　基础及柱平面布置图

表 5-1 门窗统计表

类别	设计编号	洞口尺寸(mm)		数量	采用标准图集及编号		备注
		宽	高		图集代号	编号	
门	M-1	1500	2400	1	925J704	PSM503-32	全玻门
	M-2	1000	2400	4	925J704	PSM503-32	胶板门
	M-3	800	2100	3	925J704	PSM503-16	胶板门
	M-4	1500	2400	1	925J704	PSM503-18	胶板门
窗	C-1	1500	1500	5	925J704	TSC-133	无纱塑钢窗
	C-2	900	1500	1	925J704	TSC-105	无纱塑钢窗
	C-3	1200	1500	9	925J704	TSC-130	无纱塑钢窗

二、结构设计说明

(一)钢筋砼部分

(1)结构构件砼保护层厚度，板为 20mm，梁、柱为 30mm，基础的保护层为 40mm。

(2)混凝土强度等级各构件均为 C25。

(3)女儿墙端部转角处及每一柱距设一构造柱，截面 240mm×240mm 配 4ø12 纵筋 ø8@200 箍筋，纵筋伸入梁内 500mm。

(二)砌体部分

(1)本工程砌体材料－0.6m 以下均采用 MU10 烧结普通砖，M5.0 水泥砂浆砌 240mm 厚；－0.6m 以上均采用 MU10 烧结多孔砖，M5 混合砂浆砌 240mm 厚。

(2)砌体墙门、窗洞均需设钢筋砼过梁，具体规定如下：

① 当 $L \leqslant 1200$mm 时，过梁宽度同墙厚，梁高取 120mm，梁底放 3ø10 钢筋，梁面配 2ø8 架立钢筋，箍筋 ø8Q@200。

② 当 $L \leqslant 1500$mm 时，过梁宽度同墙厚，梁高取 240mm，梁底放 2 ⏀ 12 钢筋，梁面配 2ø10 架立钢筋，箍筋 ø8Q@200。

第二节　实例工程工程量清单的编制

一、分部分项工程量清单的编制

(一)清单工程量的计算

1. 建筑工程

工程量计算见表 5-2～表 5-6。

表 5－2 “三线一面”计算表

序号	名称	单位	数量	计算式
1	L中	m	63.8	(26.9＋5)×2＝63.8
2	L净	m	36.86	(5－0.24)×6＋(1.8－0.24)＋(3.5－0.24)＋(3.72－0.24)＝28.56＋8.3＝36.86
3	L外	m	64.76	[(26.9＋0.24)＋(5＋0.24)]×2＝64.76
4	建筑面积	m^2	142.21	(26.9＋0.24)×(5＋0.24)≈142.21

表 5－3 门窗洞口面积计算表

编号	洞口尺寸(mm)		樘数	单樘面积	总面积	所在部位	
	宽	高				外墙	内墙
M－1	1.5	2.4	1	3.6	3.6	3.6/1	
M－2	1	2.4	4	2.4	9.6	9.6/4	
M－3	0.8	2.1	3	1.68	5.04		5.04/3
M－4	1.5	2.4	1	3.6	3.6	3.6/1	
C－1	1.5	1.5	5	1.25	6.25	6.25/5	
C－2	0.9	1.5	1	1.35	1.35	1.35/1	
C－3	1.2	1.5	9	1.8	16.2	16.2/9	
洞口	1.46	2.4	1	3.5	3.5	3.5/1	
小计						44.1	5.04

表 5－4 钢筋计算表

序号	构件名称	长　度
1	板	①～②×A～D　ø8@200(5＋12.5×0.008)×18＝91.8 [5＋(0.08—0.02×2)×2]×18＝91.44 (3.5＋12.5×0.008)×26＝93.6 [26.9＋(0.08－0.02×2)×2]×26＝701.48 ②～⑤×A～D　ø8@150(3.5×2＋3.8＋12.5×0.008)×34＝370.6 ø8@180　(5＋0.008×12.5)×61＝311.1 ø8@200　[0.6＋1＋0.24＋(0.1－0.02×2)×2]×26＝50.96 [2＋(0.1－0.02×2)×2]×26＝55.12 ø10@200　[2.2＋(0.1－0.02×2)×2]×26＝60.32 ø8@250　[1.1＋(0.12－0.02×2)×2]×15×4＝75.6 [1.2＋(0.1－0.02×2)×2]×16×2＝42.24 分布筋　ø8@250(5＋0.008×12.5)×[(4＋6)＋11＋12]＝168.3 (3.5＋0.008×12.5)×(6×4＋7×2)＝136.8

（续表）

序号	构件名称	长　度
1	板	⑤～⑥×A～D　ø8@200(5＋12.5×0.008)×26×2＝265.2 [5＋(0.1－0.02×2)×2]×26＝133.12 ø10@200[1.1＋0.7＋0.24＋(0.1－0.02×2)×2]×26×2＝112.32 ø8@200　[1.4＋(0.1－0.02×2)×2]×26＝39.52 分布筋　ø8@200(5＋0.008×12.5)×[(6＋4)×2＋8]＝142.8 ⑥～⑧×A～D　ø8@150(3.8＋12.5×0.008)×(34＋42)＝296.4 ø8@180　(5＋12.5×0.008)×22×2＝224.4 [5＋(0.1－0.02×2)×2]×22×2＝225.28 ø8@250　[1.2＋(0.1－0.02×2)×2]×16×2＝42.24 ø12@200[2.2＋(0.1－0.02×2)×2]×26＝60.32 ø8@250　[1.2＋(0.1－0.02×2)×2]×21＝27.72 分布筋　ø8@200　(3.8＋12.5×0.008)×7×2＝54.6 (5＋12.5×0.008)×(12＋7)＝96.9
2	QL	4Φ12　(5.24－0.03×2)×4×9＝186.48 (26.9＋0.24－0.03×2＋35×0.012×3)×4×2＝226.72 (1.8＋0.24－0.03×2)×4＝7.92 (3.72＋0.24－0.03×2)×4＝15.6 ø8　(0.24×4－0.02)×(25×9＋134×2＋9＋18)＝488.8
3	WL1(1)	2Φ22　(5.24－0.03×2)×2＝10.36 2Φ16　(5.24－0.03×2)×2＝10.36 ø8@200　[(0.25＋0.5)×2－0.02]×27＝39.96
4	YP1	ø8　(23.1－0.02×2)×4＝92.24 ø8　[(0.6＋0.24)－0.02×2＋(0.07－0.02×2)＋(0.24－0.02×2)＋0.25]×116＝148.48
5	YPL	2Φ16　(23.1－0.03×2＋35×0.016×2)×2＝48.32 2Φ12　(23.1－0.03×2＋35×0.012×2)×2＝48.32 ø8　(0.24×4－0.02)×116＝109.04
6	GL	3ø10　(1.7－0.03×2＋12.5×0.01)×3×9＝47.66 (1.5－0.03×2＋12.5×0.01)×3×4＝18.78 (1.3－0.03×2＋12.5×0.01)×3×3＝8.19 (1.4－0.03×2＋12.5×0.01)×3＝4.4 2ø8　(1.5－0.03×2＋12.5×0.008)×2×4＝12.32 (1.3－0.03×2＋12.5×0.008)×2×3＝5.36 (1.4－0.03×2＋12.5×0.008)×2＝2.88 ø8[(0.24＋0.12)×2－0.02]×(8×4＋7×3＋8＋9×9)＝94.5 (1.7－0.03×2＋12.5×0.008)×2×9＝31.32 2Φ12　(2－0.03×2)×6×2＝23.28

（续表）

序号	构件名称	长　度
6	GL	2ø10　(2－0.03×2＋12.5×0.01)×2×6＝24.78 ø8　(0.24×4－0.02)×11×6＝62.04
7	Z1	4 ⌀14　(1－0.03×2＋40×0.014)×4×4＝9.6 ø8　[(0.24＋0.24)×2－0.02]×6×4＝22.56
8	GZ	4ø12　(1－0.03＋0.5)×4×6×2＝70.56 ø8　(0.24×4－0.02)×6×6×2＝67.68

表 5－5　钢筋汇总表

直径	重量(kg)	汇　总
⌀14	9.6×1.21＝11.62	圆钢： ø10 以内 0.533t ø10 以外 0.116t 螺纹钢： ø20 以内 0.553t ø20 以外 0.031t
⌀22	10.36×2.98＝30.87	
⌀16	(10.36＋48.32)×1.58＝58.68×1.58＝89.55	
⌀12	(485.04＋23.28)×0.888＝508.32×0.888＝451.39	
ø8	4912.32×0.888＝4362.14	
ø10	276.45×0.617＝170.57	
ø12	130.88×0.888＝116.22	

表 5－6　建筑工程清单工程量计算表

序号	项目编码	项目名称	单位	工程量	计算式
1	010101001001	平整场地	m^2	142.21	(26.9＋0.24)×(5＋0.24)≈142.21
2	010101003001	人工挖基础土方	m^3	125.48	0.7×(63.8＋36.86＋0.24×9－0.7×9)×(1.5－0.2)≈125.48
3	010501001001	C15 砖基础垫层	m^3	16.89	0.7×0.25×(63.8＋36.86＋0.24×9－0.7×9)≈16.89
4	010401001001	M5 水泥砂浆砌砖基础	m^3	34.54	室外地坪以下：(0.24×1.05＋0.12×0.36)×(63.8＋36.86)≈29.71 室外地坪～±0.00：0.24×0.2×(63.8＋36.86)≈4.83
5	010103001001	基础回填土	m^3	74.05	125.48－16.89－34.54＝74.05
6	010103001002	房心回填土	m^3	10.62	[142.21－(63.8＋36.86)×0.24]×[0.2－(0.06＋0.015＋0.025＋0.01)]≈10.62
7	010503004001	圈梁	m^3	5.79	外墙：0.24×0.24×63.8≈3.67 内墙：0.24×0.24×36.86≈2.12

（续表）

序号	项目编码	项目名称	单位	工程量	计算式
8	010503005001	过梁	m^3	1.45	M－1、M－4、C－1：0.24×0.24×(1.5＋0.5)×6≈0.69 M－2：0.24×0.12×(1＋0.5)×4≈0.17 M－3：0.24×0.12×(0.8＋0.5)×3≈0.11 C－2：0.24×0.12×(0.9＋0.5)×1≈0.04 C－3：0.24×0.12×(1.2＋0.5)×9≈0.44
9	010505001001	有梁板	m^3	2.58	WL：0.25×(0.5－0.09)×5.24≈0.54 板：(5－0.24)×(5－0.24)×0.09≈2.04
10	010505003001	平板	m^3	9.27	[(3.5－0.24)×(5－0.24)×2＋(3.8－0.24)×(5－0.24)×3]×0.1≈8.19 [(3.5－0.24)×(5－0.24)－8.3×0.24]×0.08≈1.08
11	010502001001	柱	m^3	0.24	0.24×0.24×1.00×4≈0.23
12	010503002001	雨篷梁	m^3	1.33	0.24×0.24×23.1≈1.33
13	010502002001	构造柱	m^3	0.43	(0.24×0.24＋0.03×0.24×2)×0.5×6×2≈0.43
14	010505008001	雨篷	m^2	13.71	0.6×(26.9－2.25－1.8)＝13.71
15	010515001001	钢筋	t	5.243	圆钢 ø10 以内　4.533t ø10 以外　0.116t 螺纹钢 ø20 以内　0.553t ø20 以外　0.031t
16	010401004001	M5 混合砂浆砌外墙	m^3	50.02	0.24×[63.8×4.4－44.1]≈56.79 扣 QL：3.67 GL：0.69＋0.17＋0.04＋0.44＝1.34 YPL：0.24×0.24×23.1≈1.33 扣 GZ：0.43
17	010401004002	M5 混合砂浆砌内墙	m^3	31.38	0.24×28.56×(3.9－0.1)≈26.05 0.24×[(8.3×(3.9－0.08)×5.04]≈6.4 扣 QL：0.24×0.14×28.56＋0.24×0.16×8.3≈0.96 GL：0.11
18	010507001001	坡道	m^2	27.47	22.85×1.2＝27.47

（续表）

序号	项目编码	项目名称	单位	工程量	计算式
19	010507001002	散水	m^2	26.59	(64.76＋0.6×40.6－22.85×0.6＝26.59
20	010903003001	墙基防潮	m^2	24.16	(63.8＋36.86)×0.24≈24.16
21	010904003001	1∶2防水砂浆地面防潮	m^2	13.53	(3.5－0.24)×(5－0.24)－0.24×8.3≈13.53
22	010902001001	SBS防水层	m^2	126.9	(26.9－0.24)×(5－0.24)≈126.9
23	011001001001	水泥炉渣保温层	m^3	10.15	平均厚：0.03＋0.5×(5－0.24)×2%≈0.08 126.9×0.08≈10.15
24	010902004001	PUCø110水落管	M	12.3	(3.9＋0.2)×3＝12.3

2. 装饰装修工程

工程量计算见表5-7。

表5-7 装饰工程清单工程量计算表

序号	项目编码	项目名称	单位	工程量	计算式
1	011102003001	卫生间防滑釉面砖	m^2	13.53	同地面防水
2	011102003002	房间釉面砖地面	m^2	104.53	(23.4－0.24)×(5－0.24)－(5－0.24)×5×0.24≈104.53
3	011105003001	釉面砖踢脚线	m^2	14.54	0.15×[(4.76＋3.26)×2×2＋(4.76＋3.56)×2×3＋(4.76＋4.76)×2－(1.0×4＋1.5×2)＋0.24×12]≈14.54
4	011201001001	混合砂浆粉外墙面	m^2	253.8	64.76×(4.4＋0.2)－44.1≈253.8
5	011201001002	混合砂浆粉内墙面	m^2	415.82	[28.56×2＋(26.9－3.5－0.24×6)×2]×(3.9－0.1)≈383.95 [(8.3×2－0.24×2)＋(3.5－0.24＋5－0.24)×2－0.24×4]×(3.9－0.08－1.5)≈72.38 扣减门窗 3.6＋3.6＋9.6＋6.25＝23.05 1.2×1.5×7＋1.2×0.9×2＋0.9×0.9＋0.8×0.6×3×2≈17.46
6	011204003001	卫生间墙面贴瓷板1.5m	m^2	41.22	1.5×[(8.3×2－0.24×2)＋(3.5－0.24＋5－0.24)×2－0.24×4]≈46.8 扣门窗 1.2×0.6×2＋0.9×0.6＋0.8×1.5×3＝5.58

（续表）

序号	项目编码	项目名称	单位	工程量	计算式
7	011202001001	混合砂浆粉柱面	m^2	3.84	0.24×4×1.0×4=3.84
8	011301001001	混合砂浆抹天棚	m^2	121.87	(13.53+104.53)+(0.5-0.1)×2×(5-0.24)=121.87
9	011301001002	雨篷粉刷	m^2	27.72	底面　0.6×23.1=13.86 顶面　13.86
10	011407004001	雨篷周边线条	m	24.3	23.1+0.6×2=24.3
11	010801001001	胶合板门	樘	8	M-2:4 樘;M-3:3 樘;M-4:1 樘
12	010801001002	全玻门	樘	1	M-1:1 樘
13	010807009001	塑钢窗	樘	14	C-1:4 樘;C-2:1 樘;C-3:9 樘
14	011401001001	木门油漆	樘	8	M-2:4 樘;M-3:3 樘;M-4:1 樘
15	011406001001	内墙面、天棚乳胶漆	m^2	537.69	415.82+121.87=537.69
16	011407001001	外墙面、柱面刷涂料	m^2	257.64	253.8+3.84=257.64

(二)工程量清单

工程量清单格式包括:封面(图 5-7)、总说明(图 5-8)以及分部分项工程量清单表(表 5-8)。

服务用房　工程

工 程 量 清 单

招标人：某电子公司
（单位盖章）

工程造价
咨 询 人：王小波
（单位资质专用章）

法定代表人
或其授权人：姚　坤
（签字或盖章）

法定代表人
或其授权人：付小明
（签字或盖章）

编 制 人：刘　莎
（造价人员签字盖专用章）

复 核 人：王一东
（造价工程师签字盖专用章）

编制时间：2017 年 6 月 18 日　　复核时间：2017 年 6 月 20 日

图 5-7　封面

总 说 明

工程名称:服务用房工程　　　　第 1 页　共 1 页

1. 建设规模:本工程建筑面积为 142.21m^2
2. 计划工期:
3. 资金来源:自筹
4. 交通条件:交通条件一般
5. 环境保护要求:(略)

图 5-8　总说明

表 5-8　分部分项工程量清单

序号	项目编码	项目名称	项目特征	计量单位	工程量
1	010101001001	平整场地	土壤类别:三类土	m^2	142.21
2	010101003001	挖基础土方	土壤类别:三类土 基础类型:条形 挖土深度:2m 内	m^3	125.48
3	010501001001	C15 砖基础垫层	C15 混凝土垫层	m^3	16.89
4	010401001001	砖基础	砖品种、规格、强度等级:黏土砖 基础类型:条形 砂浆强度等级:水泥 M5.0 墙基防潮层 s=24.16m^2	m^3	34.54
5	010103001001	土(石)方回填		m^3	84.67
6	010503004001	现浇圈梁	混凝土强度等级:C25	m^3	5.79
7	010503005001	现浇过梁	混凝土强度等级:C25	m^3	1.45
8	010503002001	现浇矩形梁(雨篷梁)	混凝土强度等级:C25	m^3	1.33
9	010505001001	现浇有梁板	混凝土强度等级:C25	m^3	11.85
10	010502001001	现浇矩形柱	混凝土强度等级:C25	m^3	0.24
11	010502002001	构造柱	混凝土强度等级:C25	m^3	0.43

（续表）

序号	项目编码	项目名称	项目特征	计量单位	工程量
12	010505008001	现浇雨篷	混凝土强度等级：C25	m^2	13.71
13	010515001001	现浇混凝土钢筋	现浇构件圆钢筋 Φ10mm 以内	t	4.533
14	010515001002	现浇混凝土钢筋	现浇构件圆钢筋 Φ10mm 以外	t	0.116
15	010515001003	现浇混凝土钢筋	现浇构件螺纹钢筋 Φ20mm 以内	t	0.553
16	010515001004	现浇混凝土钢筋	现浇构件螺纹钢筋 Φ20mm 以外	t	0.031
17	010401004001	多孔砖墙	墙体类型：外墙 墙体厚度：240mm 砂浆强度等级、配合比：混合 M5.0	m^3	50.02
18	010401004002	多孔砖墙	墙体类型：内墙 墙体厚度：240mm 砂浆强度等级、配合比：混合 M5.0	m^3	31.38
19	010507001001	现浇坡道	某省标 04J701－4－1	m^2	27.47
20	010507001002	现浇散水	某省标 04J701－12－1	m^2	26.59
21	010904003001	地面砂浆防水(潮)	1∶2 防水砂浆地面防潮	m^2	13.53
22	010902001001	屋面卷材防水	防水层做法：SBS 卷材 水泥砂浆找平层厚度 20mm^ 水泥砂浆 1∶2.5	m^2	126.9
23	011001001001	保温隔热屋面	保温隔热部位：屋面 保温隔热材料：1∶8 水泥炉渣	m^3	10.15
24	010902004001	屋面排水管	排水管品种：PVCΦ110mm 水斗 3 个	m	12.3
25	011102003001	块料楼地面(卫生间)	垫层^c15 水泥砂浆找平层厚度 15mm 陶瓷地砖(彩釉砖)	m^2	13.53
26	011102003002	块料楼地面(房间)	垫层^c15 水泥砂浆找平层厚度 15mm 陶瓷地砖(彩釉砖)	m^2	104.53
27	011105003001	块料踢脚线	陶瓷地砖(彩釉砖)	m^2	14.54
28	011201001001	墙面一般抹灰	混合砂浆	m^2	253.8
29	011201001002	墙面一般抹灰	混合砂浆	m^2	415.82
30	011204003001	块料墙面(卫生间)	底层厚度、砂浆配合比：混合砂浆 面层：瓷板 200mm × 300mm 砂浆粘贴	m^2	41.22

（续表）

序号	项目编码	项目名称	项目特征	计量单位	工程量
31	011202001001	柱面一般抹灰	混合砂浆	m^2	3.84
32	011301001001	天棚抹灰	混合砂浆	m^2	121.87
33	011301001002	雨篷粉刷	混合砂浆	m^2	27.72
34	011407004001	装饰线条(雨篷)	混合砂浆	m	24.3
35	010801001001	胶合板门	单扇无亮:5.04m^2 3 樘 单扇带亮:9.6m^2 4 樘 双扇带亮:3.6m^2 1 樘	m^2	18.24
36	010801001002	全玻自由门	M-1:1 樘	m^2	3.6
37	010807009001	塑钢窗	推拉窗安装	m^2	23.8
38	011401001001	木门油漆	单扇无亮:5.04m^2 3 樘 单扇带亮:9.6m^2 4 樘 双扇带亮:3.6m^2 1 樘		18.24
39	011406001001	抹灰面油漆(墙面)	乳胶漆二道	m^2	415.82
40	011406001002	抹灰面油漆(天棚)	乳胶漆二道	m^2	121.87
41	011407001001	刷喷涂料	外墙喷丙烯酸无光外墙涂料	m^2	257.64

二、措施项目清单的编制

措施项目清单见表 5-9 和表 5-10。

表 5-9 措施项目清单(一)

序　号	项目名称
1	环境保护费
2	文明施工费
3	安全施工费
4	临时设施费
5	夜间施工费
6	缩短工期措施费
7	二次搬运费
8	已完工程及设备保护费
9	冬雨季施工增加费
10	工程定位复测、工程交点、场地清理费
11	生产工具用具使用费
12	扬尘防治增加费

表 5－10　措施项目清单计价表(二)

序号	项目名称
1	大型机械设备进出场及安拆费
2	混凝土、钢筋混凝土模板及支架费
3	脚手架费
4	施工排水、降水费
5	其他施工技术措施费

三、其他项目清单的编制

其他项目清单编制见表 5－11～表 5－13。

表 5－11　其他项目清单表

序　号	项目名称	金　额
1	暂列金额	
2	暂估价	
2.1	材料暂估价	
2.2	专业工程暂估价	
	小计	
3	计日工	
4	总承包服务费	
	小计	
	合计	

表 5－12　计日工表

工程名称：　　　　　标段：　　　　　第　页　共　页

编　号	项目名称	单　位	暂定数量
一	人　工		
1			
2			
3			
	人工小计		
二	材　料		
1			
2			
	材　料　小　计		

（续表）

编　号	项目名称	单　位	暂定数量
三	施工机械		
1			
2			
	施工机械小计		
	合　计		

表 5－13　规费和税金清单

序　号	项目名称
一	规　费
(一)	社会保障费
1	养老保险费
2	失业保险费
3	医疗保险费
(二)	住房公积金
(三)	工伤保险费
(四)	工程排污费
二	税　金
三	合　计

第三节　实例工程工程量清单计价的编制

一、计价工程量的计算

(一)建筑工程计价工程量计算

建筑工程计介工程量的计算见表 5－14。

表 5－14　建筑工程计价工程量计算表

序号	定额编码	项目名称	单位	工程量	计算式
1		平整场地	m^2	142.21	(26.9＋0.24)×(5＋0.24)≈142.21
2		人工挖基础土方	m^3	158.56	(0.7＋0.3×2)×(63.8＋36.86＋0.24×9－1.0×9)×(1.5－0.2)≈158.56
3		C15 砖基础垫层	m^3	16.89	0.7×0.25×(63.8＋36.86＋0.24×9－0.7×9)≈16.89

（续表）

序号	定额编码	项目名称	单位	工程量	计算式
4		M5 水泥砂浆砌砖基础	m^3	34.54	室外地坪以下：(0.241.05 + 0.12 × 0.36)×(63.8+36.86)≈29.71 室外地坪～±0.00：0.24×0.2×(63.8+36.86)≈4.83
5		基础回填土	m^3	107.13	158.56−16.89−34.54=107.13
6		房心回填土	m^3	10.62	[142.21 − (63.8 + 36.86) × 0.24] × [0.2 − (0.06 + 0.015 + 0.025 + 0.01)]≈10.62
7		土方运输	m^3	40.81	158.56−(107.13+10.62)=40.81
8		圈梁	m^3	5.79	外墙 0.24×0.24×63.8≈3.67 内墙 0.24×0.24×36.86≈2.12
9		有梁板	m^3	2.79	WL 0.25×(0.5−0.1)×5.24≈0.52 板(5−0.24)×(5−0.24)×0.1≈2.27
10		柱	m^3	0.24	0.24×0.24×1.00×4≈0.23
11		构造柱	m^3	0.43	(0.24×0.24+0.03×0.24×2)×0.5×6×2≈0.43
12		雨篷	m^2	13.71	0.6×(26.9−2.25−1.8)=13.71
13		现浇构件钢筋	T	5.14	圆钢 ø10mm 以内　4.533t ø10mm 以外　0.116t 螺纹钢 ø20mm 以内　0.553t ø20mm 以外　0.031t
14		过梁	m^3	1.45	M-1、M-4、C-1：0.24×0.24×(1.5+0.5)×6≈0.69 M-2：0.24×0.12×(1+0.5)×4≈0.17 M-3：0.24×0.12×(0.8+0.5)×3≈0.11 C-2：0.24×0.12×(0.9+0.5)×1≈0.04 C-3：0.24×0.12×(1.2+0.5)×9≈0.44
15		M5 混合砂浆砌外墙	m^3	50.02	0.24×[63.8×4.4−44.1]≈56.79 扣 QL：3.67 GL：0.69+0.17+0.04+0.44≈1.34 YPL：0.24×0.24×23.1≈1.33 扣 GZ：0.43
16		M5 混合砂浆砌内墙	m^3	31.38	0.24×28.56×(3.9−0.1)≈26.05 0.24×[(8.3×(3.9−0.08)−5.04]≈6.4 扣减 QL：0.24×0.14×28.56+0.24×0.16×8.3≈0.96 GL：0.11

（续表）

序号	定额编码	项目名称	单位	工程量	计算式
17		坡道	m^2	27.47	22.85×1.2=27.47
18		散水	m^2	26.59	(64.76+0.6×4)×0.6−22.85×0.6=26.59
19		墙基防潮	m^2	24.16	(63.8+36.86)×0.24≈24.16
20		SBS 防水层	m^2	126.9	(26.9−0.24)×(5−0.24)≈126.9
21		20mm 厚 1∶2.5 水泥砂浆找平层	m^2	126.9	126.9
22		水泥炉渣保温层	m^2	10.15	平均厚度 0.03+0.5×(5−0.24)×2%≈0.08 126.9×0.08=10.15
23		PUCø110mm 水落管	m^2	12.3	(3.9+0.2)×3=12.3
24		水斗	个	3	3 个

(二)装饰装修工程计价工程量计算

装饰装修工程计价工程量的计算见表 5-15。

表 5-15　装饰装修工程计价工程量计算表

序号	定额编码	项目名称	单位	工程量	计算式
1		15mm 厚 1∶3 水泥砂浆找平层	m^2	118.06	(3.5−0.24)×(5−0.24)−0.24×8.3≈13.53 (23.4−0.24)×(5−0.24)−(5−0.24)×5×0.24≈104.53
2		C15 地面垫层	m^2	7.08	118.06×0.06≈7.08
3		1∶2 防水砂浆地面防潮	m^2	13.53	13.53+0.3×[(8.3×2−0.24×2)+(4.76×2−0.24×3)+(1.8−0.24)]≈21.47
4		卫生间防滑釉面砖	m^2	14.11	13.53+0.8×3×0.24≈14.11
5		房间釉面砖地面	m^2	106.21	104.53+(1×4+1.5×2)×0.24≈106.21
6		釉面砖踢脚线	m^2	14.54	0.15×[(4.76+3.26)×2×2+(4.76+3.56)×2×3+(4.76+4.76)×2−(1.0×4+1.5×2)+0.24×12]≈14.54
7		混合砂浆粉外墙面	m^2	253.8	64.76×(4.4+0.2)−44.1≈253.8

（续表）

序号	定额编码	项目名称	单位	工程量	计算式
8		混合砂浆粉内墙面	m^2	415.82	[28.56×2＋(26.9－3.5－0.24×6)×2]×(3.9－0.1)≈383.95 [(8.3×2－0.24×2)＋(3.5－0.24＋5－0.24)×2－0.24×4]×(3.9－0.08－1.5)≈72.38 扣减门窗　3.6＋3.6＋9.6＋6.25＝23.05 1.2×1.5×7＋1.2×0.9×2＋0.9×0.9＋0.8×0.6×3×2≈17.46
9		卫生间墙面贴瓷板 1.5m	m^2	44.21	1.5×[(8.3×2－0.24×2)＋(3.5－0.24＋5－0.24)×2－0.24×4]≈46.8 扣门窗　1.2×0.6×2＋0.9×0.6＋0.8×1.5×3≈5.58 增加门窗侧壁　0.24×6×1.5＋0.12×[(1.2＋0.6×2)×2＋(0.9＋0.6×2)]≈2.99
10		混合砂浆粉柱面	m^2	3.84	0.24×4×1.0×4＝3.84
11		混合砂浆抹天棚	m^2	121.87	(13.53＋104.53)＋(0.5－0.1)×2×(5－0.24)≈121.87
12		雨篷粉刷	m^2	27.72	底面　0.6×23.1＝13.86 顶面　13.86
13		雨篷周边线条	m^2	24.3	23.1＋0.6×2＝24.3
14		胶合板门	m^2	18.24	9.6＋5.04＋3.6＝18.24
15		全玻门	m^2	3.6	3.6
16		塑钢窗	m^2	23.8	6.25＋1.35＋16.2＝23.8
17		门窗五金	樘		单扇带亮 4 樘；单扇不带亮 3 樘；双扇带亮 2 樘
18		门窗运输	m^2	18.24	18.24
19		木门油漆	m^2	18.24	18.24
20		内墙面、天棚乳胶漆	m^2	551.85	415.82＋121.87＝537.69 增加门窗侧壁 [(1.5＋2.4×2)＋(1＋2.4×2)×4＋(1.5＋1.5)×2×5＋(1.2＋1.5)×2×7]×0.12＋(0.9×2＋1.2)×2×0.12＋(0.9×2＋0.9)×0.12＋(0.8＋0.6×2)×3×0.24≈14.16

（续表）

序号	定额编码	项目名称	单位	工程量	计算式
21		外墙面、柱面刷涂料	m^2	285.0	253.8＋3.84＝257.64 增加门窗侧壁 0.12×[(1.5＋1.5)×2×5＋(0.9＋1.5)×2＋(1.2＋1.5)×2×9＋(1.5＋2.4×2)＋(1＋2.4×2)×4＋(0.8＋2.1×2)×3＋(1.5＋2.4×2)]＝19.7 增加女儿墙顶 0.12×(26.9＋5)×2＝7.66

(三)措施项目计价工程量计算

措施项目计价工程量计算见表 5－16。

表 5－16 措施项目计价工程量计算表

序号	项目名称	单位	工程量	计算式
1	垫层模板	m^2	49.14	(63.8×2－0.7×13＋39.02×2)×0.25＝49.14
2	过梁模板	m^2		0.24×2×(1.5＋0.5)×6＋1.5×0.24×6＝7.92 0.12×2×[(1＋0.5)×4＋(0.8＋0.5)×3＋(0.9＋0.5)×1＋(1.2＋0.5)×9]＋[1×4＋0.8×3＋0.9×1＋1.2×9]×0.24≈11.20
3	圈梁模板	m^2	47.16	0.24×(63.8＋36.86)×2－0.24×0.24×20≈47.16
4	有梁板模板	m^2	26.42	(5－0.24)×(5－0.24)≈22.66 梁侧模:0.4×2×(5－0.24)≈3.81
5	柱模板	m^2	3.84	0.24×4×1×4＝3.84
6	构造柱模板	m^2	4.32	(0.24＋0.06×2)×2×0.5×12＝4.32
7	雨篷模板	m^2	13.86	13.86
8	YPL 模板	m^2	11.09	0.24×2×23.1≈11.09
9	外墙脚手架	m^2	297.90	64.76×(4.4＋0.2)≈297.90
10	内墙脚手架	m^2	140.24	28.56×(3.9－0.1)≈108.53 8.3×(3.9－0.08)≈31.71
11	独立柱脚手架	m^2	18.24	(0.24×4＋3.6)×1×4＝18.24
12	满堂脚手架	m^2	118.06	118.06
13	垂直运输	m^2	142.21	142.21

二、工程量清单计价表的编制

工程量清单计价格式包括：封面（图 5－9），单位工程投标报价汇总表（表 5－17），分部分项工程量清单与计价表（表 5－18），措施项目清单与计价表（一）（表 5－19），措施项目清单与计价表（二）（表 5－20），规费、税金项目清单与计价表（表 5－21），主要材料价格表（表 5－22）以及综合单价计算表和分析表（表 5－23、表 5－24）。

投标总价

招　标　人：某电子公司

工 程 名 称：服务用房工程

投 标 总 价（小写）：194939.61 元

（大写）：壹拾玖万肆仟玖佰叁拾玖元陆角壹分

投　标　人：某建筑工程公司

（单位盖章）

法定代表人
或其授权人：孙小亮

（签字或盖章）
编　制　人：陈　一

（造价人员签字盖专用章）

编制时间：20××年××月××日

图 5－9　封面

表 5－17　单位工程造价汇总表

工程名称：某服务用房工程

序　号	项目名称	金额（元）
一	分部分项工程量清单项目费	139638.9
	其中：1. 定额人工费	21353.25
	2. 定额机械费（不含进项税）	1596.63
二	措施项目清单计价合计	24566.31
	（一）施工技术措施项目清单计价	18269.72

（续表）

序　号	项目名称	金额(元)
	其中:3. 定额人工费	6834.55
	4. 定额机械费(不含进项税)	1872.72
	(二)施工组织措施项目清单计价(不含进项税)	6296.59
三	其他项目清单费(不含进项税)	
四	规费	11416.06
五	税前工程造价	175621.27
六	税金	19318.34
七	工程总造价	194939.61

表 5－18　分部分项工程量清单计价表

工程名称:某服务用房工程

序号	项目编码	项目名称	计量单位	工程量	金额(元)		
					综合单价	合价	其中人工费
1	010101001001	平整场地	m^2	142.21	1.49	211.89	140.79
2	010101003001	挖基础土方	m^3	125.48	6.64	833.19	329.67
3	010501001001	C15 砖基础垫层	m^3	16.89	315.73	5332.68	293.21
4	010401001001	砖基础	m^3	34.54	260.88	9010.8	1199.23
5	010103001001	土(石)方回填	m^3	84.67	8.76	741.71	362.39
6	010503004001	现浇圈梁	m^3	5.79	393.96	2281.03	225.93
7	010503005001	现浇过梁	m^3	1.45	403.23	584.68	61.74
8	010503002001	现浇矩形梁(雨篷梁)	m^3	1.33	360.41	479.35	22.93
9	010505001001	现浇有梁板	m^3	11.85	358.25	4245.26	169.69
10	010502001001	现浇矩形柱	m^3	0.24	369.17	88.6	6.03
11	010502002001	构造柱	m^3	0.43	394.51	169.64	17.99
12	010505008001	现浇雨篷	m^2	13.71	40.22	551.42	39.07
13	010515001001	现浇混凝土钢筋	t	4.533	3378.09	15312.88	2648.51
14	010515001002	现浇混凝土钢筋	t	0.116	2754.48	319.52	26.75
15	010515001003	现浇混凝土钢筋	t	0.553	3432.03	1897.91	110.83
16	010515001004	现浇混凝土钢筋	t	0.031	3264.52	101.2	3.81
17	010401004001	多孔砖墙	m^3	50.02	217.5	10879.35	1741.2
18	010401004002	多孔砖墙	m^3	31.38	217.49	6824.84	1092.34
19	010507001001	现浇坡道	m^2	27.47	56.24	1544.91	133.41

（续表）

序号	项目编码	项目名称	计量单位	工程量	金额（元）		
					综合单价	合价	其中人工费
20	010507001002	现浇散水	m^2	26.59	28.15	748.51	64.64
21	010904003001	地面砂浆防水（潮）	m^2	13.53	9.2	124.48	28.55
22	010902001001	屋面卷材防水	m^2	126.9	54.63	6932.55	681.45
23	011001001001	保温隔热屋面	m^3	10.15	284.7	2889.71	146.16
24	010902004001	屋面排水管	m	12.3	33.97	417.83	21.13
25	011102003001	块料楼地面（卫生间）	m^2	13.53	135.23	1829.66	155.39
26	011102003002	块料楼地面（房间）	m^2	104.53	131.09	13702.84	1064.88
27	011105003001	块料踢脚线	m^2	14.54	103.79	1509.11	297
28	011201001001	墙面一般抹灰	m^2	253.8	11.17	2834.95	1139.37
29	011201001002	墙面一般抹灰	m^2	415.82	11.16	4640.55	1866.05
30	011204003001	块料墙面（卫生间）	m^2	41.22	90.31	3722.58	666
31	011202001001	柱面一般抹灰	m^2	3.84	13.65	52.42	23.11
32	011301001001	天棚抹灰	m^2	121.87	11.07	1349.1	525.32
33	011301001002	雨篷粉刷	m^2	27.72	11.17	309.63	120.57
34	011407004001	装饰线条	m	24.3	24.84	603.61	118.8
35	010801001001	胶合板门	m^2	18.24	437.87	7986.75	524.52
36	010801001002	全玻自由门	m^2	3.6	377.98	1360.73	186
37	010807009001	塑钢窗	m^2	23.8	229.37	5459.01	416.64
38	011401001001	木门油漆		18.24	38.85	708.62	299.48
39	011406001001	抹灰面油漆	m^2	415.82	24.99	10391.34	2390.91
40	011406001002	抹灰面油漆	m^2	121.87	25.67	3128.4	755.27
41	011407001001	刷喷涂料	m^2	257.64	29.21	7525.66	1236.49
		合　计				139638.9	21353.25

表 5－19　措施项目清单计价表（一）

工程名称：某服务用房工程

序号	项目名称	取费基数（元）	费率（%）	金额（元）
1	环境保护费	31657.15	0.39	123.46
2	文明施工费	31657.15	3.94	1247.29
3	安全施工费	31657.15	3	949.71
4	临时设施费	31657.15	4.59	1453.06

（续表）

序号	项目名称	取费基数(元)	费率(%)	金额(元)
5	夜间施工费	31657.15		
6	缩短工期措施费	31657.15		
7	二次搬运费	31657.15	0.91	288.08
8	已完工程及设备保护费	31657.15		
9	冬雨季施工增加费	31657.15	1.3	411.54
10	工程定位复测、工程交点、场地清理费	31657.15	2	633.14
11	生产工具用具使用费	31657.15	1.8	569.83
12	扬尘防治增加费	31657.15	1.96	620.48
13	合计			6296.59

表 5－20　措施项目清单计价表(二)

工程名称:某服务用房工程

序号	项目名称	计量单位	工程数量	单价(元)	合价(元)	其中人工费(元)
1	大型机械设备进出场及安拆费	项	1	2230.82	2230.82	186
2	混凝土、钢筋混凝土模板及支架费	项	1	13594.46	13594.46	5799.58
3	脚手架费	项	1	2444.44	2444.44	848.97
4	施工排水、降水费	项	1			
5	其他施工技术措施费	项	1			
	合　计				18269.72	6834.55

表 5－21　规费和税金清单计价表

工程名称:某服务用房工程

序号	项目名称	取费基数(元)	费率(%)	金额(元)
一	规　费	(一)＋(二)＋(三)＋(四)		11416.06
(一)	社会保障费	1＋2＋3		8456.34
1	养老保险费	28187.8	20	5637.56
2	失业保险费	28187.8	2	563.76
3	医疗保险费	28187.8	8	2255.02
(二)	住房公积金	28187.8	10	2818.78
(三)	工伤保险费	28187.8	0.5	140.94
(四)	工程排污费	按工程所在地环保部门规定计取		
二	税　金	175621.27	11	19318.34
三	合　计	一＋二		30734.4

表 5-22 主要材料价格表

工程名称:某服务用房工程

序号	材料编码	材料名称	规格、型号等特殊要求	单位	单价(元)
1	jz0002	综合工日		工日	31
2	jz0035	钢筋 ø10mm 以内		t	2354
3	jz0036	钢筋 ø10mm 以上		t	2216
4	jz0045	螺纹钢筋		t	2991.45
5	jz0087	模板木材		m^3	940.17
6	jz0091	木脚手板		m^3	940.17
7	jz0093	木支撑		m^3	957.26
8	jz0101	松厚板		m^3	957.26
9	jz0116	枕木		m^3	940.17
10	jz0225	标准砖 240mm×115mm×53mm		块	3200
11	jz0405	粗砂		m^3	73.96
12	jz0446	单层塑钢窗		m^2	153.85
13	jz0475	地砖 300mm×300mm		m^2	65
14	jz0476	地砖 300mm×300mm 以下		m^2	65
15	jz0478	地砖 600mm×600mm 以下		m^2	65
16	jz1222	墙面砖 95mm×95mm		m^2	65
17	jz1695	组合钢模板		kg	3.9
18	jz1794	商品混凝土 C25(泵送)		m^3	324
19	jz1802	商品混凝土 C10(非泵送)		m^3	284
20	jz1803	商品混凝土 C15(非泵送)		m^3	284
21	sz000931	商品混凝土 C20		m^3	313

表 5－23　工程量清单综合单价计算表

工程名称：某服务用房工程

序号	定额编号	工程内容	单位	数量	人工费（元）	材料费（元）	机械费（元）	管理费（元）	利润（元）	风险费（元）	小计（元）
	1	分部分项工程量清单项目			21353.25	105214.24	1596.63	5737.53	3442.5	2295.01	139639.2
1	010101001001	平整场地	m^2	142.21	140.79	0	0	35.2	21.12	14.08	211.19
	A1－26	人工场地平整	m^2	142.21	140.79	0	0	35.2	21.12	14.08	211.19
2	010101003001	挖基础土方	m^3	125.48	329.67	0	225.76	138.86	83.31	55.54	833.14
	A1－11	人工挖沟槽，三类土，深度 2m 以内	m^3	18.82	309.21	0	0	77.3	46.38	30.92	463.81
	A1－140	反铲挖掘机挖土方，挖土深度 2m 以内，不装车	$1000m^3$	0.11	20.46	0	225.76	61.56	36.93	24.62	369.33
3	010501001001	C15 砖基础垫层	m^3	16.89	293.21	4868.71	16.05	77.32	46.39	30.93	5332.61
	A2－275	基础垫层，商品混凝土，无筋，非泵送	m^3	16.89	293.21	4868.71	16.05	77.32	46.39	30.93	5332.61
4	010401001001	砖基础	m^3	34.54	1199.23	7091.75	80.13	319.84	191.9	127.94	9010.79
	A3－1	砖基础，直形	m^3	34.54	1199.23	7091.75	80.13	319.84	191.9	127.94	9010.79
5	010103001001	土（石）方回填	m^3	84.67	362.39	0	132.09	123.62	74.17	49.45	741.72
	A1－31	人工运土回填，沟槽	m^3	84.67	362.39	0	132.09	123.62	74.17	49.45	741.72
6	010503004001	现浇圈梁	m^3	5.79	225.93	1930.85	7.53	58.37	35.02	23.35	2281.05

(续表)

序号	定额编号	工程内容	单位	数量	人工费(元)	材料费(元)	机械费(元)	管理费(元)	利润(元)	风险费(元)	小计(元)
	A4－156－1 换	非泵送现浇混凝土,圈梁ˆ商品混凝土 C25(泵送)	m^3	5.79	225.93	1930.85	7.53	58.37	35.02	23.35	2281.05
7	010503005001	现浇过梁	m^3	1.45	61.74	489.24	1.89	15.91	9.54	6.36	584.68
	A4－157－1 换	非泵送现浇混凝土,过梁ˆ商品混凝土 C25(泵送)	m^3	1.45	61.74	489.24	1.89	15.91	9.54	6.36	584.68
8	010503002001	现浇矩形梁(雨篷梁)	m^3	1.33	22.93	442.78	1.44	6.09	3.66	2.44	479.34
	A4－154 换	泵送现浇混凝土,单梁、连续梁、框架梁ˆ商品混凝土 C25(泵送)	m^3	1.33	22.93	442.78	1.44	6.09	3.66	2.44	479.34
9	010505001001	现浇有梁板	m^3	11.85	169.69	3969.39	14.22	45.98	27.59	18.39	4245.26
	A4－165 换	泵送现浇混凝土,有梁板ˆ商品混凝土 C25(泵送)	m^3	11.85	169.69	3969.39	14.22	45.98	27.59	18.39	4245.26
10	010502001001	现浇矩形柱	m^3	0.24	6.03	79.09	0.31	1.59	0.95	0.63	88.6
	A4－150 换	泵送现浇混凝土,矩形柱ˆ商品混凝土 C25(泵送)	m^3	0.24	6.03	79.09	0.31	1.59	0.95	0.63	88.6
11	010502002001	构造柱	m^3	0.43	17.99	141.66	0.66	4.66	2.8	1.87	169.64
	A4－152－1 换	非泵送现浇混凝土,构造柱ˆ商品混凝土 C25(泵送)	m^3	0.43	17.99	141.66	0.66	4.66	2.8	1.87	169.64
12	010505008001	现浇雨蓬	m^2	13.71	39.07	489.45	2.19	10.32	6.19	4.13	551.35

（续表）

序号	定额编号	工程内容	单位	数量	人工费(元)	材料费(元)	机械费(元)	管理费(元)	利润(元)	风险费(元)	小计(元)
	A4－171 换	泵送现浇混凝土，雨篷商品混凝土 C25(泵送)	m^2	13.71	39.07	489.45	2.19	10.32	6.19	4.13	551.35
13	010515001001	现浇混凝土钢筋	t	4.53	2648.51	11026.2	209.29	714.45	428.67	285.78	15312.9
	A4－257	现浇构件钢筋，圆钢筋，ø10mm 以内	t	4.53	2648.51	11026.2	209.29	714.45	428.67	285.78	15312.9
14	010515001002	现浇混凝土钢筋	t	0.12	26.75	273.88	3.68	7.61	4.56	3.04	319.52
	A4－258	现浇构件钢筋，圆钢筋，ø10mm 以上	t	0.12	26.75	273.88	3.68	7.61	4.56	3.04	319.52
15	010515001003	现浇混凝土钢筋	t	0.55	110.83	1706.57	16.73	31.89	19.13	12.76	1897.91
	A4－259	现浇构件钢筋，螺纹钢筋，ø25mm 以内	t	0.55	110.83	1706.57	16.73	31.89	19.13	12.76	1897.91
16	010515001004	现浇混凝土钢筋	t	0.03	3.81	93.82	1.11	1.23	0.74	0.49	101.2
	A4－260	现浇构件钢筋，螺纹钢筋，ø25mm 以上	t	0.03	3.81	93.82	1.11	1.23	0.74	0.49	101.2
17	010401004001	多孔砖墙	m^3	50.02	1741.2	8124.75	95.04	459.06	275.44	183.62	10879.11
	A3－18	多孔砖墙，墙厚 240mm，240mm×115mm×90mm	m^3	50.02	1741.2	8124.75	95.04	459.06	275.44	183.62	10879.11
18	010401004002	多孔砖墙	m^3	31.38	1092.34	5097.05	59.62	287.99	172.79	115.2	6824.99
	A3－18	多孔砖墙，墙厚 240mm，240mm×115mm×90mm	m^3	31.38	1092.34	5097.05	59.62	287.99	172.79	115.2	6824.99

（续表）

序号	定额编号	工程内容	单位	数量	人工费（元）	材料费（元）	机械费（元）	管理费（元）	利润（元）	风险费（元）	小计（元）
19	010507001001	现浇坡道	m^2	27.47	133.41	1340.49	2.91	34.08	20.45	13.63	1544.97
	A4－181	泵送现浇混凝土，混凝土散水加浆一次抹光	$10m^2$	5.49	133.41	1340.49	2.91	34.08	20.45	13.63	1544.97
20	010507001002	现浇散水	m^2	26.59	64.64	649.49	1.41	16.51	9.91	6.61	748.57
	A4－181	泵送现浇混凝土，混凝土散水加浆一次抹光	$10m^2$	2.66	64.64	649.49	1.41	16.51	9.91	6.61	748.57
21	010904003001	地面砂浆防水（潮）	m^2	13.53	28.55	77.93	2.44	7.75	4.65	3.1	124.42
	A3－34	墙基防潮层，防水砂浆	m^2	13.53	28.55	77.93	2.44	7.75	4.65	3.1	124.42
22	010902001001	屋面卷材防水	m^2	126.9	681.45	5871.57	25.67	176.78	106.06	70.72	6932.25
	A7－28	SBS 改性沥青防水卷材，热熔法（满铺），二层	m^2	126.9	374.36	5266.35	0	93.59	56.15	37.44	5827.89
	B1－18	水泥砂浆找平层，在混凝土或硬基层上～20mm 厚	$100m^2$	1.27	307.09	605.22	25.67	83.19	49.91	33.28	1104.36
23	011001001001	保温隔热屋面	m^3	10.15	146.16	2670.47	0	36.54	21.92	14.62	2889.71
	A8－200	屋面保温，沥青矿渣棉毡，100mm 厚	m^2	101.5	146.16	2670.47	0	36.54	21.92	14.62	2889.71
24	010902004001	屋面排水管	m	12.3	21.13	386.19	0	5.29	3.17	2.11	417.89
	A7－163	PVC 水落管 ø110mm	m	12.3	17.59	334.44	0	4.4	2.64	1.76	360.83

（续表）

序号	定额编号	工程内容	单位	数量	人工费(元)	材料费(元)	机械费(元)	管理费(元)	利润(元)	风险费(元)	小计(元)
	A7－165	PVC 水斗 ø110mm	个	3	3.54	51.75	0	0.89	0.53	0.35	57.06
25	011102003001	块料楼地面(卫生间)	m^2	13.53	155.39	1585.78	7.16	40.64	24.38	16.26	1829.61
	A2－274 换	基础垫层,商品混凝土,无筋,泵送^商品混凝土 C15(非泵送)	m^3	2.03	23.28	585.17	1.6	6.22	3.73	2.49	622.49
	B1－46	地砖楼地面,300mm×300mm 以下,水泥砂浆	$100m^2$	0.14	132.11	1000.61	5.56	34.42	20.65	13.77	1207.12
26	011102003002	块料楼地面(房间)	m^2	104.53	1064.88	12024.52	54.1	279.75	167.85	111.89	13702.99
	A2－274 换	基础垫层,商品混凝土,无筋,泵送^商品混凝土 C15(非泵送)	m^3	15.68	179.85	4519.92	12.39	48.06	28.84	19.22	4808.28
	B1－49	地砖楼地面,600mm×600mm 以下,水泥砂浆	$100m^2$	1.05	885.03	7504.6	41.71	231.69	139.01	92.67	8894.71
27	011105003001	块料踢脚线	m^2	14.54	297	1060.89	1.78	74.7	44.82	29.88	1509.07
	B1－156	地砖踢脚线,水泥砂浆	$100m^2$	0.15	297	1060.89	1.78	74.7	44.82	29.88	1509.07
28	011201001001	墙面一般抹灰	m^2	253.8	1139.37	1036.47	58.88	299.56	179.74	119.83	2833.85
	B2－20	混合砂浆,砖墙～12+8mm	$100m^2$	2.54	1139.37	1036.47	58.88	299.56	179.74	119.83	2833.85
29	011201001002	墙面一般抹灰	m^2	415.82	1866.05	1697.53	96.43	490.62	294.37	196.25	4641.25

（续表）

序号	定额编号	工程内容	单位	数量	人工费（元）	材料费（元）	机械费（元）	管理费（元）	利润（元）	风险费（元）	小计（元）
	B2－20	混合砂浆，砖墙～12＋8mm	$100m^2$	4.16	1866.05	1697.53	96.43	490.62	294.37	196.25	4641.25
30	011204003001	块料墙面（卫生间）	m^2	41.22	666	2700.79	15.22	170.31	102.18	68.12	3722.62
	B2－134	95mm×95mm 面砖（水泥砂浆粘贴），面砖缝宽5mm 以内	$100m^2$	0.41	666	2700.79	15.22	170.31	102.18	68.12	3722.62
31	011202001001	柱面一般抹灰	m^2	3.84	23.11	16.41	0.88	6	3.6	2.4	52.4
	B2－75	混合砂浆，砖柱，矩形	$100m^2$	0.04	23.11	16.41	0.88	6	3.6	2.4	52.4
32	011301001001	天棚抹灰	m^2	121.87	525.32	526.82	23.2	137.13	82.28	54.85	1349.6
	B3－3	混凝土天棚，混合砂浆面，现浇	$100m^2$	1.22	525.32	526.82	23.2	137.13	82.28	54.85	1349.6
33	011301001002	雨蓬粉刷	m^2	27.72	120.57	120.91	5.33	31.48	18.89	12.59	309.77
	B3－3	混凝土天棚，混合砂浆面，现浇	$100m^2$	0.28	120.57	120.91	5.33	31.48	18.89	12.59	309.77
34	011407004001	装饰线条	m	24.3	118.8	424.36	0.71	29.88	17.93	11.95	603.63
	B1－156	地砖踢脚线，水泥砂浆	$100m^2$	0.06	118.8	424.36	0.71	29.88	17.93	11.95	603.63
35	010801001001	胶合板门	m^2	18.24	524.52	7200	0	131.13	78.68	52.45	7986.78
	B4－52	木质门安装	$100m^2$	0.18	524.52	7200	0	131.13	78.68	52.45	7986.78

（续表）

序号	定额编号	工程内容	单位	数量	人工费（元）	材料费（元）	机械费（元）	管理费（元）	利润（元）	风险费（元）	小计（元）
36	010801001002	全玻自由门	m^2	3.6	186	1081.72	0	46.5	27.9	18.6	1360.72
	B4－72	无框全玻门	$100m^2$	0.04	186	1081.72	0	46.5	27.9	18.6	1360.72
37	010807009001	塑钢窗	m^2	23.8	416.64	4815.31	12.43	107.27	64.36	42.91	5458.92
	B4－45	塑钢窗安装，单层	$100m^2$	0.24	416.64	4815.31	12.43	107.27	64.36	42.91	5458.92
38	011401001001	木门油漆		18.24	299.48	259.39	0	74.87	44.93	29.94	708.61
	B5－1	木门油漆，底油一遍，刮腻子，调和漆两遍	$100m^2$	0.18	108.64	107.11	0	27.16	16.3	10.86	270.07
	B5－17	木门油漆，润油粉，刮腻子，刷聚氨酯漆两遍	$100m^2$	0.18	190.84	152.28	0	47.71	28.63	19.08	438.54
39	011406001001	抹灰面油漆	m^2	415.82	2390.91	6318.71	325.02	678.98	407.39	271.59	10392.6
	B5－301	砂胶涂料，墙柱面	$100m^2$	4.16	1664.87	5921.76	325.02	497.47	298.48	198.99	8906.59
	B5－324	107 胶白水泥满批腻子两遍	$100m^2$	4.16	726.04	396.95	0	181.51	108.91	72.6	1486.01
40	011406001002	抹灰面油漆	m^2	121.87	755.27	1853.08	95.32	212.65	127.59	85.06	3128.97
	B5－324	107 胶白水泥满批腻子两遍	$100m^2$	1.22	212.93	116.41	0	53.23	31.94	21.29	435.8
	B5－302	砂胶涂料，天棚	$100m^2$	1.22	542.34	1736.67	95.32	159.42	95.65	63.77	2693.17

（续表）

序号	定额编号	工程内容	单位	数量	人工费（元）	材料费（元）	机械费（元）	管理费（元）	利润（元）	风险费（元）	小计（元）
41	011407001001	刷喷涂料	m^2	257.64	1236.49	5670.22	0	309.12	185.48	123.65	7524.96
	B5-327	抹灰面刮腻子，防水腻子两遍	$100m^2$	2.58	319.92	1625.86	0	79.98	47.99	31.99	2105.74
	B5-330	外墙乳胶漆，抹灰面	$100m^2$	2.58	916.57	4044.36	0	229.14	137.49	91.66	5419.22
	2	措施项目工程	项		6834.55	5208.8	1872.72	2176.83	1306.09	870.73	18269.72
42	2.1.1	大型机械设备进出场及安拆费	项	1	186	93.41	1238.94	356.24	213.74	142.49	2230.82
	A15-37	履带式单斗挖掘机（液压），斗容量 $1m^3$，进（退）场费	台次	1	186	93.41	1238.94	356.24	213.74	142.49	2230.82
43	2.1.2	混凝土、钢筋混凝土模板及支架费	项	1	5799.58	4014.33	587.17	1596.69	958.01	638.68	13594.46
	A10-1	混凝土垫层，组合钢模板	$10m^2$	2.33	286.82	178.85	16.71	75.88	45.53	30.35	634.14
	A10-20	现浇混凝土，矩形柱，组合钢模板	$10m^2$	0.24	30.5	24.23	3.12	8.41	5.04	3.36	74.66
	A10-25	现浇混凝土，构造柱，组合钢模板	$10m^2$	0.41	69.79	27.21	3.37	18.29	10.97	7.32	136.95

（续表）

序号	定额编号	工程内容	单位	数量	人工费（元）	材料费（元）	机械费（元）	管理费（元）	利润（元）	风险费（元）	小计（元）
	A10－30	现浇混凝土，矩形梁，组合钢模板	$10m^2$	1.28	158.08	142.57	22.55	45.16	27.09	18.06	413.51
	A10－36	现浇混凝土，圈梁，组合钢模板	$10m^2$	3.81	426.26	252.72	33.79	115.01	69.01	46.01	942.8
	A10－38	现浇混凝土，过梁，组合钢模板	$10m^2$	1.4	221.07	121.79	14.1	58.79	35.28	23.52	474.55
	A10－49	现浇混凝土，有梁板，组合钢模板	$10m^2$	15.41	1323.26	1400.31	185.69	377.24	226.34	150.9	3663.74
	A10－60	现浇混凝土，悬挑板（雨篷、水平挑檐），直形，复合木模板	$10m^2$	19.62	3283.8	1866.65	307.84	897.91	538.75	359.16	7254.11
44	2.1.3	脚手架费	项	1	848.97	1101.06	46.61	223.9	134.34	89.56	2444.44
	A11－7	外脚手架，钢管架，15m以内	$100m^2$	1.42	290.97	724.7	23.23	78.55	47.13	31.42	1196
	A11－42	满堂脚手架，钢管～基本层	$100m^2$	2	558	376.36	23.38	145.35	87.21	58.14	1248.44
45	2.1.5	施工排水、降水费	项	1	0	0	0	0	0	0	
46	2.1.8	其他施工技术措施费	项	1	0	0	0	0	0	0	

表 5-24　综合单价分析表

项目编号:010101001001

项目名称:平整场地　　　　　　　　　　　　　　　　　综合单价:1.49 元/m^2

项目特征:	土壤类别:三类土				
编号	名称及规格	单位	数　量	单价(元)	合价(元)
A1-26	人工场地平整	m^2	142.21	0.99	140.79
一	直接工程费	元			0.99
1	人工费				0.99
1.1	综合工日	工日	0.03	31	0.99
1.2	其他人工费	元	0	1	0
二	管理费	元	[定额人工费+定额机械费]×25%		0.25
三	利润	元	[定额人工费+定额机械费]×15%		0.15
四	风险费	元	[定额人工费+定额机械费]×10%		0.1
五	综合单价	元	(一+二+三+四)		1.49

项目编号:010101003001

项目名称:挖基础土方　　　　　　　　　　　　　　　　综合单价:6.64 元/m^3

项目特征:	土壤类别:三类土				
	基础类型:条形				
	挖土深度:2M 内				
编号	名称及规格	单位	数　量	单价(元)	合价(元)
A1-11	人工挖沟槽,三类土,深度 2m 以内	m^3	18.82	16.43	309.21
A1-140	反铲挖掘机挖土方,挖土深度 2m 以内,不装车	$1000m^3$	0.11	2238.37	246.22
一	直接工程费	元			4.42
1	人工费				2.63
1.1	综合工日	工日	0.08	31	2.63
3	机械费				1.8
3.1	履带式推土机功率 75kW,大	台班	0	467.77	0.11
3.2	履带式单斗挖掘机液压,斗容量 $1m^3$,大	台班	0	746.98	1.69

（续表）

编号	名称及规格	单位	数　量	单价(元)	合价(元)
3.3	其他机械费	元	0	1	0
二	管理费	元	[定额人工费+定额机械费]×25%		1.11
三	利润	元	[定额人工费+定额机械费]×15%		0.66
四	风险费	元	[定额人工费+定额机械费]×10%		0.45
五	综合单价	元	(一+二+三+四)		6.64

项目编号:010501001001

项目名称:C15 砖基础垫层　　　　综合单价:315.73 元/m^3

项目特征：C15 砼垫层					
编号	名称及规格	单位	数　量	单价(元)	合价(元)
A2-275	基础垫层,商品砼,无筋,非泵送	m^3	16.89	306.57	5177.97
一	直接工程费	元			306.57
1	人工费:				17.36
1.1	综合工日	工日	0.56	31	17.36
2	材料费:				288.26
2.1	商品混凝土 C10(非泵送)	m^3	1.02	284	288.26
2.2	其他材料费	元	0		
3	机械费:				0.95
3.1	混凝土震捣器平板式	台班	0.08	12.33	0.95
3.2	其他机械费	元	0	1	0
二	管理费	元	[定额人工费+定额机械费]×25%		4.58
三	利润	元	[定额人工费+定额机械费]×15%		2.75
四	风险费	元	[定额人工费+定额机械费]×10%		1.83
五	综合单价	元	(一+二+三+四)		315.73

项目编号：010401001001

项目名称：砖基础　　　　综合单价：260.88 元/m^3

项目特征：	砖品种、规格、强度等级：黏土砖				
	基础类型：条形				
	砂浆强度等级：水泥 M5.0				
编号	名称及规格	单位	数　量	单价(元)	合价(元)
A3-1	砖基础，直形	m^3	34.54	242.36	8371.11
一	直接工程费	元			242.36
1	人工费：				34.72
1.1	综合工日	工日	1.12	31	34.72
2	材料费：				205.32
2.1	水泥砂浆 M5	m^3	0.24	158.04	37.3
2.2	标准砖 240×115×53	百块	5.24	32	167.55
2.3	水	m^3	0.11	4.51	0.47
2.4	其他材料费	元	0	1	0
3	机械费：				2.32
3.1	灰浆搅拌机拌筒容量 200L|小	台班	0.04	59.43	2.32
3.2	其他机械费	元	0	1	0
二	管理费	元	[定额人工费＋定额机械费]×25%		9.26
三	利润	元	[定额人工费＋定额机械费]×15%		5.56
四	风险费	元	[定额人工费＋定额机械费]×10%		3.7
五	综合单价	元	(一＋二＋三＋四)		260.88

项目编号：010103001001

项目名称：土(石)方回填　　　　综合单价：8.76 元/m^3

项目特征：					
编号	名称及规格	单位	数　量	单价(元)	合价(元)
A1-31	人工运土回填，沟槽	m^3	84.67	5.84	494.47
一	直接工程费	元			5.84
1	人工费：				4.28

（续表）

编号	名称及规格	单位	数　量	单价(元)	合价(元)
1.1	综合工日	工日	0.14	31	4.28
1.2	其他人工费	元	0	1	0
3	机械费:				1.56
3.1	夯实机电动|夯击能力 20～62N·m	台班	0.08	19.53	1.56
3.2	其他机械费	元	0	1	0
二	管理费	元	［定额人工费＋定额机械费］×25%		1.46
三	利润	元	［定额人工费＋定额机械费］×15%		0.88
四	风险费	元	［定额人工费＋定额机械费］×10%		0.58
五	综合单价	元	(一＋二＋三＋四)		8.76

项目编号:010503004001

项目名称:现浇圈梁　　　　综合单价:393.96 元/m^3

项目特征:	混凝土强度等级:C25				
编号	名称及规格	单位	数　量	单价(元)	合价(元)
A4-156-1换	非泵送现浇砼,圈梁^商品混凝土 C25(泵送)	m^3	5.79	373.8	2164.3
一	直接工程费	元			373.8
1	人工费:				39.02
1.1	综合工日	工日	1.26	31	39.02
1.2	其他人工费	元	0	1	0
2	材料费:				333.48
2.1	草袋	m^2	0.83	1.11	0.92
2.2	水	m^3	0.46	4.51	2.08
2.3	商品混凝土 C25(泵送)	m^3	1.02	324	330.48
2.4	其他材料费	元	0.01		
3	机械费:				1.3
3.1	混凝土震捣器插入式	台班	0.12	10.4	1.3
3.2	其他机械费	元	0	1	0

（续表）

编号	名称及规格	单位	数　量	单价(元)	合价(元)
二	管理费	元	[定额人工费＋定额机械费]×25%		10.08
三	利润	元	[定额人工费＋定额机械费]×15%		6.05
四	风险费	元	[定额人工费＋定额机械费]×10%		4.03
五	综合单价	元	(一＋二＋三＋四)		393.96

项目编号:010503005001

项目名称:现浇过梁　　　　综合单价:403.23 元/m^3

项目特征：	混凝土强度等级:C25				
编号	名称及规格	单位	数　量	单价(元)	合价(元)
A4-15 7-1换	非泵送现浇混凝土,过梁~商品混凝土 C25(泵送)	m^3	1.45	381.29	552.87
一	直接工程费	元			381.29
1	人工费:				42.58
1.1	综合工日	工日	1.37	31	42.58
1.2	其他人工费	元	0.01	1	0.01
2	材料费:				337.41
2.1	草袋	m^2	1.86	1.11	2.06
2.2	水	m^3	1.08	4.51	4.87
2.3	商品混凝土 C25(泵送)	m^3	1.02	324	330.48
2.4	其他材料费	元	−0.01	1	−0.01
3	机械费:				1.3
3.1	混凝土震捣器插入式	台班	0.12	10.4	1.3
3.2	其他机械费	元	0.01	1	0.01
二	管理费	元	[定额人工费＋定额机械费]×25%		10.97
三	利润	元	[定额人工费＋定额机械费]×15%		6.58
四	风险费	元	[定额人工费＋定额机械费]×10%		4.39
五	综合单价	元	(一＋二＋三＋四)		403.23

项目编号:010503002001

项目名称:现浇矩形梁(雨篷梁)　　　　综合单价:360.41 元/m^3

项目特征:	混凝土强度等级:C25				
编号	名称及规格	单位	数　量	单价(元)	合价(元)
A4－154 换	泵送现浇混凝土,单梁、连续梁、框架梁~商品混凝土 C25(泵送)	m^3	1.33	351.24	467.15
一	直接工程费	元			351.24
1	人工费:				17.24
1.1	综合工日	工日	0.56	31	17.24
1.2	其他人工费	元	0.01	1	0.01
2	材料费:				332.92
2.1	草袋	m^2	0.6	1.11	0.66
2.2	水	m^3	0.4	4.51	1.78
2.3	商品混凝土 C25(泵送)	m^3	1.02	324	330.48
2.4	其他材料费	元	－0.01	1	－0.01
3	机械费:				1.08
3.1	混凝土震捣器插入式	台班	0.1	10.4	1.08
二	管理费	元	[定额人工费＋定额机械费]×25%		4.58
三	利润	元	[定额人工费＋定额机械费]×15%		2.75
四	风险费	元	[定额人工费＋定额机械费]×10%		1.83
五	综合单价	元	(一＋二＋三＋四)		360.41

项目编号:010505001001

项目名称:现浇有梁板　　　　综合单价:358.25 元/m^3

项目特征:	混凝土强度等级:C25				
编号	名称及规格	单位	数　量	单价(元)	合价(元)
A4－165 换	泵送现浇混凝土,有梁板~商品混凝土 C25(泵送)	m^3	11.85	350.49	4153.31
一	直接工程费	元			350.49
1	人工费:				14.32

(续表)

编号	名称及规格	单位	数　量	单价(元)	合价(元)
1.1	综合工日	工日	0.46	31	14.32
1.2	其他人工费	元	0	1	0
2	材料费:				334.97
2.1	草袋	m^2	1	1.11	1.1
2.2	水	m^3	0.75	4.51	3.39
2.3	商品混凝土C25(泵送)	m^3	1.02	324	330.48
2.4	其他材料费	元	0	1	0
3	机械费:				1.2
3.1	混凝土震捣器插入式	台班	0.05	10.4	0.55
3.2	混凝土震捣器平板式	台班	0.05	12.33	0.65
3.3	其他机械费	元	0	1	0
二	管理费	元	[定额人工费+定额机械费]×25%		3.88
三	利润	元	[定额人工费+定额机械费]×15%		2.33
四	风险费	元	[定额人工费+定额机械费]×10%		1.55
五	综合单价	元	(一+二+三+四)		358.25

项目编号:010502001001

项目名称:现浇矩形柱　　　　综合单价:369.17元/m^3

项目特征:	混凝土强度等级:C25				
编号	名称及规格	单位	数　量	单价(元)	合价(元)
A4-150换	泵送现浇混凝土,矩形柱^商品混凝土C25(泵送)	m^3	0.24	355.95	85.43
一	直接工程费	元			355.96
1	人工费:				25.13
1.1	综合工日	工日	0.81	31	25.11
2	材料费:				329.54
2.1	水泥砂浆1:2	m^3	0.03	248.38	7.7
2.2	草袋	m^2	0.1	1.11	0.11

（续表）

编号	名称及规格	单位	数　量	单价(元)	合价(元)
2.3	水	m^3	0.14	4.51	0.64
2.4	商品混凝土 C25(泵送)	m^3	0.99	324	321.08
3	机械费:				1.29
3.1	混凝土震捣器插入式	台班	0.1	10.4	1.07
3.2	灰浆搅拌机拌筒容量 200L,小	台班	0	59.43	0.24
3.3	其他机械费	元	－0.04	1	－0.04
二	管理费	元	[定额人工费＋定额机械费]×25％		6.63
三	利润	元	[定额人工费＋定额机械费]×15％		3.96
四	风险费	元	[定额人工费＋定额机械费]×10％		2.63
五	综合单价	元	(一＋二＋三＋四)		369.17

项目编号:010502002001

项目名称:构造柱　　　　综合单价:394.51 元/m^3

项目特征:	混凝土强度等级:C25				
编号	名称及规格	单位	数　量	单价(元)	合价(元)
A4－152－1 换	非泵送现浇混凝土,构造柱~商品混凝土 C25(泵送)	m^3	0.43	372.81	160.31
一	直接工程费	元			372.81
1	人工费:				41.84
1.1	综合工日	工日	1.35	31	41.84
2	材料费:				329.44
2.1	水泥砂浆 1∶2	m^3	0.03	248.38	7.7
2.2	草袋	m^2	0.08	1.11	0.09
2.3	水	m^3	0.13	4.51	0.57
2.4	商品混凝土 C25(泵送)	m^3	0.99	324	321.08
2.5	其他材料费	元	－0.02	1	－0.02
3	机械费:				1.53
3.1	混凝土震捣器插入式	台班	0.12	10.4	1.29
3.2	灰浆搅拌机拌筒容量 200L,小	台班	0	59.43	0.24

（续表）

编号	名称及规格	单位	数　量	单价(元)	合价(元)
3.3	其他机械费	元	0.02	1	0.02
二	管理费	元	[定额人工费＋定额机械费]×25％		10.84
三	利润	元	[定额人工费＋定额机械费]×15％		6.51
四	风险费	元	[定额人工费＋定额机械费]×10％		4.35
五	综合单价	元	(一＋二＋三＋四)		394.51

项目编号:010505008001

项目名称:现浇雨篷　　　　综合单价:40.22 元/m^2

项目特征:	混凝土强度等级:C25				
编号	名称及规格	单位	数　量	单价(元)	合价(元)
A4－171 换	泵送现浇混凝土,雨篷~商品混凝土 C25(泵送)	m^2	13.71	38.71	530.71
一	直接工程费	元			38.71
1	人工费:				2.85
1.1	综合工日	工日	0.09	31	2.85
1.2	其他人工费	元	0	1	0
2	材料费:				35.7
2.1	草袋	m^2	0.23	1.11	0.25
2.2	水	m^3	0.17	4.51	0.78
2.3	商品混凝土 C25(泵送)	m^3	0.11	324	34.67
2.4	其他材料费	元	0	1	0
3	机械费:				0.16
3.1	混凝土震捣器插入式	台班	0.02	10.4	0.16
3.2	其他机械费	元	0	1	0
二	管理费	元	[定额人工费＋定额机械费]×25.01％		0.75
三	利润	元	[定额人工费＋定额机械费]×15％		0.45
四	风险费	元	[定额人工费＋定额机械费]×10.01％		0.3
五	综合单价	元	(一＋二＋三＋四)		40.22

项目编号:010515001001

项目名称:现浇混凝土钢筋　　　　综合单价:3378.09 元/t

项目特征:	现浇构件圆钢筋 Φ10 以内				
编号	名称及规格	单位	数　量	单价(元)	合价(元)
A4－257	现浇构件钢筋,圆钢筋,ø10mm 以内	t	4.53	3064.9	13884
一	直接工程费	元			3062.87
1	人工费:				584.27
1.1	综合工日	工日	18.85	31	584.27
2	材料费:				2432.43
2.1	钢筋 ø10mm 以内	t	1.02	2354	2399.49
2.2	铁丝 22#	kg	10.1	3.26	32.94
2.3	其他材料费	元	0	1	0
3	机械费:				46.17
3.1	电动卷扬机单筒慢速,牵引力 50kN,小	台班	0.33	76.3	25.09
3.2	钢筋调直机直径 40mm,小	台班	0.55	29.62	16.28
3.3	钢筋切断机直径 40mm,小	台班	0.15	31.67	4.81
3.4	其他机械费	元	－0.01	1	－0.01
二	管理费	元	[定额人工费＋定额机械费]×25%		157.61
三	利润	元	[定额人工费＋定额机械费]×15%		94.57
四	风险费	元	[定额人工费＋定额机械费]×10%		63.04
五	综合单价	元	(一＋二＋三＋四)		3378.09

项目编号:010515001002

项目名称:现浇混凝土钢筋　　　　综合单价:2754.48 元/t

项目特征:	现浇构件圆钢筋 ø10mm 以外				
编号	名称及规格	单位	数　量	单价(元)	合价(元)
A4－258	现浇构件钢筋,圆钢筋,ø10mm 以上	t	0.12	2535.92	304.31
一	直接工程费	元			2623.36
1	人工费:				230.6

（续表）

编号	名称及规格	单位	数　量	单价(元)	合价(元)
1.1	综合工日	工日	7.44	31	230.58
2	材料费：				2361.03
2.1	钢筋 ø10mm 以上	t	1.06	2216	2338.26
2.2	电焊条	kg	2.21	5.03	11.14
2.3	水	m^3	0.14	4.51	0.65
2.4	铁丝 22#	kg	3.38	3.26	11.03
2.5	其他材料费	元	－0.09	1	－0.09
3	机械费：				31.72
3.1	电动卷扬机单筒慢速，牵引力 50kN，小	台班	0.21	76.3	15.79
3.2	钢筋切断机直径 40mm，小	台班	0.09	31.67	2.95
3.3	钢筋弯曲机直径 40mm，小	台班	0.23	18.92	4.31
3.4	交流弧焊机容量 32kV·A，小	台班	0.03	113.25	3.05
3.5	对焊机容量 75kV·A，小	台班	0.04	136.24	5.64
3.6	其他机械费	元	0.09	1	0.09
二	管理费	元	[定额人工费＋定额机械费]×25％		65.6
三	利润	元	[定额人工费＋定额机械费]×15％		39.31
四	风险费	元	[定额人工费＋定额机械费]×10％		26.21
五	综合单价	元	(一＋二＋三＋四)		2754.48

项目编号：010515001003

项目名称：现浇混凝土钢筋　　　　综合单价：3432.03 元/t

项目特征：	现浇构件螺纹钢筋 ø20mm 以内				
编号	名称及规格	单位	数　量	单价(元)	合价(元)
A4－259	现浇构件钢筋，螺纹钢筋，ø25mm 以内	t	0.55	3334.78	1834.13
一	直接工程费	元			3316.69
1	人工费：				200.42
1.1	综合工日	工日	6.46	31	200.41
2	材料费：				3086.02

（续表）

编号	名称及规格	单位	数　量	单价（元）	合价（元）
2.1	螺纹钢筋	t	1.01	2991.45	3034.73
2.2	电焊条	kg	8.59	5.03	43.22
2.3	水	m^3	0.13	4.51	0.58
2.4	铁丝 22＃	kg	2.3	3.26	7.49
2.5	其他材料费	元	0.02	1	0.02
3	机械费：				30.25
3.1	电动卷扬机单筒慢速，牵引力 50kN，小	台班	0.15	76.3	11.38
3.2	钢筋切断机直径 40mm，小	台班	0.09	31.67	2.71
3.3	钢筋弯曲机直径 40mm，小	台班	0.2	18.92	3.76
3.4	交流弧焊机容量 32kV·A，小	台班	0.04	113.25	4.96
3.5	对焊机容量 75kV·A，小	台班	0.05	136.24	7.45
二	管理费	元	［定额人工费＋定额机械费］×25％		57.67
三	利润	元	［定额人工费＋定额机械费］×15％		34.59
四	风险费	元	［定额人工费＋定额机械费］×10％		23.07
五	综合单价	元	（一＋二＋三＋四）		3432.03

项目编号：010515001004

项目名称：现浇混凝土钢筋　　　　综合单价：3264.52 元/t

项目特征：	现浇构件螺纹钢筋 ø20mm 以上				
编号	名称及规格	单位	数　量	单价（元）	合价（元）
A4－260	现浇构件钢筋，螺纹钢筋，ø25mm 以上	t	0.03	3291.27	98.74
一	直接工程费	元			3185.16
1	人工费：				122.9
1.1	综合工日	工日	3.97	31	123
2	材料费：				3026.45
2.1	螺纹钢筋	t	0.99	2991.45	2952.85
2.2	电焊条	kg	13.95	5.03	70.19
2.3	水	m^3	0.12	4.51	0.52

（续表）

编号	名称及规格	单位	数　量	单价(元)	合价(元)
2.4	铁丝 22＃	kg	0.86	3.26	2.81
2.5	其他材料费	元	－0.32	1	－0.32
3	机械费：				35.81
3.1	钢筋切断机直径 40mm，小	台班	0.08	31.67	2.45
3.2	钢筋弯曲机直径 40mm，小	台班	0.13	18.92	2.53
3.3	交流弧焊机容量 32kV・A，小	台班	0.1	113.25	10.85
3.4	对焊机容量 75kV・A，小	台班	0.15	136.24	19.91
3.5	其他机械费	元	－0.32	1	－0.32
二	管理费	元	［定额人工费＋定额机械费］×25％		39.68
三	利润	元	［定额人工费＋定额机械费］×15％		23.87
四	风险费	元	［定额人工费＋定额机械费］×10％		15.81
五	综合单价	元	（一＋二＋三＋四）		3264.52

项目编号：010401004001

项目名称：多孔砖墙　　综合单价：217.5 元/m^3

项目特征：	墙体类型：外墙				
	墙体厚度：240mm				
	砂浆强度等级、配合比：混合 M5.0				
编号	名称及规格	单位	数　量	单价(元)	合价(元)
A3－18	多孔砖墙，墙厚 240mm，240mm×115mm×90mm	m^3	50.02	199.14	9960.98
一	直接工程费	元			199.14
1	人工费：				34.81
1.1	综合工日	工日	1.12	31	34.81
1.2	其他人工费	元	0	1	0
2	材料费：				162.43
2.1	水泥混合砂浆 M5	m^3	0.19	171.83	32.48
2.2	标准砖 240mm×115mm×53mm	百块	0.17	32	5.44
2.3	多孔砖 240mm×115mm×90mm	百块	3.28	37.8	123.98
2.4	水	m^3	0.12	4.51	0.53

（续表）

编号	名称及规格	单位	数　量	单价(元)	合价(元)
2.5	其他材料费	元	0	1	0
3	机械费:				1.9
3.1	灰浆搅拌机拌筒容量200L,小	台班	0.03	59.43	1.9
3.2	其他机械费	元	0	1	0
二	管理费	元	[定额人工费+定额机械费]×25%		9.18
三	利润	元	[定额人工费+定额机械费]×15%		5.51
四	风险费	元	[定额人工费+定额机械费]×10%		3.67
五	综合单价	元	(一+二+三+四)		217.5

项目编号:010401004002

项目名称:多孔砖墙　　　　综合单价:217.49元/m^3

项目特征:　　墙体类型:内墙					
墙体厚度:240mm					
砂浆强度等级、配合比:混合M5.0					
编号	名称及规格	单位	数　量	单价(元)	合价(元)
A3-18	多孔砖墙，墙厚240mm，240mm×115mm×90mm	m^3	31.38	199.14	6249.01
一	直接工程费	元			199.14
1	人工费:				34.81
1.1	综合工日	工日	1.12	31	34.81
1.2	其他人工费	元	0	1	0
2	材料费:				162.43
2.1	水泥混合砂浆M5	m^3	0.19	171.83	32.48
2.2	标准砖240mm×115mm×53mm	百块	0.17	32	5.44
2.3	多孔砖240mm×115mm×90mm	百块	3.28	37.8	123.98
2.4	水	m^3	0.12	4.51	0.53
2.5	其他材料费	元	0	1	0
3	机械费:				1.9
3.1	灰浆搅拌机拌筒容量200L,小	台班	0.03	59.43	1.9
3.2	其他机械费	元	0	1	0

（续表）

编号	名称及规格	单位	数　量	单价(元)	合价(元)
二	管理费	元	[定额人工费+定额机械费]×25%		9.18
三	利润	元	[定额人工费+定额机械费]×15%		5.51
四	风险费	元	[定额人工费+定额机械费]×10%		3.67
五	综合单价	元	(一+二+三+四)		217.49

本章思考与实训

1. 建筑设计中需要说明的内容有哪些?
2. 工程量清单计价格式包括哪些内容?
3. 砌体墙门、窗洞均需设钢筋混凝土过梁时,有哪些具体规定?
4. 措施项目清单包括哪些内容?
5. 钢筋混凝土部分需要说明哪些内容?

第六章 工程量清单模式下的工程价款结算

【内容要点】

本章学习目标：了解工程价款结算的作用；熟悉清单模式下工程造价计算程序及方法，工程预付款支付要求，工程预付款数额及回扣方法，工程保留金的预留及返还，竣工价款结算的方式；掌握清单模式下工程价款结算的方法、步骤及要求。

其主要内容如下：

1. 工程备料款的确定，清单模式下工程预付款的确定及支付方法。
2. 工程进度款如何结算。
3. 竣工结算的概念，编制的原则、依据、方法，竣工结算审查的程序。
4. 竣工结算价款如何结算。

【知识链接】

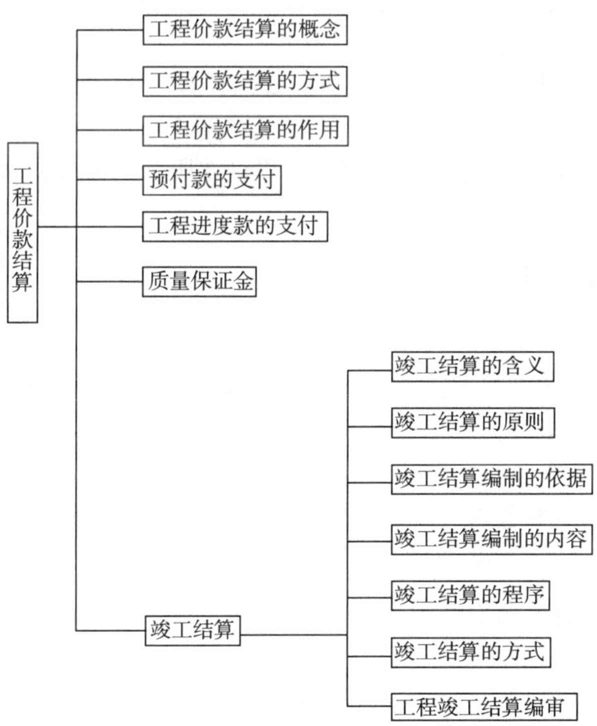

第一节　工程价款结算

一、工程价款结算的概念

工程价款结算，是指对建设工程的发包承包合同价款进行约定和依据合同约定进行工程预付款、工程进度款、工程竣工价款结算的活动。

二、工程价款结算的方式

(一)按月结算与支付

按月支付工程进度款，竣工后清算的办法。合同工期在两个年度以上的工程在年终进行工程盘点，办理年度结算。

(二)分段结算与支付

当年开工但当年不能竣工的工程按照工程形象进度，划分不同阶段支付工程进度款。

除上述两种主要结算方式，双方可约定其他结算方式。

三、工程价款结算的作用

(一)工程价款结算的作用

(1)工程价款结算是办理已完工程的工程价款，确定施工企业的收入，补充施工生产过程中的资金消耗。

(2)工程价款结算是统计施工企业完成生产计划和建设单位完成建设任务的依据。

(3)工程价款结算的完成，标志着甲、乙双方所承担的合同义务和经济责任的结果。

四、预付款的支付

(一)工程预付款的概念

工程预付款是建设工程施工合同订立后由发包人按照合同的约定，在正式开工前预先交付给承包人的工程款。它是施工准备和所需主要材料、结构构件等流动资金的主要来源。

其法律性质为：发包人为帮助承包人顺利启动项目而提供的一笔无息贷款。

(二)工程预付款支付要求

(1)原则上预付比例不低于合同金额(扣除暂列金额)的10%，不高于合同金额(扣除暂列金额)的30%。

(2)对重大工程项目，按年度工程计划逐年预付。

(3)实行工程量清单计价的工程，实体性消耗和非实体性消耗部分宜在合同中分别约定预付款比例(或金额)。

(4)具备施工条件的前提下,发包人应在双方签订合同后的一个月内或约定的开工日期前的7天内预付工程款

[想一想]

业主不按时支付预付款应承担哪些违约责任?

(三)工程预付款支付时间

按照规定,在具备施工条件的前提下,发包人应在双方签订合同后的一个月内或不迟于约定的开工日期前7天预付工程款;若发包人未按合同约定预付工程款,承包人应在预付时间到期后10天内向发包人发出要求预付的通知,发包人收到通知后仍不按要求预付,承包人可在发出通知14天后停止施工;发包人应从约定应付之日起按同期银行贷款利率计算向承包人支付应付预付款的利息,并承担违约责任。

凡是没有签订合同或不具备施工条件的工程,发包人不得预付工程款,不得以预付款为名转移资金。

(四)预付款的回扣

发包人支付给承包人的工程备料款的性质是“预支”。随着工程进度的推进,拨付的工程进度款数额不断增加,工程所需主要材料,构件的用量逐渐减少,原已支付的预付款应以抵扣的方式予以陆续扣回。扣款的方法,是从未施工工程尚需的主要材料及构件的价值相当于预付备料款数额时扣起,从每次中间结算工程价款中,按材料及构件比重扣抵工程价款,至竣工之前全部扣清。因此确定起扣点是工程预付款起扣的关键。

确定工程预付款起扣点的依据:未完施工工程所需主要材料和构件的费用,等于工程预付款的数额。

工程预付款起扣点可按下式计算:

$$T=P-M/N$$

式中,T——起扣点,即预付备料款开始扣回的累计完成工作量金额;

M——预付备料款数额;

N——主要材料,构件所占比重;

P——承包工程价款总额(或建安工作量价值)。

在实际工作中,工程备料款的回扣方法,也可由发包人和承包人通过洽商用合同的形式予以确定,还可针对工程实际情况具体处理。如有些工程工期较短、造价较低,就无需分期扣还;有些工程工期较长,如跨年度工程,其备料款的占用时间很长,根据需要可以少扣或不扣。在国际工程承包中FIDIC施工合同也对工程预付款回扣作了规定,其方法比较简单,一般当工程进度款累计金额超过合同价格的10%~20%时开始起扣,每月从支付给承包人的工程款内按预付款占合同总价的同一百分比扣回。

五、工程进度款的支付

施工企业在施工过程中,按逐月(或形象进度)完成的工程数量计算各项费

用，向工程发包人办理工程进度款的支付（中间结算）。

（一）已完工程量的计算

根据工程量清单计价规范形成的合同价中包含综合单价和总价包干两种不同形式，应采取不同的计量方法，除专用条款另有约定外，综合单价子目完成工程量按月计算，总价包干子目的计量周期按批准的支付分解报告确定。

1. 综合单价子目的计量

工程量清单单价子目工程量为估算工程量，若发现工程量清单中出现漏项、工程量计算偏差，以及工程量变更引起的工程量增减，应在工程进度款支付时调整。

2. 总价包干子目的计量

总价包干子目的计量与支付应以总价为基础，不因物价波动引起的价格调整而调整，承包人实际完成的工程量，是进行目标管理和进度支付的依据，承包人在合同约定的每个计量周期内，对已完工程量进行计量，并提交专用条款约定的合同总价支付分解表所表示的阶段性或分项计量的支持性资料，以及所达到工程形象目标或分阶段所完成的工程量和有关计量资料。

（二）工程价款支付程序和要求

工程价款支付程序和要求如图 6－1 所示。

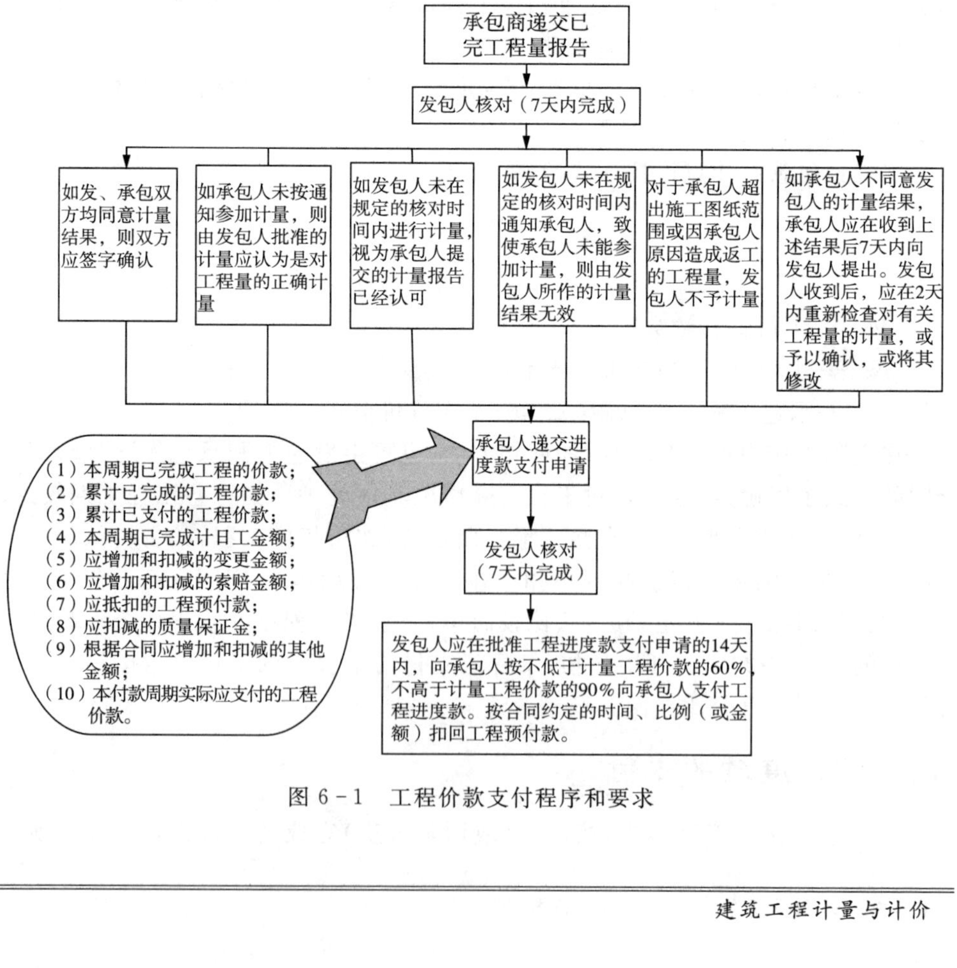

图 6－1　工程价款支付程序和要求

六、质量保证金

(一)概念

发包人与承包人在建设工程承包合同中约定,从应付的工程款中预留,用以保证承包人在缺陷责任期内对建设工程出现的缺陷进行维修的资金。

(二)保证金的预留和返还

1. 承发包双方的约定

发包人应在招标文件中约定保证金的预留和返还等内容,并与承包人在合同条款中对涉及保证金的事项进行约定。

(1)保留金的预留、返还方式。

(2)保证金预留比例、期限。

(3)保证金是否计利息、如何计利息以及计利息的方式。

(4)缺陷责任期的期限以及计算方式。

(5)保证金预留、返还及工程维修质量、费用等争议的处理程序。

(6)缺陷责任期出现缺陷的索赔方式。

2. 保证金的预留

从第一个付款周期开始,在发包人的进度款中,按约定的比例扣留质量保证金,直至扣留质量保证金的总额达到专用条款预定的金额或比例为止,全部或者部分使用政府资金投资的建设项目,按工程价款结算总额的5%左右比例扣留质量保证金,社会投资项目采用预留金方式的可参照政府投资项目的比例执行。

3. 保证金的返还

缺陷责任期内,承包人认真履行合同约定的责任,约定的缺陷责任期满,承包人向发包人申请返还质量保证金。发包人在接到承包人返还保证金的申请后,应于14日内会同承包人按照合同约定的内容进行核实,如无疑义,发包人应在核实后14日内将保证金返还承包人,逾期支付的从逾期之日起,按照同期银行贷款利息计息,并承担违约责任。发包人在接到承包人返还保证金的申请后14日内不予答复,经催告后14日内不予答复视同认可承包人返还保证金的申请。

缺陷责任期满,承包人没有完成缺陷责任的,发包人有权扣留与未履行责任剩余工作所需金额相应质量保证金余额,并有权根据约定延长缺陷责任期,直至完成剩余工作为止。

第二节　竣工结算

一、竣工结算的含义

工程竣工结算是指施工企业按照合同规定的内容全部完成所承包的工程,经验收质量合格,并符合合同要求之后,向发包单位进行的最终工程价款结算。

二、竣工结算的原则

(1)任何工程的竣工结算,必须在工程全部完工、经提交验收并提出竣工验收报告以后方能进行。

(2)工程竣工结算的各方,应共同遵守国家有关法律、法规、政策方针和各项规定,严禁高估冒算,严禁套用国家和集体资金,严禁在结算时挪用资金和谋取私利。

(3)坚持实事求是,针对具体情况处理遇到的复杂问题。

(4)强调合同的严肃性,依据合同约定进行结算。

(5)办理竣工结算,必须依据充分,基础资料齐全。

三、竣工结算编制依据

(1)国家有关法律、法规、规章制度和相关的司法解释。

(2)建设工程工程量清单计价规范。

(3)施工合同。

(4)工程竣工图纸或施工图、施工图会审记录、经批准的施工组织设计,以及设计变更、工程洽商和相关会议纪要。

(5)经批准的开、竣工报告或停、复工报告。

(6)双方确定的工程量。

(7)双方确认追加(减)的工程价款。

(8)双方确认的索赔、现场签证事项及价款。

(9)双方确认的索赔。

(10)投标文件。

(11)招标文件。

(12)其他依据。

四、竣工结算的内容

在采用工程量清单计价模式下,工程竣工结算的内容应包括工程量清单计价表所包含的各项内容。

(一)分部分项工程费

依据双方确认的工程量,合同约定的综合单价或双方确认调整后的综合单价计算。

(二)措施项目费

(1)采用综合单价计价的措施项目,应根据发、承包双方确认的工程量和综合单价计算。

(2)明确采用“项”计价的措施项目,应依据合同约定的措施项目和金额或发、承包双方确认调整后的金额计算。

(3)其中安全文明施工费应按照国家或省级、行业建设主管部门规定的计价,不得作为竞争性费用。

(三)其他项目费

(1)计日工:应按发包人实际签证确认的事项计算。

(2)暂估价中的材料单价:应按发承包双方最终确认价在综合单价中调整。

(3)专业工程暂估价:应按中标价或发包人、承包人与分包人最终确认价计算。

(4)总承包服务费:应依据合同约定金额,发承包双方确认的调整金额计算。

(5)索赔费用:应依据发承包确认的索赔事项和金额计算,如有余额归发包人。

(6)现场签证费用应依据发、承包双方签证资料确认的金额计算。

(7)暂列金额应减去工程价款调整与索赔、现场签证金额计算,如有余额归发包人。

(四)规费和税金

按国家、省级、行业主管部门的规定计算,不得作为竞争费用。

五、工程竣工结算编审

(一)单位工程竣工结算的编制及审查

单位工程竣工结算由承包人编制,发包人审查;实行总承包的工程,由具体承包人编制,在总包人审查的基础上,发包人审查。

(二)单项工程或建设项目竣工结算的编制及审查

(1)单项工程竣工结算或建设项目竣工总结算由总(承)包人编制,发包人可直接进行审查,也可以委托具有相应资质的工程造价咨询机构进行审查。政府投资项目,由同级财政部门审查。单项工程竣工结算或建设项目竣工总结算经发、承包人签字盖章后有效。

(2)承包人应在合同约定期限内完成项目竣工结算编制工作,未在规定期限内完成的并且提不出正当理由延期的,责任自负。

(3)单项工程竣工后,承包人应在提交竣工验收报告的同时,向发包人递交竣工结算报告及完整的结算资料,发包人应按以下规定时限进行核对(审查)并提出审查意见。

(4)工程竣工结算报告金额及审查时间如下:

① 500 万元以下,从接到竣工结算报告和完整的竣工结算资料之日起 20 天。

② 500 万～2000 万元,从接到竣工结算报告和完整的竣工结算资料之日起 30 天。

③ 2000 万～5000 万元,从接到竣工结算报告和完整的竣工结算资料之日起 45 天。

④ 5000 万元以上,从接到竣工结算报告和完整的竣工结算资料之日起 60 天。

建设项目竣工总结算在最后一个单项工程竣工结算审查确认后15天内汇总，送发包人后30天内审查完成。

【实践训练】

某工程项目业主通过工程量清单招标方式确定某投标人为中标人，并与其签订了工程承包合同，工期4个月。部分工程价款条款如下：

(1)分项工程清单中含有两个混凝土分项工程，工程量分别为甲项2300m^3，乙项3200m^3，清单报价中甲项综合单价为180元/m^3，乙项综合单价为160元/m^3。当某一分项工程实际工程量比清单工程量增加（或减少）10%以上时，应进行调价，调价系数为0.9(1.08)。

(2)措施项目清单中含有5个项目，总费用18万元。其中，甲分项工程模板及其支撑措施费2万元、乙分项工程模板及其支撑措施费3万元，结算时，该两项费用按相应分项工程量变化比例调整；大型机械设备进出场及安拆费6万元，结算时，该项费用不调整；安全文明施工费为分部分项合价及模板措施费、大型机械设备进出场及安拆费各项合计的2%，结算时，该项费用随取费基数变化而调整；其余措施费用，结算时不调整。

(3)其他项目清单中仅含专业工程暂估价一项，费用为20万元。实际施工时经核定确认的费用为17万元。

(4)施工过程中发生计日工费用2.6万元。

(5)规费费率3.32%；税金率3.47%。

有关付款条款如下：

(1)材料预付款为分项工程合同价的20%，于开工前支付，在最后两个月平均扣除。

(2)措施项目费于开工前和开工后第2月末分两次平均支付。

(3)专业工程暂估价在最后1个月按实结算。

(4)业主按每次承包商应得工程款的90%支付。

(5)工程竣工验收通过后进行结算，并按实际总造价的5%扣留工程质量保证金。

承包商每月实际完成并经签证确认的工程量见表6-1所列：

表6-1 每月实际完成工程量表 单位：m^3

分项工程 \ 月份	1	2	3	4	累计
甲	500	800	800	200	2300
乙	700	900	800	400	2800

问题：

1. 该工程预计合同总价为多少？材料预付款是多少？首次支付措施项目费

是多少？

2. 每月分项工程量价款是多少？承包商每月应得的工程款是多少？

3. 分项工程量总价款是多少？竣工结算前，承包商应得累计工程款是多少？

4. 实际工程总造价是多少？竣工结算时，业主尚应支付给承包商工程款为多少？

问题1：

预计合同价：(2300×180＋3200×160＋180000＋200000)×(1＋3.32％)×(1＋3.47％)

≈(926000＋180000＋200000)×1.069＝1396144(元)＝139.61(万元)；

材料预付款：92.600×1.069×20％≈19.798(万元)；

措施项目费首次支付：18×1.069×50％×90％＝8.659(万元)。

问题2：

(1)第1个月分项工程量价款：(500×180＋700×160)×1.069≈21.594(万元)；

承包商应得工程款：21.594×90％≈19.434(万元)。

(2)第2个月分项工程量价款：(800×180＋900×160)×1.069≈30.787(万元)；

措施项目费第二次支付：18×1.069×50％×90％≈8.659(万元)；

承包商应得工程款：30.787×90％＋8.659≈36.367(万元)。

(3)第3个月分项工程量价款：(800×180＋800×160)×1.069≈29.077(万元)；

应扣预付款：19.798×50％＝9.899(万元)；

承包商应得工程款：29.077×90％－9.899≈16.270(万元)。

(4)第4个月甲分项工程量价款：200×180×1.069≈3.848(万元)；

乙分项工程工程量价款：

2800×160×1.08×1.069－(700＋900＋800)×160×1.069≈10.673万元；

甲、乙两分项工程量价款：3.848＋10.673＝14.521(万元)；

专业工程暂估价、计日工费用结算款：(17＋2.6)×1.069≈20.952(万元)；

应扣预付款为：9.899万元；

承包商应得工程款：(14.521＋20.952)×90％－9.899≈22.027(万元)。

问题3：

分项工程量总价款：21.594＋30.787＋29.077＋14.521＝95.979(万元)；

竣工结算前承包商应得累计工程款：19.434＋36.367＋16.270＋22.027＝94.098(万元)。

问题4：

乙分项工程的模板及其支撑措施项目费变化：3×(－400/3200)＝－0.375(万元)；

分项工程量价款变化：95.979/1.069－(2300×180＋3200×160)/

10000≈－2.816(万元)；

安全文明施工措施项目费调整：(－0.375－2.816)×2%≈－0.064(万元)；

工程实际总造价：95.979＋(18－0.375－0.064)×1.069＋20.952≈135.704(万元)；

竣工结算时，业主尚应支付给承包商工程款：

135.704×(1－5%)－19.798－8.659－94.098≈6.364(万元)。

本章思考与实训

1. 工程价款结算的方式有哪些？其作用如何？
2. 什么是工程预付款？其支付有哪些要求？
3. 对工程价款的支付有哪些要求？支付程序如何？
4. 竣工结算的内容有哪些？

课后练习题(5)

参考文献

[1] 建设工程工程量清单计价规范(GB 50500—2013)[S]. 北京:中国计划出版社,2013.

[2] 房屋建筑与装饰工程工程量计算规范(GB 50854—2013)[S]. 北京:中国计划出版社,2013.

[3] 建筑工程建筑面积计算规范(GB/T 50353—2013)[S]. 北京:中国计划出版社,2013.

[4] 张雪武,汪冰. 工程量清单计价[M].2 版. 合肥:合肥工业大学出版社,2017.

[5] 李红,辛飞. 建筑工程概预算[M].2 版. 合肥:合肥工业大学出版社,2013.

[6] 王朝霞. 建筑工程计量与计价[M].3 版. 北京:机械工业出版社,2014.

[7] 许焕新. 工程造价[M].3 版. 大连:东北财经大学出版社,2015.